# Knowledge Science – Grundlagen

Carsten Lanquillon · Sigurd Schacht

# Knowledge Science – Grundlagen

Methoden der Künstlichen Intelligenz für
die Wissensextraktion aus Texten

Carsten Lanquillon
Hochschule Heilbronn
Heilbronn, Baden-Württemberg, Deutschland

Sigurd Schacht
Hochschule Ansbach
Ansbach, Baden-Württemberg, Deutschland

ISBN 978-3-658-41688-1        ISBN 978-3-658-41689-8    (eBook)
https://doi.org/10.1007/978-3-658-41689-8

Die Deutsche Nationalbibliothek verzeichnet diese Publikation in der Deutschen Nationalbibliografie; detaillierte bibliografische Daten sind im Internet über http://dnb.d-nb.de abrufbar.

Planung/Lektorat: David Imgrund
Springer Vieweg ist ein Imprint der eingetragenen Gesellschaft Springer Fachmedien Wiesbaden GmbH und ist ein Teil von Springer Nature.
Die Anschrift der Gesellschaft ist: Abraham-Lincoln-Str. 46, 65189 Wiesbaden, Germany

# Inhaltsverzeichnis

# Einleitung

## 1.1 Warum dieses Buch?

Sie fragen sich sicherlich, warum noch ein Buch über Künstliche Intelligenz (KI)? Das Thema Künstliche Intelligenz unterliegt aktuell einem großen Hype und KI-Technologien halten in nahezu allen erdenklichen Bereichen unseres privaten und beruflichen Alltags Einzug, sodass die Frage berechtigt ist. Was wollen und können wir mit diesem Buch anderes vermitteln, als in vielen Fachartikeln und Fachbüchern bereits steht und über viele KI-Anwendungen schon bekannt ist?

Der Titel des Buches gibt bereits darüber Aufschluss: *„Knowledge Science – Grundlagen: Methoden der Künstlichen Intelligenz für die Wissensextraktion aus Texten.“* Es geht um die Einführung und Beschreibung von Konzepten und Methoden aus dem Bereich der Künstlichen Intelligenz, die für die Wissensextraktion aus Texten eine große Relevanz haben. Diese bilden die technische Grundlage für Anwendungen, die die Erfassung und Anwendung von Wissen jeglicher Art ermöglichen oder voraussetzen. Wir unterscheiden dabei zwischen *implizitem* und *explizitem* Wissen:

> Unter explizitem Wissen versteht man Wissen, das bewusst erworben und angewandt oder bewusst gesammelt und gespeichert werden kann. Implizites Wissen ist demgegenüber unbewusstes Wissen, das man nur schwer verbalisieren kann, es ist das Ergebnis von Erfahrungen und somit kann es nur schwer an andere weitergegeben werden.[1]

Der Unterschied zwischen diesen beiden Arten des Wissens lässt sich verständlich mit dem in diesem Kontext häufig zitierten Beispiel des Fahrradfahrens veranschaulichen:

---

[1] Diese Differenzierung zwischen explizitem und implizitem Wissen wurde mithilfe des Sprachmodells GPT-3 erzeugt, das eine Form künstlicher Intelligenz darstellt [130].

C. Lanquillon und S. Schacht, *Knowledge Science – Grundlagen*, https://doi.org/10.1007/978-3-658-41689-8_1

[Fahrradfahren] ist eine Fähigkeit, die sowohl implizites als auch explizites Wissen erfordert. Um Fahrrad fahren zu lernen, müssen wir zunächst einmal das explizite Wissen erwerben, also die Regeln der Fahrradbenutzung, die Bedeutung der verschiedenen Teile des Fahrrads und die Technik des Fahrradfahrens selbst. Sobald wir dieses Wissen erworben haben, können wir es dann unbewusst verarbeiten und anwenden, was dann zu implizitem Wissen führt.[2]

Das Ziel der in diesem Buch dargestellten Konzepte und Methoden aus dem Bereich der Künstlichen Intelligenz ist es, explizites und implizites Wissen zu identifizieren, zu extrahieren und somit verarbeitbar und nutzbar zu machen. Im zweiten Band der Buchreihe werden KI-gestützte Anwendungsfälle vorgestellt. Als Beispiel seien Assistenzsysteme genannt, die auf Basis der extrahierten Wissenssammlungen Anwenderinnen und Anwender unterstützen, indem sie das Wissen aufgaben- und bedarfsgerecht auswählen, aufbereiten und zur Verfügung stellen. Dadurch wird die Wissenssicherung und Wissensweitergabe unterstützt.

Bevor wir jedoch in spezifische Themenfelder der KI einsteigen, die für die Extraktion von Wissen aus Texten besonders relevant sind, soll für ein grundlegendes Verständnis der Thematik und der Möglichkeiten des Begriffs *Künstliche Intelligenz* eingeführt und insbesondere auch im historischen Kontext dargestellt werden.

## 1.2    Aufbau des Buches und der Buchreihe

Nach dieser Einleitung mit einer Darstellung der Entstehung, Entwicklung und Bestandteile der Künstlichen Intelligenz folgen Kapitel für ausgewählte Teilbereiche der KI als eine Art Werkzeugkasten für die Umsetzung von Anwendungen kognitiver Assistenten, die im zweiten Band dieser Buchreihe thematisiert werden. Dieses Kapitel kann auch als Basiswissen für die Leser herangezogen werden, die einen ersten Überblick über die Bereiche Machine Learning und Deep Learning erlangen wollen und kann dementsprechend auch als eigenständiges Werk gelesen werden. Die folgenden Kapitel zur Informationsextraktion aus Text und Wissensrepräsentation auf Basis von Knowledge Graphen greift den starken Fokus auf Wissensextraktion und Wissensbewahrung mithilfe von Verfahren des NLP auf.

Im zweiten Band der Buchreihe werden zunächst Grundlagen aus der Perspektive der Anwendung dargestellt. Es geht dabei einerseits um die Rolle des Wissens insbesondere bei Arbeitsabläufen, und wie der Mensch bei wissensintensiver Arbeit unterstützt werden kann und ganz allgemein darum, wie sinnvoll mit der Ressource Wissen im Unternehmen umzugehen ist, also um Wissensmanagement. Wir erläutern daher zunächst, welche Aufgaben sich automatisieren oder unterstützen lassen und beleuchten die Rolle und Gestaltung von Assistenzsystemen am Arbeitsplatz der Zukunft. Anschließend gehen wir konkreter auf kognitive Assistenzsysteme, sinnvolle Unterscheidungsmerkmale und den aktuellen Stand der Technik ein. Eine kompakte Einführung in das Wissensmanagement rundet die Grundla-

---

[2] Auch diese Erklärung stammt von GPT-3 [130] – aber keine Sorge, der weitaus größere Teil des Buches wurde von Menschen geschrieben.

gen für die Anwendungsfälle ab. Der Hauptteil des zweiten Bandes greift die KI-Grundlagen aus diesem Band sowie die anwendungsorientierten Grundlagen auf und setzt diese in den Anwendungsbezug. Es werden Anwendungen aus unterschiedlichen Bereichen verständlich erläutert. Zum Abschluss des zweiten Bandes werden die Anwendungen mittels eines Perspektivenkonzepts eingeordnet und übersichtlich zusammengefasst.

# Künstliche Intelligenz: Ein Überblick

**2**

**Zusammenfassung**

Wir haben den Begriff *Künstliche Intelligenz (KI)* bereits mehrfach verwendet, ohne ihn explizit zu definieren. Was genau ist Künstliche Intelligenz? Gibt es eine exakte und allgemeingültige Definition? Seit wann gibt es den Begriff und wie hat sich das Thema als Fachgebiet über die Zeit entwickelt? Die folgenden Abschnitte sollen diese Fragen beantworten. Anschließend nehmen wir eine eher technische Perspektive ein, stellen Teilbereiche der KI vor und ordnen diese sie ein.

## 2.1 Definitionsversuche: Was versteht man unter KI?

Um zu verstehen, was *Künstliche Intelligenz* bedeutet, erscheint es sinnvoll, zunächst die Bedeutung des Attributs *künstlich* zu erläutern. Es bedeutet in diesem Kontext *nicht natürlich,* also *technisch* oder vom Menschen geschaffen. So wird Künstliche Intelligenz gelegentlich auch als rechnergestützte Intelligenz oder im Englischen auch als *Computational* oder *Machine Intelligence* bezeichnet und deutlich von der natürlichen und somit insbesondere menschlichen Intelligenz abgegrenzt.

Was aber genau ist *Intelligenz?* Es zeigt sich, dass eine allgemeingültige Definition aufgrund der vielschichtigen Facetten und Ausprägungen, die Intelligenz hat, nicht einfach zu finden ist.

Eine pragmatische Herangehensweise ist die Charakterisierung von Intelligenz mittels einer offenen (nicht vollständigen) Ansammlung verschiedener Eigenschaften in Anlehnung an menschliches Verhalten als eine Art Wunschliste für künstliche (rechnergestützte) *intelligente Systeme:* [74]

C. Lanquillon und S. Schacht, *Knowledge Science – Grundlagen,*
https://doi.org/10.1007/978-3-658-41689-8_2

- **Wahrnehmung:** den Zustand der Umwelt über Sensoren aufnehmen (Rohdaten), daraus Informationen ableiten, wie die Erkennung bestimmter Objekte, die abgeleiteten Informationen mit bestehenden Informationen zusammenführen und interpretieren,
- **Schlussfolgern:** auf Basis der verfügbaren Informationen auch unter Unsicherheit und unvollständigen Informationen deduktiv, induktiv oder transduktiv Schlüsse ziehen,
- **Handeln:** zur Erkundung und Veränderung der Umwelt auf Basis der verfügbaren Informationen kontrollierte Aktionen ableiten und einsetzen sowie Werkzeuge entwickeln und nutzen,
- **Planung und zielgerichtete Problemlösung:** eine Abfolge von Handlungsschritten zur Lösung eines Problems ermitteln und festlegen,
- **Kommunikation:** mit anderen intelligenten Systemen (einschließlich Menschen) kommunizieren,
- **Anpassungsfähigkeit und Lernen:** zum Umgang mit neuen oder veränderten Situationen auf Basis von gewonnenen Informationen und Erfahrungen das Verhalten anpassen oder neue Verhaltensweisen lernen,
- **Autonomie:** sich eigene Ziele setzen und selbst über den Weg zur Zielerreichung entscheiden,
- **Kreativität:** neue Wege zur Problemlösung erkunden,
- **Reflexion und Bewusstheit.** eigene interne Prozesse, Ziele und Entscheidungen sowie die anderer reflektieren,
- **Ästhetik:** beim Entscheiden und Handeln ästhetische Prinzipien berücksichtigen,
- **Organisation:** mit anderen intelligenten Systemen interagieren und sich mit ihnen abstimmen.

Während die meisten Menschen als natürliche intelligente Systeme diese Eigenschaften mehr oder weniger ausgeprägt aufweisen, sind künstliche intelligente Systeme noch weit davon entfernt. Sie erreichen oft nur Teilmengen dieser Eigenschaften, und zwar umso größere, je stärker die Anwendungsdomäne mit ihren Problemstellungen eingeschränkt ist [74]. Je enger eine Aufgabe definiert ist, desto erfolgreicher können künstliche intelligente Systeme agieren.

Die ersten drei Eigenschaften, also Wahrnehmung, Schlussfolgern und Handeln, hat Patrick Winsten, amerikanischer Informatiker und langjähriger Leiter des AI-Labs am Massachusetts Institute of Technology (MIT), schon früh aufgegriffen und Künstliche Intelligenz als wissenschaftliche Disziplin definiert, die Berechnungsverfahren entwickelt und untersucht, die es einem System ermöglichen, wahrzunehmen, zu schlussfolgern und zu handeln [191]. Ziel dieser Berechnungsverfahren ist es also, die menschliche Wahrnehmungs- und Verstandesleistung abzubilden, indem Computerprogramme entwickelt werden, die die Fähigkeit haben, Problemlösungsbereiche zu bearbeiten, die bisher nur vom Menschen gelöst werden konnten [142].

Da es zurzeit aber noch kein KI-System gibt, das generalistisch agiert, werden Lösungen Schritt für Schritt entwickelt und so der Fokus jeweils auf einzelne, sehr konkrete Probleme gelegt. Dies führt zur Unterscheidung zwischen *starker* und *schwacher KI*.

Unter einer *schwachen KI* wird ein System verstanden, das ein oder wenige sehr konkret eingegrenzte Anwendungsprobleme lösen kann, um eine vermeintlich menschliche Intelligenz zu simulieren oder zu imitieren. Diese KI-Systeme sind in der Domäne, für die sie entwickelt wurden, meist extrem leistungsfähig, in anderen Domänen allerdings kaum einsetzbar. Es fehlt die Eigenschaft, bekannte Lösungsmuster auf neue Probleme zu übertragen–eine Eigenschaft, die gerade auch die menschliche Intelligenz auszeichnet.

Eine *starke KI* ist ein System, das die oben aufgeführte umfangreiche Liste an Eigenschaften abdeckt und damit menschliche Problemlösungskreativität, Selbstbewusstsein und sogar Emotionen abbilden kann. Sie ist ein System, das generisch Probleme lösen kann, ohne vorher dafür programmiert oder trainiert worden zu sein. Auch der Transfer von vorhandenem Wissen und Fähigkeiten auf eine andere Domäne stellt für ein System mit starker KI keine Schwierigkeiten dar. Ein derart autark agierendes System würde uns Menschen in nichts nachstehen und sich selbst ständig weiterentwickeln. Es würde am Ende zur sogenannten technologischen Singularität kommen. Dies wäre der Moment, in dem die Intelligenz der KI diejenige des Menschen übertrifft, was dann auch als *Super-Intelligenz* bezeichnet wird. Ohne entsprechenden Willen und die Fähigkeit zur Erklärung getroffener Entscheidungen und Handlungen, könnte es für einen Menschen immer schwieriger werden, diese nachzuvollziehen. Ob die Ziele der Super-Intelligenz für Menschen rational verständlich sind, wissen wir nicht. Durch die genannten Entwicklungsmöglichkeiten werden daher nicht nur technische, sondern auch ethische Fragen aufgeworfen. Bislang existieren allerdings keine starken KI-Systeme und auch in naher Zukunft ist nicht davon auszugehen, dass eine starke KI mit generischer Problemlösungsfähigkeit geschaffen wird.

Sehr wohl gibt es aber bereits KI-Systeme, die in einzelnen Spezialgebieten die menschliche Geistesleistung deutlich übertreffen, wie bei dem Strategiespiel *Go*. Im April 2022 hat Google sogar gezeigt, dass KI-Systeme mit sogenannten *Large Language Models* in der Lage sind, den Menschen in etlichen Bereichen der Sprachverarbeitung zu übertreffen. Die Fähigkeiten des in diesem Zusammenhang entwickelten *Pathways Language Model (PaLM)* mit unglaublichen 540 Mrd. Parametern hat Google mittels des BIG-bench-Datensatzes getestet [27].[1] Die Forscherinnen und Forscher von Google wählten 150 Tasks aus und evaluierten das Sprachmodell im Vergleich zur Leistung von Menschen. Im Ergebnis übertrifft das Modell die durchschnittliche menschliche Leistung in 65 % der getesteten Tasks [126]. Auch wenn es aufgrund der beeindruckenden Ergebnisse scheint, als wäre hier eine starke KI entwickelt worden, handelt es sich doch weiterhin nur um eine Form schwacher KI.

---

[1] BIG-bench steht für Beyond the Imitation Game Benchmark. Dabei handelt es sich um 209 Tasks, die von arithmetischem Verständnis über die Beantwortung von Multiple-Choice-Fragen, über Gender-Fairness-Test für Sprachmodelle bis zu logischen Ableitungen eine große Bandbreite von verschiedenen Tests abbilden [169].

Trotz der Unfähigkeit, generisch Probleme lösen zu können, zeigen diese imponierenden Modelle auf, wo die Reise hingeht. Die Entwicklung derartiger Sprachmodelle bringt für unseren Themenkontext *Knowledge Science* einen enormen Mehrwert in der automatisierten Wissensextraktion und -verwendung, da sie die dafür notwendigen Aufgaben der Sprachverarbeitung (Natural Language Processing) auf ein vorher unerreichtes Niveau anheben.

## 2.2    Eine kurze Zeitreise: Wie hat sich KI entwickelt?

Künstliche Intelligenz bzw. die Überlegung, wie durch Maschinen das menschliche Denken nachempfunden werden kann, ist keine Erscheinung der letzten Jahre, sondern reicht mehrere Jahrhunderte zurück. Honavar beginnt seine Chronologie der Künstlichen Intelligenz bereits im Jahre 384 vor Christus unter Bezugnahme auf Aristoteles, der zwischen Materie und Form unterscheidet und damit die Grundlagen für die Abstraktion zwischen dem Untersuchungsgegenstand und dessen Darstellung legt. Dies bildet die Grundlage unserer heutigen modernen Informatik [74]. 350 vor Christus entwickelte dann Panini eine formale Grammatik des Sanskrit[2], was wiederum im Jahre 1956 von Noam Chomsky als Grundstein für die Theorie der syntaktischen Strukturen aufgegriffen wurde [74].

Viele weitere Meilensteine wären zu nennen, aber in dieser Arbeit soll der Fokus auf der Entwicklung seit den 50er-Jahren liegen. Beginnend mit der Formulierung des sogenannten Turing-Tests durch Alan Turing im Jahr 1950, der eine Idee zur Feststellung formulierte, ob ein Computer ein dem Menschen gleichwertiges Denkvermögen besitzt. Der Test, von ihm selbst als *Imitation Game* bezeichnet, soll die Frage beantworten, ob Computer denken können: „Can machines think?" Der Test wurde von Turing zunächst nur theoretisch skizziert und erst nach seinem Tod konkreter ausformuliert.

Der Test läuft als Spiel mit drei Personen ab, einer Frau (A), einem Mann (B) und einem Interrogator (C). Der Interrogator ist räumlich von A und B getrennt. Ziel des Spiels ist es, dass C durch Befragung der Personen A und B herausfindet, welche der beiden die Frau und wer der Mann ist. A hat dabei die Aufgabe, die Antworten an C so zu formulieren, dass die Identifikation schwierig ist. B hingegen hat die Aufgabe, dem Interrogator C durch klare und präzise Antworten zu helfen. Beispielsweise könnte B antworten: „Ich bin ein Mann, bitte höre nicht auf A." Damit nicht anhand der Stimme erkannt werden kann, um wen es sich handelt, wird die Befragung ausschließlich per Text z. B. über ein Chatprogramm vorgenommen. Um das Spiel als Test für die Denkleistung eines Computers zu verwenden, stellte Turing die Fragen: „Was würde passieren, wenn eine Maschine die Aufgabe von A übernehmen würde?" Und würde C genauso oft falsche oder richtige Entscheidungen treffen, wie wenn dieses Spiel ausschließlich mit Menschen gespielt werden würde? Wäre dies der Fall, würde man annehmen, dass die Maschine im Verständnis und in der Beantwortung der menschlichen Denkleistung gleichwertig sei [176].

---

[2] Sanskrit ist eine Bezeichnung für die verschiedenen Varietäten des Altindischen.

Der Turing-Test ist auch heute noch gültig, wenn auch mit einigen Modifikationen. Zudem werden Stimmen laut, die fordern, den Test durch andere Tests zu ersetzen, da die großen Sprachmodelle wie GPT-3 und PaLM in ihrer Leistung so weit fortgeschritten seien, dass der originäre Turing-Test nicht mehr vollständig Bestand habe.

Ein weiteres wichtiges Ereignis in der Geschichte der Künstlichen Intelligenz ist die Konferenz mit dem Titel „Darthmouth Summer Research Project on Artifical Intelligence", die im Sommer 1956 am Darthmouth College in Hanover, New Hampshire, stattfand. Auf dieser Konferenz verwendeten die Wissenschaftler John McCarthy, Marvin Minsky, Nathaniel Rochester und Claude Shannon als Antragsteller zusammen mit den weiteren Teilnehmern Ray Solomonoff, Oliver Selfridge, Allen Newell, Herbert Simon, Trenchard More und Arthur Samuel erstmalig den Begriff „Artifical Intelligence" und markierten somit die Geburtsstunde der Künstlichen Intelligenz als akademisches Feld. Die Konferenz war als zweimonatiger Workshop angesetzt, bei dem sich die Wissenschaftler über das neue Themengebiet austauschen und funktionierende Lösungen entwickeln sollten. Insbesondere waren in dem Antrag für die Konferenz die folgenden Themengebiete aufgeführt: [114]

- Automatische Computer
- Wie können Computer programmiert werden, um Sprache zu verwenden?
- Neuronale Netze
- Theorie über die Größe einer Berechnung
- Selbstoptimierung von Algorithmen
- Abstraktionen
- Zufälligkeit und Kreativität

Die Verwendung des Begriffs Künstliche Intelligenz für das neue Forschungsgebiet war dabei unter den Teilnehmern keineswegs unstrittig. Es standen auch Vorschläge wie *komplexe Informationsverarbeitung* oder *Automatenstudie* im Raum. Ganz klar war aber allen – und das zeigte sich auch schon im Antragstext – dass es nicht um die Schöpfung einer künstlichen Intelligenz gehen sollte, sondern darum, eine Maschine dahin gehend zu programmieren oder anzupassen, dass sie Intelligenz bzw. die menschliche Denkleistung simuliert [135].

Ein weiterer größerer Meilenstein war die Entwicklung des ersten Chatbots durch den deutsch-amerikanischen Informatiker sowie Wissenschafts- und Gesellschaftskritiker Joseph Weizenbaum [189] im Jahre 1964. In den Jahren 1964 bis 1966 entwickelte Weizenbaum ELIZA, eines der ersten Programme zur automatischen Sprachverarbeitung (Natural Language Processing), das den Zweck hatte, eine Maschine ein Gespräch mit einem Menschen führen zu lassen, wobei das Programm einen Psychotherapeuten imitierte. ELIZA ist ein regelbasierter Chatbot, der tatsächlich die Illusion einer intelligenten Maschine und damit auch einer natürlichen Konversation erzeugte. Dabei kamen lediglich Schlüsselworterkennung sowie geschickte Anwendung von Regeln zur Umformung von Sätzen zum Einsatz. Dennoch waren die Ergebnisse insbesondere für die damalige Zeit beeindruckend gut. Daher wies Weizenbaum immer wieder darauf hin, dass hier lediglich eine Illusion entsteht und die Maschine selbst nicht wirklich intelligent sei [187].

Auch in einem im Jahre 1966 veröffentlichten Artikel äußerte sich Weizenbaum zu dieser Illusion wie folgt [182]:

> For in those realms machines are made to behave in wondrous ways, often sufficient to dazzle even the most experienced observer. But once a particular program is unmasked, once its inner workings are explained in language sufficiently plain to induce understanding, its magic crumbles away; it stands revealed as a mere collection of procedures, each quite comprehensible.

Dennoch fand hier ein Durchbruch für die Künstliche Intelligenz und insbesondere für das Natural Language Processing statt.

Auch erwähnenswert ist die Entwicklung der *Backpropagation* im Jahre 1970. Backpropagation ist eine Methode, mit der neuronale Netze aus ihren Fehlern lernen können. Erstmalig wurde dieses Verfahren 1970 vom finnischen Studenten Seppo Linnainmaa in seiner Masterarbeit und 1976 in einem Artikel veröffentlicht [105]. Die Arbeit von Linnainmaa basierte auf einer Idee von Henry J. Kelley, die dieser 1960 in seinem „Gradient Theory of Optimal Flight Paths" formulierte [87]. Erst 30 Jahre später wurde das Prinzip für die Anpassung der Gewichte in neuronalen Netze durch Rummelhart, Hinton und Willims in ihrem Artikel „Learning representations by back-propagating errors" herausgearbeitet und damit populär gemacht.

Die Grundidee dabei ist es, nach regulärem Durchleiten von Eingangssignalen durch ein neuronales Netz (forward pass) auf Basis von Gradienten einer Fehlerfunktion Signale zur Anpassung der Gewichte rückwärts durch das neuronale Netz zu leiten (daher der Name Backpropagation), um so iterativ den Prognosefehler zu minimieren [19]. Hierbei wird mittels der Trainingsdaten durch eine vorwärts gerichtete Berechnung zunächst anhand der vorhandenen Netzgewichtungen ein Output berechnet, der mit dem wahren Wert verglichen wird, sodass der Fehler ermittelt werden kann. Im nächsten Schritt werden dann durch die sogenannte Backpropagation die notwendigen Anpassungen der Gewichte des Netzes vorgenommen, die den Fehler minimieren. Dies wird so lange wiederholt, bis ein (lokales) Minimum der Fehlerfunktion erreicht ist. Durch dieses Vorgehen kann das Netz lernen [151].

Im Jahr 1972 wurde an der Stanford Universität erstmals mit einer regelbasierten Logik und der Programmiersprache LISP ein Expertensystem entwickelt, das auf Basis einer Wissensbasis die Anwenderinnen und Anwender bei Treffen von Entscheidungen unterstützen konnte: Das System MYCIN umfasste ungefähr 600 Regeln und unterstützte bei der Erkennung von Infektionen und gab Empfehlungen für die passende Medikamentendosis angepasst an das Körpergewicht des Patienten [175].

Die meisten KI-basierten Lösungen, die zwar oft prinzipiell funktionierten, scheiterten jedoch meist in echten Anwendungen. Ein wesentlicher Grund dafür war die zu der Zeit nur in sehr begrenztem Umfang verfügbare Rechenleistung. Viele Ideen konnten nur sehr einfache, beinahe triviale Probleme lösen, aber keine komplexen, anwendungsnahen Probleme. Hier waren die Visionen größer als die realen Möglichkeiten. Interessant ist, dass viele Ideen und Lösungsvorschläge aus dieser Zeit in den letzten zehn bis 15 Jahren insbesondere mit Verfügbarkeit entsprechender Rechenleistung erfolgreich zur Anwendung gekommen sind [34].

Doch auch eine Winterzeit endet einmal. Die erste Winterzeit dauerte etwa bis 1980, bis sie langsam durch die nächste Boom-Welle abgelöst wurde. Auslöser der nur kurz andauernden zweiten Welle waren die Entwicklung von meist regelbasierten Expertensystemen sowie die stärkere Fokussierung auf Anwendungen und kommerzielle Nutzung [161]. In dieser Phase entwickelte z. B. Lee Erman et al. das Blackboard Design Pattern, das verwendet werden kann, um eine Wissensbasis (Blackboard) aufzubauen und die in dieser Wissensbasis gespeicherten Quelldaten iterativ zu aktualisieren, wenn neue Probleme bzw. Anfragen auftreten, bis eine Lösung gefunden wurde [175].

Ausschlaggebend für die Expertensysteme dieser Epoche war die Tatsache, dass die definierten Regeln, meistens Wenn-Dann-Regeln, mittels eines Top-Down-Approach manuell ermittelt wurden. Es wurde angenommen, dass das Abbilden von Domänenwissen durch die Befragung von Domainexperten mittels Regeln der beste Weg sei, eine KI aufzubauen. 1984 sprangen auch Zeitschriften und Zeitungen wieder auf den Hype auf. So lautete eine Titelschlagzeile der *Business Week* „AI: It's Here" [161].

Aufgrund des Hypes fürchteten einige Wissenschaftlerinnen und Wissenschaftler, dass die Erwartungen erneut nicht erfüllt werden und es zu einem zweiten Winter kommen könnte. So gab es auf der AAAI-Konferenz ein Panel mit dem Titel „The Dark Ages of AI – Can we avoid or survive them?", auf dem diskutiert wurde, wie man einen zweiten Winter abwenden könnte. Die größte Sorge war natürlich, dass Forschungsgelder gekürzt und man dadurch ausgebremst werden würde.

Wie in Abb. 2.1 ersichtlich, flachte die zweite Boom-Zeit dann schon in den 90er-Jahren wieder ab. Hintergrund hierfür war, dass die hochgepriesenen Expertensysteme etliche Beschränkungen aufwiesen. John McCarthy kritisierte beispielsweise, dass die Systeme

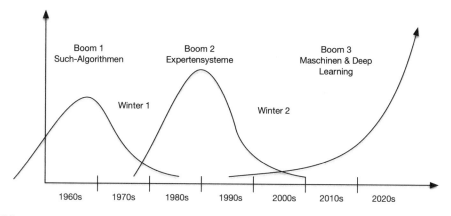

**Abb. 2.1** Winter- und Boom-Zeiten Künstlicher Intelligenz. (In Anlehnung an [60])

keinen gesunden Menschenverstand nachbilden konnten und dass sie sich nicht ihrer eigenen Grenzen bewusst waren. Andere Kritikpunkte waren, dass viele Themen so komplex waren, dass die Entwicklerinnen und Entwickler Schwierigkeiten hatten, sie in Wenn-Dann-Regeln abzubilden. Vor allem Computer Vision und Sprachverarbeitung waren so komplex, dass sie kaum vollständig in Regelsystemen abgebildet werden konnten. Auch hier zeigte sich, dass die Unzulänglichkeiten, die dann sichtbar wurden, wieder zu einem verringerten Interesse in der Bereitstellung von Forschungsgeldern führte und somit den zweiten KI-Winter einleiteten [161].

Das Ende dieser Periode sollte Anfang der 2000er-Jahre durch einen Paradigmenwechsel weg von regelbasierten zu statistischen und maschinellen Lernverfahren eingeleitet werden. Gerade in den Anfängen der 2000er-Jahre wurden viele Lernverfahren wie Support-Vektor-Maschinen, Bayes'sche Netze, Markov-Modelle und vor allem auch neuronale Netze eingesetzt. Dieser Paradigmenwechsel in der KI führte dazu, dass eine länger andauernde Phase eines KI-Frühlings begann, die bis heute anhält. Die Anwendung maschineller Lernverfahren zeigte an vielen Stellen, dass diese praktikabler waren als die regelbasierten Ansätze. Ein Schlüsselereignis dabei war die von der DARPA ausgerufene Grand Challenge zum autonomen Fahren im Jahre 2005. Dotiert mit zwei Millionen Dollar Preisgeld, bestand die Aufgabe darin, autonome Fahrzeuge zu entwickeln, die eine 132 Meilen lange Strecke durch die Wüste von Nevada zurücklegen konnten. Gewinner des Wettbewerbs war der deutsche Wissenschaftler Sebastian Thrun mit seinem Team der Stanford University. Die New York Times griff dieses Ereignis nach den Rückschlägen der Vorjahre auf und titelte, dass hinter der künstlichen Intelligenz ein Geschwader von klugen, echten Menschen stehe [112]. Und diese äußerten, dass mit den jüngsten Erfolgen nun ein KI-Frühling begonnen habe  [112].

Mit der starken Zunahme der Nutzung maschineller Lernverfahren bei Entwicklung von KI-Lösungen startete auch die Deep-Learning-Revolution. Angetrieben durch Cloud-Computing und Digitalisierungsbestrebungen sowie natürlich auch der zunehmenden Erzeugung und Bereitstellung von Daten durch IoT-Geräte, standen nun einer deutlich breiteren Gruppe an KI-Forscherinnen und Forschern mehr Ressourcen zur Verfügung [161]. Dies führte etwa in Jahre 2021 dazu, dass etliche Erfolge im Bereich des maschinellen Lernens gefeiert werden konnten.

Neuronale Netze zeigten nun langsam ihre Überlegenheit in vielen Anwendungsbereichen. So gewann erstmalig ein neuronales Netz die jährlich stattfindende ImageNet Large Scale Visual Recognition Challenge, bei er es darum geht, den Inhalt von Bildern zu erkennen und damit eine automatische Annotation der Elemente in den Bildern vornehmen zu können [91]. Aber auch beispielsweise in der Sprachverarbeitung machten KI-Systeme bedeutende Fortschritte. So gewann IBMs *Watson*-System in der Quizshow *Jeopardy*. Apple veröffentlichte im Jahr 2011 *Siri,* Google startete 2012 den Sprachdienst *Google Now,* Microsofts *Cortana* gibt es seit 2013 und Amazon veröffentlichte im Jahre 2014 den virtuellen Sprachassistenten *Alexa* [125].

Wie schon erwähnt, sind zwei wesentliche Faktoren dafür verantwortlich, dass die Deep-Learning-Revolution so durchstarten konnte. Erstens die enorme Menge an oft frei verfügbaren Daten für viele Anwendungsbereiche und zweitens die Möglichkeit, über Cloud-Anbieter auf Rechenleistung etwa in Form von Grafikkarten zugreifen zu können. Die große Bedeutung der Daten gerade im Vergleich zum Einfluss der Lernverfahren wird sehr prägnant im Artikel mit dem Titel „The Unreasonable Effectiveness of Data" zum Ausdruck gebracht: Ein einfacher Algorithmus, gefüttert mit mehr Daten, wird immer einen komplexeren Algorithmus schlagen, der mit weniger Daten gefüttert wurde [61, 161].

Die positive inhaltliche Entwicklung wird zusätzlich durch immer großzügigere Fördergelder durch öffentliche und private Forschungsinitiativen angetrieben. So wurden im Jahre 2011 670 Mio. US$ pro Jahr in KI-Start-Ups investiert. Im Jahr 2021 belief sich die Summe dann schon auf 36 Mrd. US$ und im Jahr 2022 wurden im ersten Halbjahr bereits 28 Mrd. US$ als Fremdkapital für Start-Ups bereitgestellt [171].

Die Darstellung der historischen Entwicklung soll mit einer Überlegung abschließen, welches die ausschlaggebenden Faktoren dafür sind, dass ein KI-Winter eintritt, und ob wir gerade auf einen neuen KI-Winter zusteuern. Schumacher zeigte in einer Ausarbeitung im Jahre 2019, dass es primär die drei folgenden Kriterien waren, die zu den bisherigen KI-Winter-Phasen geführt haben: [161]

- Geschürte Erwartungen und Versprechungen entsprechen nicht der Realität,
- Forschungsgelder werden reduziert,
- technologische Barrieren bremsen oder blockieren Entwicklungen.

Bei Betrachtung des erstens Punktes ist zu konstatieren, dass tatsächlich gerade ein enormer Hype zum Thema KI entstanden ist. Es scheint fast so, als müsse alles mit KI angereichert werden, um am Markt bestehen zu können. Dieser durch den Markt und die Wirtschaft getriebene Hype birgt ein enormes Risiko in Bezug auf übertriebene Erwartungen und Versprechen.

Demgegenüber zeigt sich aktuell allerdings kein wesentlicher Rückgang an Forschungsgeldern. Auch muss erwähnt werden, dass in der aktuellen Situation die Unterstützung von Forschungsprojekten nicht nur aus staatlich initiierten Forschungsaktivitäten entstanden ist, sondern dass vielmehr viele Unternehmen ebenfalls in KI-Forschung investieren und somit eine stabilere Finanzierung vieler Ideen und Aktivitäten existiert. Dies zeigt sich laut Schumacher auch an der Marktvorschau bis zum Jahr 2025, in der Forschungsausgaben zwischen 126 Mrd. und 644 Mrd. US$ prognostiziert werden [161].

Im dritten und letzten Punkt erkennen wir aktuell jedoch kaum signifikante Hindernisse. Insbesondere die prominenten Sprachmodelle wie ChatGPT entfalten ein beeindruckendes Potenzial. Auch für die in dieser Buchreihe thematisierten Anwendungen sind speziell die jüngsten Fortschritte im Bereich der Sprachverarbeitung hervorzuheben. Diese basieren vorrangig auf Transformer-Modellen, zu denen auch die GPT-Modell-Familie von OpenAI zählt. Aber auch in anderen Bereichen, wie die Entwicklung von Generative Adversarial Networks (GANs), kam es zu beeindruckenden Fortschritten. Diese Netzwerke können Bilder und Audio-Dateien zu erzeugen, die kaum von der Realität zu unterscheiden sind.

Aber es sind nicht nur positive Stimmen in Bezug auf die Entwicklung zu hören. So kritisiert Francois Collet, Entwickler des Deep-Learning-Frameworks *Keras* und damit eine bedeutende Stimme in der Community, dass zwar nie mehr Menschen an Deep Learning gearbeitet hätten als heute, es aber dennoch die langsamste Entwicklungsrate in den vergangenen fünf Jahren gebe [26, 161].

Zusammenfassend lässt sich festhalten, dass die Entwicklung in der KI noch stabil ist und zudem genügend Gelder im Markt vorhanden sind, sodass es kurzfristig nicht zu einem weiteren KI-Winter kommen sollte. Das bedeutet aber auch, dass mehr Fortschritte insbesondere für die wirtschaftliche Nutzung von KI geschaffen werden müssen und dass die Erwartungen und Versprechen leicht reduziert werden müssen. Anderenfalls erleben wir womöglich in den nächsten Jahren erneut eine Winter-Phase mit stark abgeschwächtem Fokus auf KI.

## 2.3    Einordnung und Ordnungsrahmen

Dieser Abschnitt soll einen Überblick über die verschiedenen anwendungsorientierten und grundlegenden Teilbereiche der Künstlichen Intelligenz (KI) geben. Nach einer Einordnung und Charakterisierung der KI als Fachgebiet werden die verschiedenen Bereiche motiviert und im Gesamtkontext eingeordnet. Ausgewählte Bereiche, die als Grundlagen für die in diesem Buch betrachteten Anwendungsfälle im Kontext des *Knowledge Science* besonders relevant sind, werden in den folgenden Abschnitten detaillierter betrachtet.

### 2.3.1    Einordnung

Wie wir soeben in der Zeitreise durch die Entstehung und Entwicklung der Künstlichen Intelligenz (KI) festgestellt haben, gibt es bislang keine einheitliche Definition für den Begriff. Je nach Perspektive werden unterschiedliche Aspekte beispielsweise bezüglich der zu erreichenden Anwendungen und Ziele oder der Art und Weise, wie diese erreicht werden sollen, in den Vordergrund gerückt.

Die meisten der KI-Definitionen haben jedoch gemeinsam, dass ein System – virtuell als Software oder auch physisch in Verbindung mit Hardware – Aufgaben lösen soll, die eine gewisse Form von Intelligenz erfordern, wollte ein Mensch sie ausführen. Das Problem dabei ist natürlich, dass sich *Intelligenz* mit ihren vielen Facetten nur schwer greifen lässt. Die KI gilt dabei als Teilbereich der Informatik und der Fokus liegt letztlich auf der Automatisierung intelligenter (menschlicher) Entscheidungsstrukturen.

Es fällt auf, dass in dieser Perspektive der Mensch mit seiner Intelligenz als Vorgabe oder gar Vorbild eine sehr zentrale Rolle spielt: KI-Systeme sollen Aufgaben so lösen, wie der Mensch es täte. Das impliziert eine gewisse Form von Eigenständigkeit und Anpassungsfähigkeit an unbekannte Situationen. Wenn einmal erworbene Fähigkeiten für eine Lösung nicht mehr ausreichen, muss das Verhalten entsprechend angepasst werden, d. h. das System muss lernfähig sein.

Wenn ein KI-System menschliche Entscheidungsstrukturen unterstützen oder automatisieren soll, dann sind Analogien zum menschlichen Vorgehen und eine Orientierung daran naheliegend und in gewissem Rahmen auch hilfreich. Warum aber sollte verlangt werden, dass der Computer dabei teilweise menschliche Züge annimmt und idealerweise nicht von einem Menschen zu unterscheiden sei, wie beim Turing Test oder genauer Imitation Game, wie Turing selbst den Test bezeichnet hatte?

Wenngleich diese Forderung in ausgewählten Anwendungsbereichen wie der Unterstützung bei der Betreuung pflegebedürftiger Menschen eine wichtige Rolle für die Akzeptanz spielen kann, so ist es doch in den meisten anderen Fällen unerheblich, ob sich KI-Systeme „menschlich" verhalten. Vielmehr scheint es grotesk, dass ein technisches System unbedingt menschliche Züge annehmen müsse, damit es für die Anwendung infrage kommt. Schließlich muss ein Flugzeug auch nicht aussehen wie ein Vogel oder sogar von Vögeln als ihresgleichen akzeptiert werden. Es muss einfach nur spezifische Eigenschaften haben, die das Fliegen ermöglichen.

Deshalb werden wir in der folgenden Betrachtung nicht voraussetzen, dass KI-Systeme zwingend menschliche Züge annehmen. Lediglich die Aufgaben selbst und die Inspiration für die Lösung sind essenziell für die Entwicklung intelligenter Systeme und daher für auch für unsere Betrachtung. Schließlich wird oft nur verlangt, dass ein KI-System rational im Rahmen des Kontexts mit aktuellen Gegebenheiten und Möglichkeiten sowie eines Kriteriums zur Bewertung des Erfolgs die besten Aktionen für die Zielerreichung auswählt und ausführt [153].

Wenn Aufgaben und Bewertungskriterien durch den Menschen vorgegeben sind, dann sprechen wir von *schwacher KI*. Genau genommen wird bei dieser Form intelligentes Verhalten lediglich *imitiert*. *Starke* oder *generelle KI* soll dagegen „echte" Intelligenz entwickeln, die die menschliche Intelligenz sogar übertreffen kann. Diese Systeme sind dann nicht mehr auf vorgegebene Aufgaben beschränkt, sondern können theoretisch aus eigenem Antrieb handeln und auch neue Aufgaben lösen. Als wichtige Bausteine für eine starke KI werden Aspekte wie Emotionen, Selbsterkenntnis und letztlich Bewusstsein gezählt, insbesondere auch, um sich aus eigenem Antrieb eigene Ziele setzen zu können, die nicht durch den Menschen vorgegeben sind. Aktuell werden diese Fähigkeiten noch nicht erreicht.

Unser Fokus liegt auf der Lösung ausgewählter Aufgaben. Zu beachten ist allerdings, dass diese Aufgaben immer komplexer werden. Komplexe Aufgaben lassen sich nach dem Teile-und-Herrsche-Prinzip oft besser oder zumindest einfacher lösen, wobei sie in weniger komplexe Teilaufgaben heruntergebrochen werden. Folglich werden einzelne Aufgaben nicht mehr nur isoliert betrachtet. Vielmehr müssen ihre Teilaufgaben geeignet orchestriert und ihre Lösungen verknüpft werden, um komplexere Aufgaben zu lösen.

### 2.3.2 Definition und Aufbau

Wir folgen in diesem Buch der pragmatischen Definition, die die *High-Level Expert Group on Artificial Intelligence* der Europäischen Kommission erarbeitet hat: [68]

> Artificial intelligence (AI) systems are software (and possibly also hardware) systems designed by humans that, given a complex goal, act in the physical or digital dimension by perceiving their environment through data acquisition, interpreting the collected structured or unstructured data, reasoning on the knowledge, or processing the information, derived from this data and deciding the best action(s) to take to achieve the given goal.

Die in dieser Definition genannten Schritte entsprechen den Phasen *Wahrnehmung, Verstehen, Schlussfolgern* und *Handeln,* die ein Mensch bewusst und unbewusst bei der Problemlösung oder Handlungsentscheidung durchläuft. Sie sind in ihrer logischen Abfolge in Abb. 2.2 dargestellt.

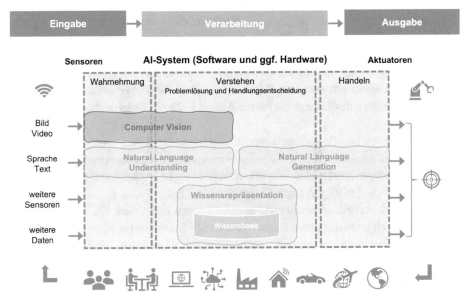

**Abb. 2.2** Wahrnehmung, Verstehen und Aktion als Komponenten eines KI-Systems nach dem Prinzip Eingabe-Verarbeitung-Ausgabe. *Computer Vision* und *Natural Language Processing (NLP)* mit den Teilbereichen *Natural Language Understanding (NLU)* und *Natural Language Generation (NLG)* sowie *Wissensrepräsentation* sind Beispiele für Disziplinen innerhalb der KI zur Realisierung konkreter Aufgaben innerhalb der Komponenten

**Sensoren und Wahrnehmung.** Ein KI-System muss mit Sensoren zur Erfassung für die Aufgabe relevanter Daten aus der Umgebung ausgestattet sein. Dies können etwa Kameras, Mikrofone oder eine Tastatur, Sensoren für physikalische Größen wie Temperatur oder Luftdruck oder auch Tastsensoren sein. Im weiteren Sinne kommen auch auf andere Art erfasste und gespeicherte Daten über die Objekte des Interesses wie Stücklisten eines Fahrzeugs oder persönliche Daten einer Kundin oder eines Kunden infrage.

Der Wahrnehmungsprozess extrahiert aus den Roh-Sensordaten relevante Informationen für die nachgelagerte Problemlösung. Das Erkennen von Personen auf den Bildern einer Kamera eines autonomen Fahrzeugs oder die Umwandlung gesprochener Sprache in Text sind Beispiele dafür. Genau genommen handelt es sich hierbei schon um erste Schritte zum Verstehen der aktuellen Situation, die Abgrenzung nur nachfolgenden Phase *Verstehen und Schlussfolgern* ist also sehr unscharf. Stellt die Verarbeitung der Daten wie die Erkennung von Personen eine Vorstufe einer deutlich komplexeren Aufgabe wie das autonome Fahren dar, dann ist die vollständige Zuordnung zur Phase der Wahrnehmung jedoch sehr pragmatisch.

**Verstehen und Schlussfolgern.** Als Kern eines KI-Systems wird in dieser Phase aus den aufgenommenen Informationen die konkrete Problemlösung oder Handlungsentscheidung für die vorgegebene Aufgabe vorgenommen. Der Begriff *Entscheidung* ist hier sehr allgemein zu verstehen und umfasst beispielsweise auch die Auswahl von Empfehlungen für eine Anwenderin oder einen Anwender in einem gegebenen Kontext [68].

**Aktion und Aktuatoren.** Sobald die Problemlösung oder Entscheidung für die Zielerreichung ermittelt ist, muss ein KI-System die zur Umsetzung notwendige Aktion mittels der zur Verfügung stehenden Aktuatoren ausführen. Ein typisches Beispiel dafür ist die Bewegungssteuerung eines Roboters oder einer Maschine. Aber auch die Erzeugung von Text oder Sprache für die Kommunikation eines Chatbots mit seinen Nutzerinnen und Nutzern zählt dazu. Meistens wirken sich die Aktionen auf die Umwelt aus, sodass das KI-System in der Folge erneut eine Veränderung wahrnimmt.

Die oben dargestellten Phasen bilden oft Komponenten im Rahmen der Umsetzung eines KI-Systems. Diese werden in der Literatur auch als *(intelligente) Agenten* bezeichnet, die Eingaben zu einer Ausgabe verarbeiten [153]. Es gibt reine Software-Agenten und es gibt Hardware-Agenten. Bei dieser Unterscheidung ist zu beachten, dass das Programm des Software-Agenten letztlich auch auf einer Hardware, sprich einem Computer, ausgeführt und ein Hardware-Agent auch von einer intelligenten Software gesteuert wird. Relevant ist allerdings die Ausstattung mit Sensoren und Aktuatoren, die sich bei den beiden Varianten erheblich unterscheiden. Oftmals sind KI-Systeme als Komponenten eingebettet in übergeordnete, größere Systeme [68].

### 2.3.3  Teilbereiche

Künstliche Intelligenz als wissenschaftliche Disziplin enthält viele Teilbereiche, die wiederum oft auch als eigene Disziplinen wahrgenommen werden. In einer anwendungsorientierten Perspektive können diese Teilbereiche oder Disziplinen primär nach der Art der verwendeten Daten und der Problemstellung unterschieden werden. Diese Disziplinen lassen sich sehr gut den Komponenten zuordnen, wie beispielhaft in Abb. 2.2 skizziert. Andere Disziplinen beschäftigen sich mit grundlegenden Themen und der Art und Weise, wie Lösungen für Komponenten eines KI-Systems erstellt werden und stehen oft für ganze KI-Paradigmen. Diese Disziplinen sind eher querschnittlich und kommen als fundamentale Vorgehensweisen und Methoden zur Lösung typischer Herausforderungen in den anderen Disziplinen zum Einsatz.

**Anwendungsorientierte KI-Disziplinen**
Sehr bekannte anwendungsorientierte Teilbereiche der KI sind die folgenden:

**Computer Vision.** Das computerbasierte oder maschinelle Sehen (engl. *computer vision* oder *machine vision*) soll relevante Informationen aus Bildern oder Bildsequenzen, also Videos, extrahieren und somit zum Verständnis des Bildmaterials beitragen. Als sehr prominentes Beispiel ist diese Disziplin aus dem Bereich der Wahrnehmung mit Aspekten des Verstehens in Abb. 2.2 entsprechend verortet. Bekannte Beispiele sind die Objekterkennung für Fahrassistenz oder beim autonomen Fahren, Gesichtserkennung zum Entsperren mobiler Endgeräte oder die bildgestützte Qualitätsprüfung in der industriellen Produktion. Die Erkennung von Emotionen und das Interpretieren von Körpersprache spielt aber auch eine wichtige Rolle beim Aufbau multimodaler Assistenzsysteme, die sich nicht nur auf das gesprochene oder geschriebene Wort stützen sollen.

**Natural Language Processing.** Die Verarbeitung natürlicher, d. h. menschlicher, Sprache (engl. natural language processing, NLP) soll es KI-Systemen ermöglichen, gesprochene und geschriebene Sprache zu verstehen, zu interpretieren und auch zu erzeugen. Die NLP-Teilbereiche *Natural Language Understanding (NLU)* und *Natural Language Generation (NLG)* sind entsprechend in Abb. 2.2 verortet. Gerade für KI-Anwendungen zur Unterstützung des Wissensmanagements spielt das NLP eine so fundamentale Rolle für die Realisierung einer Mensch-Maschine-Schnittstelle und für die Verarbeitung bestehender Dokumente, dass es in Kap. 5 ausführlich behandelt wird.

**Expertensysteme.** Expertensysteme sollen dem Menschen bei der Lösung konkreter Aufgaben in einer eng abgegrenzten Anwendungsdomäne wie technischem IT-Support oder bei medizinischen Diagnosen unterstützen. Dazu wird oft eine als Wissensbasis bezeichnete spezielle Datenbank zur Speicherung von Fakten und Regeln herangezogen, um daraus mögliche Lösungen abzuleiten. Aufbau und angemessene Befüllung der Wissensbasis sind eine große Herausforderung, die den erfolgreichen Einsatz maßgeblich beeinflusst: Die Erfassung des Wissens ist bei der Entwicklung von Expertensystemen meist der Flaschenhals *(knowledge acquisition bottleneck)*. Aktuelle Ansätze sollen dabei helfen, durch eine stark automatisierte Vorgehensweise auf Basis von NLP-Verfahren, dieses Problem zu mildern (siehe insbesondere die Anwendungsfälle zum *Lernen wie ein Mensch* und den *Smart Expert Debriefings*). Außerdem können NLP-Verfahren auch zur Vereinfachung der Bedienung an der Schnittstelle zwischen Mensch und Maschine zum Einsatz kommen.

**Robotik.** Während die Entwicklung der physischen Komponenten eines Roboters, also die Hardware, den Ingenieurwissenschaften zuzuordnen ist, beschäftigt sich der KI-basierte Teil der Robotik damit, die Software für die Steuerung von Robotern zu entwickeln. Durch die fortdauernde Interaktion eines Roboters mit seiner Umwelt, ist das sehr fein abgestimmte und koordinierte Zusammenspiel von Sensorik und Wahrnehmung, der Planung des Verhaltens zur Zielerreichung und der Ausführung der Aktionen durch Ansteuerung der Aktuatoren eine besonders große Herausforderung und betrifft alle Komponenten eines KI-Systems.

Die verschiedenen anwendungsorientierten Disziplinen kommen oft auch kombiniert zum Einsatz. So kann ein Roboter auf Verfahren des computerbasierten Sehens zurückgreifen, um etwa sicherer und schneller in seiner Umgebung zu navigieren, oder NLP-Techniken zur Unterstützung der Kommunikation mit Menschen in seiner Umgebung verwenden.

### KI-Paradigmen und ergänzende Disziplinen für die Umsetzung

Die anwendungsorientierten Teilbereiche beschreiben genau, welche Ziele auf Basis welcher Sensordaten erreicht werden sollen. Wie aber lassen sich derartige KI-Systeme entwickeln? Hier kommen verschiedene KI-Paradigmen ins Spiel.

**Problemlösung durch Suche.** Sehr viele Probleme lassen sich so formulieren, dass sie mittels Suchalgorithmen gelöst werden können. So wird das automatisierte Planen als Suche nach einer geeigneten Abfolge von Aktionen definiert. Im weiteren Sinn lässt sich selbst Optimierung durch iterative Verfahren wie den Gradientenabstieg als Suche nach idealen Werten für Parameter oder Konfigurationen und daher auch das unten thematisierte maschinelle Lernen als Suche nach optimalen Parametern eines Modells für eine bestimmte Aufgabe interpretieren. Es existieren zahlreiche Verfahren für die unterschiedlichsten Einsatzbedingungen und Anforderungen. Mögliche oder zulässige Lösungen unterliegen dabei oft anwendungsspezifischen Nebenbedingungen, wie Beschränkungen von verfügbaren Ressourcen und Abhängigkeiten zwischen Handlungsschritten oder eingesetzten Ressourcen.

**Problemlösung durch Schlussfolgern.** Das computerbasierte Schlussfolgern sei an dieser Stelle als Oberbegriff für *logikbasierte* und *wissensbasierte Ansätze* genannt, die insbesondere in der Anfangszeit der KI-Entwicklung sehr bedeutsam waren und auf der Idee beruhen, dass das menschliche Denken ebenso aus dem logischen Kombinieren einzelner Begriffe besteht, die Wissen über die Umwelt oder Anwendungsdomäne repräsentieren.

In diesem Zusammenhang wird deshalb auch die Einordnung als *symbolische Verfahren* verwendet.

Zur Realisierung sind *Aussagenlogik* und *Prädikatenlogik* erster oder höherer Stufe elementar. Bei praktischen Problemen erweist sich die mathematische Logik oft als zu streng. Beispielsweise ist das Modellieren und Quantifizieren von Unsicherheit oder Unschärfe in Aussagen und das Schließen mit Unsicherheit mittels *probabilistischem Schließen* oder *Fuzzy-Logik* eine sinnvolle Ergänzung. Die Berücksichtigung von Veränderungen über die Zeit ist eine zusätzliche Herausforderung in den meisten Anwendungsbereichen. In Teilbereichen und als Ergänzung anderer Lösungsansätze behalten diese Ansätze ihre Bedeutung.

**Wissensrepräsentation.** Das Konzept der Trennung zwischen Inferenzmechanismen und Wissensbasis ist für den Aufbau und die Anwendung wissensbasierter Systeme wie Expertensysteme sehr hilfreich. Dies zeigt sich insbesondere, wenn sich das Wissen ändert und angepasst werden muss oder wenn es zur Erklärung einer abgeleiteten Problemlösung verwendet werden kann. Das explizite Modellieren und Repräsentieren von *Wissen* (engl. *knowledge engineering* und *knowledge representation*) sind deshalb wichtige unterstützende Teilbereiche der KI. Was wir genau unter *Wissen* im Rahmen unserer Anwendungen verstehen, wird bei der Einführung in das Wissensmanagement im Kapitel zum Wissensmanagement im zweiten Band der Buchreihe thematisiert. In Kap. 6 stellen wir mit sogenannten Wissensgraphen (engl. *knowledge graphs*) eine Möglichkeit zur flexiblen Speicherung und Nutzung von Wissensfragmenten im Kontext KI-basierter Anwendung vor.

Es hat sich allerdings gezeigt, dass das manuelle Konstruieren und Pflegen von Regeln und Wissensbasen in größeren Anwendungsbereichen sehr aufwendig und problematisch ist und deshalb einen sehr kritischen Faktor bei der Entwicklung wissensbasierter KI-Systeme darstellt *(knowledge acquisition bottleneck)*. Deshalb ist eine Automatisierung wesentlicher Schritte notwendig, wenn KI-Lösungen erfolgreich sein sollen. Dies kann insbesondere durch maschinelle Lernverfahren erreicht werden.

**Machine Learning.** Anstatt KI-Systeme manuell vollständig durch Menschen aufzubauen, soll das maschinelle Lernen die Entwicklung teilweise oder komplett automatisieren. Basierend auf Daten generieren maschinelle Lernverfahren Lösungen für ausgewählte Aufgaben. Mit zunehmender Verfügbarkeit von Daten und Rechenleistung sowie Weiterentwicklung von Machine-Learning-Ansätzen, insbesondere im Bereich Deep Learning, werden große Fortschritte in allen anwendungsorientierten KI-Bereichen erzielt. So verdrängt das Machine-Learning-Paradigma immer stärker klassische regelbasierte Ansätze, die Menschen meist mühevoll manuell erstellt oder programmiert werden müssen [153].

Für unsere Anwendungsfälle im Kontext des Wissensmanagements spielt das Natural Language Processing eine ganz besondere Rolle. Umgesetzt werden aktuelle NLP-Lösungen meistens mittels Machine Learning, insbesondere mit Deep-Learning-Ansätzen. Der Zusammenhang dieser KI-Teilbereiche ist in Abb. 2.3 dargestellt. Außerdem kommen oft Methoden

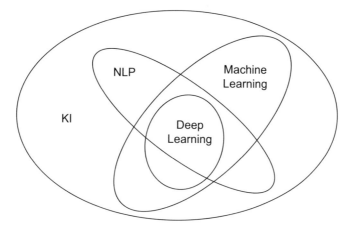

**Abb. 2.3** Das Natural Language Processing (NLP) gilt als Teilbereich der KI ebenso wie das maschinelle Lernen, das Deep Learning als echte Teilmenge enthält. Der querschnittliche Charakter des maschinellen Lernens zeigt sich an der Überlappung mit NLP. Viele Lösungen für das NLP beruhen aktuell auf Deep-Learning-Ansätzen, es gibt aber auch andere Ansätze. Beispielsweise liefern auch einfache, oft heuristische Regeln hinreichend gute Ergebnisse für Teilaufgaben und werden auch aktuell noch eingesetzt werden

und Technologien aus dem Bereich Wissensrepräsentation für die Speicherung und Verwendung zum Einsatz, wie oben dargestellt. Grundlegende Aspekte aus diesen Bereichen werden daher ausführlich in den folgenden Kapiteln als Bestandteile unseres KI-Werkzeugkastens für die Umsetzung von Knowledge-Science-Anwendungen behandelt.

# Machine Learning

**3**

**Zusammenfassung**

Künstliche Intelligenz (KI) beschäftigt sich damit, Aufgaben von Computern – früher oft als Maschinen bezeichnet – erledigen zu lassen, die typischerweise Menschen erledigen und von denen man annimmt, dass dafür eine gewisse Intelligenz erforderlich ist. Paradoxerweise sind Aufgaben, die für den Menschen einfach erscheinen, für Computer oft eine vergleichsweise große Herausforderung. Umgekehrt sind viele Aufgaben für einen Computer einfach zu lösen, die für den Menschen schwierig oder zu komplex sind. Die aktuelle Entwicklung der KI insbesondere mit Ansätzen aus dem Bereich Deep Learning verschiebt die Grenzen dessen, was mit Computern in Bezug auf konkrete Aufgaben-stellungen (schwache KI) erreicht werden kann, allerdings sehr rasant. Gerade auch im Bereich Natural Language Processing (NLP) sind die Fortschritte in den letzten Jahren sehr bedeutend. Bevor wir im folgenden Kapitel auf Deep Learning mit besonders wichtigen Bestandteilen unseres KI-Werkzeugkastens eingehen, stellt dieses Kapitel zum besseren Verständnis der Thematik einen kurzen Überblick über die Entwicklung und grundlegenden Begriffe und Vorgehensweisen des maschinellen Lernens dar.

## 3.1 Einordnung und Definition

Wie oben beschrieben ist das maschinelle Lernen (engl. *machine learning*) als Teilbereich der KI und somit der Informatik entstanden und spielt dort bei der erfolgreichen Entwicklung von Lösungen oftmals eine sehr entscheidende Rolle, da es hilft, die sonst sehr aufwendige Programmierung und den teilweise schwer zu formalisierenden Entwicklungsprozess zu automatisieren.

Im Folgenden werden wir das maschinelle Lernen als Disziplin definieren und für das Gesamtverständnis relevante Begriffe sowie die elementaren Ideen und Ansätze beschreiben. Ziel dabei ist ein allgemeines Verständnis der Funktionsweise und der Annahmen und Vor-

C. Lanquillon und S. Schacht, *Knowledge Science – Grundlagen*,
https://doi.org/10.1007/978-3-658-41689-8_3

aussetzungen für die Nutzung und nicht eine vollständige und mathematisch tiefe Darstellung möglichst vieler Verfahren. Die Darstellung orientiert sich stark an den *Grundzügen des maschinellen Lernens* [94]. Es werden zentrale Aspekte insbesondere zu Lernszenarien mit Lernformen und Aufgabentypen sowie der Einordnung von Lernverfahren teilweise gekürzt übernommen und bei Bedarf an die Ausrichtung dieses Buches angepasst und erweitert.

Kernaufgabe der Informatik ist die automatische Verarbeitung von Informationen, genau genommen von Daten, mit Hilfe von Computern. Der Begriff Informatik leitet sich aus der Verschmelzung der Wörter *Information* und *Automatik* ab. Formal betrachtet verarbeitet oder transformiert ein Programm eine Eingabe in eine Ausgabe mit dem Ziel, damit ein konkretes Problem einer Anwendungsdomäne zu lösen. Dies ist auch als EVA-Prinzip bekannt. So einfach dieses Prinzip auch erscheint, es hilft bei der systematischen Darstellung und Einordnung von Aufgaben und Lernszenarien und wir werden es deshalb immer wieder aufgreifen.

Zunächst soll damit aber die Entstehung des maschinellen Lernens eingeordnet werden. Traditionell obliegt die Erstellung derartiger Programme dem Menschen. Dabei gibt es eine große Vielfalt an Problemen, von einfachen bis äußerst komplexen und zeitaufwendigen oder gar (fast) unmöglichen, sowohl hinsichtlich der Verarbeitung der Eingabedaten als auch der Erstellung des Programms. Beispielsweise zeigt sich das, wie bereits in Abschn. 2.3 dargestellt, bei der Erfassung von Wissen oder Regeln für ein Expertensystem *(knowledge acquisition bottleneck)* oder aber beim Versuch einer formalen Beschreibung, wie bei der Gesichtserkennung auf Fotos zwischen Frauen und Männern unterschieden werden soll. Die Beobachtung, dass für Menschen simple Aufgaben in der KI oft schwer zu lösen sind und für Menschen schwierige Aufgaben oft vergleichsweise einfach, ist auch als *Moravec's Paradoxon* bekannt [124].

Das maschinelle Lernen befasst sich damit, Computer Probleme lösen zu lassen, ohne sie dafür explizit zu programmieren:

> Machine learning is the field of study that gives computers the ability to learn without being explicitly programmed.[1] – *Arthur L. Samuel, 1959*

Anstatt Computer explizit für die Lösung eines Problems zu programmieren, wie dies beim klassischen Programmieren der Fall ist, sollen beim maschinellen Lernen Programme implizit aus Daten aus der oder über die Problemdomäne erstellt werden. Ein derartiges Programm wird beim maschinellen Lernen auch *Modell* genannt. Da ein Programm in der Informatik die Transformation der Eingabe in eine Ausgabe automatisiert, geht es beim maschinellen Lernen abstrakt gesehen darum, das Automatisieren zu automatisieren. So stellt das maschinelle Lernen eine fundamentale Änderung der Art und Weise dar, wie Probleme

---

[1] Diese frühe und oft zitierte Definition des maschinellen Lernens ist auch heute noch äußerst treffend. Als Quelle wird meist ein Artikel des KI-Pioniers Arthur L. Samuel angegeben [155]. Allerdings findet sich in der verfügbaren Version des Artikels dieses Zitat nicht direkt.

gelöst werden, und hat eine neue Ära in der Softwareentwicklung eingeleitet, bei der der menschliche Aufwand für das Programmieren stark abnimmt.

Um computergestützte Lernprozesse zusammen mit Voraussetzungen und Annahmen bei der Verwendung von Lernverfahren konkreter zu beschreiben, hat Tom Mitchell das maschinelle Lernen wie folgt operationalisiert:

> A computer program is said to **learn** from experience $E$ with respect to some class of tasks $T$ and performance measure $P$, if its performance at tasks in $T$, as measured by $P$, improves with experience $E$. – *Tom Mitchell* [120]

Zentrale Bestandteile sind demnach die Aufgabe $T$ (engl. *task*) zur Lösung einer konkreten Problemstellung, die Erfahrung $E$, die in Form von Daten vorliegt, aus denen gelernt werden soll, und eine Gütemaß $P$ zur Messung der Leistungsfähigkeit. Beispielsweise bestünde die Aufgabe bei der Erstellung eines Spam-Filters darin, eingehende E-Mails als *Spam* bzw. *Nicht-Spam* zu erkennen. Ein sinnvolles Maß zur Bewertung ist die Genauigkeit, mit der diese Entscheidungen getroffen werden. Verfügbare E-Mails oder Nachrichten, für die bereits bekannt ist, ob sie *Spam* sind oder nicht, stellen die Erfahrung dar.

Es ist essenziell, zwischen der Aufgabe $T$, die mithilfe eines Programms – sprich einem Machine-Learning-Modell (kurz: Modell) – gelöst werden soll, und der Aufgabe, ein derartiges Modell zu erstellen, zu unterscheiden. Letztere – also die *Modellerstellung* – wird zur Abgrenzung auch als *Lernaufgabe* bezeichnet. Die Erstellung eines Modells aus Erfahrungen, die in Form von Daten vorliegen, wird als *Lernphase* oder auch *Trainingsphase* bezeichnet. Wenn der Lernvorgang erfolgreich war, kann das Modell als Ergebnis des Lernvorgangs in der sogenannten *Anwendungsphase* (engl. *model deployment* und *usage*) zur Lösung der zugrunde liegenden Aufgaben verwendet werden. Die Unterscheidung in Trainingsphase und Anwendungsphase ist fundamental und beide Phasen müssen klar abgegrenzt werden (siehe Abb. 3.1). Dennoch bleibt es meist nicht bei der Durchführung einer Lernphase mit anschließender Nutzung. Bei Bedarf können zur Verbesserung von Modellen immer wieder Lernphasen initiiert werden. Im Extremfall wird ein Modell permanent nach jedem Anwendungszyklus, meist *inkrementell* auf Basis der aktuellen Lösung, an neue Daten angepasst.

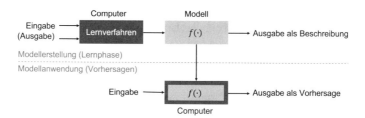

**Abb. 3.1** Elementare Unterscheidung zwischen Modellerstellung (Lernphase) und Modellanwendung beim maschinellen Lernen. (In Anlehnung an [94])

Bezüglich der Nutzung ist zwischen *Vorhersagemodellen* – auch *Vorhersagemodelle* genannt – und Modellen zur Beschreibung zu unterscheiden. In KI-Systemen hat das maschinelle Lernen überwiegend das Ziel, Vorhersagemodelle zu erstellen, um Entscheidungsprozesse zu automatisieren, und behandelt entsprechend Vorgehensweisen, Technologien und Werkzeuge, um dieses Ziel zu erreichen. Vorhersagemodelle sollen die unbekannten Ausgaben für neue – d. h. während der Lernphase nicht gesehene – Eingabedaten bestimmen. Daher ist es das primäre Ziel, dass ein Modell nicht einfach die gegebenen Daten auswendig lernt, sondern in der Lage ist, zu generalisieren. Diesen Aspekt werden wir bei der Darstellung der Lernformen als eine der zentralen Herausforderungen nochmals aufgreifen.

Bei beschreibenden Modellen ist das primäre Ziel der Erkenntnisgewinn für den Menschen selbst. Diese Art der Anwendung wird allerdings stärker mit dem Bereich *Data Science* bzw. früher auch *Data Mining* oder *Wissensentdeckung in Daten* bzw. *Datenbanken* (engl. *knowledge discovery in databases, KDD*) assoziiert. Wenn sie im Kontext von KI-Systemen zum Einsatz kommen, dann eher als Zwischenschritt bzw. Teil einer komplexeren Lösung.

Bezogen auf die Anwendungsphase sollte es für Anwenderinnen und Anwender prinzipiell unerheblich sein, ob ein Programm von einem Menschen erstellt oder als Modell von einem Computer erzeugt wurde, solange es die Aufgabe erwartungsgemäß erfüllt. Aus ethischer Sicht wird die Nutzung maschinell erzeugter Problemlösungen jedoch kritisch hinterfragt und diskutiert. Dabei gibt es Abstufungen je nach Art der Anwendung und Ausmaß des Risikos für den Menschen, für dessen Regulierung sich unter anderem die EU einsetzt [46]. So ist etwa eine fehlerhaft als *Spam* aussortierte E-Mail oder eine unpassende Produkt-Empfehlung einer sogenannten *Recommendation Engine* schlimmstenfalls ärgerlich, insgesamt aber unkritisch. Eine Fehlentscheidung, die Menschenleben betrifft, kann jedoch gravierende Auswirkungen haben. Da es nicht einfach ist nachzuweisen, dass ein Modell in allen erdenklichen Fällen die Anforderungen erfüllt, ist dies sicherlich berechtigt. Es ist jedoch zu beachten, dass vom Menschen erstellte Programme auch selten fehlerfrei arbeiten.

Wie in Abschn. 2.2 dargestellt, ist das maschinelle Lernen als Teilbereich der KI entstanden und spielt für die Entwicklung von KI-Systemen und die Fähigkeit der Anpassung an neue Situationen eine sehr entscheidende Rolle als KI-Paradigma. Mit zahlreichen Anwendungsbereichen auch außerhalb klassischer KI-Systeme hat sich das maschinelle Lernen praktisch verselbstständigt und kann daher sogar als eigenständige Disziplin betrachtet werden [33]. Wenn aktuell über KI gesprochen wird, stehen meist Verfahren des maschinellen Lernens oder Systeme, die durch maschinelles Lernen unterstützt oder überhaupt erst ermöglicht werden, im Fokus.

Als wissenschaftliche Disziplin kommt beim maschinellen Lernen als elementarer Untersuchungsgegenstand auch der Lernprozess selbst dazu. Einige zentrale Fragen des maschinellen Lernens sind: Wie kann ein Computer aus Erfahrungen in Form von Daten lernen? Was kann ein Computer lernen? Welche Aufgaben werden gelöst und welche gängigen Lernverfahren gibt es dafür? Welches Lernverfahren ist unter welchen Bedingungen optimal? Welche und wie viele Daten werden benötigt? Wie lassen sich Lernprozesse effizient umsetzen? [120, 122]

## 3.2 Lernszenarien: Was und wie lernt ein Computer?

Bei wissenschaftlichen Betrachtungen des maschinellen Lernens stehen meist die Lernverfahren im Vordergrund. Aus Sicht der Anwendung sollten jedoch die Ziele im Vordergrund stehen, die mit dem maschinellen Lernen verfolgt werden. Bevor wir uns in Abschn. 3.3 der Beschreibung verschiedener Klassen von Lernverfahren widmen, soll deshalb zunächst auf allgemeiner Ebene anhand kanonischer Aufgabentypen ein Verständnis dafür geschaffen werden, was gelernt werden soll. Anschließend werden verschiedene grundlegende Lernformen vermittelt, wie sich Lernprozesse beim Computer auf Basis welcher Eingaben gestalten lassen.

Da Aufgaben und Lernformen, also das *Was* und das *Wie* stark voneinander abhängen, ist die Trennung und Festlegung einer Reihenfolge für die Darstellung stets problematisch. Bei der Beschreibung wird es immer Querbezüge geben. Dennoch halten wir an der Trennung fest, insbesondere da sie es uns ermöglicht, Kombinationen und Weiterentwicklungen der klassischen Lernformen für identische Aufgaben besser zu beschreiben und zu verstehen.

Im Kontext des maschinellen Lernens werden bei der Darstellung von Aufgaben und Lernformen sowie Lernverfahren vielfach dieselben Fachbegriffe verwendet. Diese sollen zunächst an zentraler Stelle eingeführt und erläutert werden.

### 3.2.1 Terminologie

Wir haben bereits einige Fachbegriffe aus dem Bereich des maschinellen Lernens verwendet. Es werden nun einige Begriffe, die für die Beschreibung von Aspekten des maschinellen Lernens eine sehr grundlegende Bedeutung haben, eingeführt und anhand des oben bereits erwähnten Spam-Filters als einfache Anwendung veranschaulicht [122].

**Modell.** Das *Modell* ist das Ergebnis des Lernprozesses zur Lösung der Lernaufgabe. Aus operativer Sicht ist es ein Programm, das eine Funktion umsetzt, die Eingabewerte in die erwünschten Ausgabewerte überführen kann und damit die zugrunde liegende Aufgabe im Kontext der Anwendung lösen soll. Das Modell muss dabei nicht direkt ausführbar sein, vielmehr umfasst es meist nur alle notwendigen Informationen, die *Modellparameter,* zur Umsetzung oder Annäherung der gesuchten Funktion. Bei der Spam-Filter-Anwendung ist das Modell die Komponente, die eingehende E-Mails als *Spam* oder *Nicht-Spam* einstuft und kennzeichnet. Oft wird zwischen Vorhersagemodellen und Modellen für die Beschreibung unterschieden. Diese Unterscheidung bezieht sich im Kern auf die Verwendung eines Modells: Vorhersagemodelle sollen basierend auf beobachtbaren oder messbaren Merkmalen die Zielgröße eines Objekts vorhersagen. Die Verwendung eines Vorhersagemodells zur Durchführung ebendieser Vorhersagen für neue Daten ist das Nutzungsszenario eines Modells, das beim maschinellen Lernen mit dem Fokus der Automatisierung von Prozessen sehr stark verbreitet ist. Beschreibende Modelle stellen die zugrundeliegenden Daten – oder oft auch nur einen als relevant oder auffällig eingestuften Teil davon – in komprimierter und verständlicher Form dar.

**Instanzen.** Für ein Lernszenario sollte genau festgelegt werden, auf welche Objekte sich die Verarbeitung der Daten bezieht. Je nach Fachrichtung und *Community* sind für diese Objekte des Interesses unterschiedliche Bezeichnungen geläufig, so etwa *Instanzen, Datensätze* (engl. *records*), *Zeilen* (engl. *rows*) (einer Matrix oder Datenbanktabelle), *Datenpunkte* oder kurz *Punkte* oder auch *Merkmalsträger.* In konkreten Anwendungen werden die Objekte dann natürlich auch als das bezeichnet, was sie darstellen, also etwa Kunden, Patientinnen oder Fahrzeuge. Folglich sprechen wir beim Spam-Filter über die Objekte des Interesses von *E-Mails.*

**Beobachtungen und Beispiele.** Die Daten der Objekte des Interesses, die im Lernprozess verwendet werden können, werden allgemein auch als *Beobachtungen* (engl. *observations*) bezeichnet und stellen die Eingabe für die Verarbeitung durch ein Modell dar. In der Anwendungsphase stehen grundsätzlich nur diese Werte zur Verfügung. In der Lernphase können jedoch je nach Lernszenario auch noch die entsprechenden (erwarteten) Ausgabewerte hinzukommen. Im engeren Sinn werden diese Eingabe-Ausgabe-Paare als *Lernbeispiele* oder kurz *Beispiele* (engl. *examples*) bezeichnet. Beim Spam-Filter ist ein Lernbeispiel jeweils eine Nachricht und die Einstufung als *Spam* oder *Nicht-Spam.* In allgemeinen Darstellungen werden gelegentlich alle Formen der Eingabe für ein Lernverfahren im weiteren Sinn ohne Differenzierung als Beispiele bezeichnet.

**Merkmale.** Merkmale (engl. *features*) sind erfasste oder berechnete Eigenschaften der Beobachtungen bzw. Beispiele. Auch die Begriffe Variable, Attribut oder Dimension sind als Bezeichnung geläufig. Die Erzeugung aussagekräftiger Merkmale aus den Rohdaten bezeichnet man als Datenaufbereitung (engl. *data preprocessing* oder auch *feature engineering*). Gerade im Bereich des Natural Language Processing ist die Überführung von Text in adäquate Merkmale eine zentrale Herausforderung (siehe Abschn. 5.4). Beim Spam-Filter stellt eine E-Mail selbst die Rohdaten dar und Merkmale könnten etwa die Adresse der Absenderin oder des Absenders, die Länge der Nachricht oder Indikatoren für das Vorkommen bestimmter Wörter sein.

**Zielgröße und Zielwert oder Label.** Die *Zielgröße* (engl. *target feature*) ist ein spezielles Merkmal, das für jedes Beispiel die bekannte oder gesuchte Ausgabe als Zielwert (engl. *target value*) enthält. Bei der Klassifikation und im übertragenen Sinn auch bei allen Prognoseaufgaben wird ein Zielwert als *Label* bezeichnet. Für den Lernprozess bereitgestellten Zielwerte, die ein Modell als Ausgabe vorhersagen soll, gelten typischerweise als korrekt *wahr* und werden deshalb auch als *Ground Truth* bezeichnet. Beim Spam-Filter sind das die beiden Labels *Spam* und *Nicht-Spam.* Verschiedene Aufgabentypen unterscheiden sich insbesondere auch nach dem Skalenniveau der Zielgröße. Bei der *Klassifi-*

*kation* ist die Zielgröße *nominal,* wie beim Spam-Filter. Bei der *numerischen Prognose,* auch *Regression* genannt, ist die Zielgröße *metrisch.* Bei einer *ordinal* skalierten Zielgröße handelt es sich um ein *Ranking* als Aufgabe. Die verschiedenen Aufgabentypen werden unten genauer dargestellt.

**Datenmatrix.** Zur Verarbeitung der Daten selbst wird die Eingabe für die Lernverfahren meist entweder physisch oder zumindest logisch in die Form einer *Datenmatrix* gebracht. Die Zeilen der Matrix repräsentieren typischerweise die Objekte und die Spalten die Merkmale (siehe Abb. 3.2).

**Domäne.** Die Kombination aus Eingaberaum, der durch die Merkmale aufgespannt wird, und den durch die Zielgröße festgelegten Ausgaberaum sowie den Verteilungen der möglichen Werte und den Beziehungen untereinander wird auch als *Domäne* (engl. *domain*) bezeichnet. Bei klassischen Lernszenarien wird angenommen, dass die Domänen während des Lernprozesses und bei der Anwendung übereinstimmen. Diese Annahme ist sogar zentral für die Begründung, das Modell als Vorhersagemodelle für neue Daten einsetzen zu dürfen. Veränderungen wichtiger Eigenarten in einer Domäne sind in der Praxis insbesondere bei längerem Einsatz von Modellen üblich und führen jedoch regelmäßig zu einer Verschlechterung der Leistungsfähigkeit. Deshalb sollten derartige Veränderungen in der Anwendung durch ein geeignetes *Monitoring* rechtzeitig erkannt und die Modelle angepasst werden (siehe auch Abschn. 3.4). Am Ende des Überblicks zu verschiedenen Lernformen werden wir sehen, dass bei aktuellen Lernszenarien auch bewusst von einer Übereinstimmung der Domäne in der Lernphase und Anwendungsphase abgewichen wird. Zur Unterscheidung wird dann die Domäne in der Lernphase als *Quell-Domäne* (engl. *source domain*) und in der Anwendungsphase als Ziel-Domäne (engl. *target domain*) bezeichnet.

**Modellparameter.** In der Lernphase sollen die Parameter eines Modells so angepasst werden, dass das Modell die Daten, also die *Beispiele* oder *Beobachtungen, gut* beschreibt. Deswegen wird das Lernen in manchen Fachbereichen auch schlichter als Anpassung (engl. *fitting*) eines Modells an die Daten oder als Schätzen der Parameter eines Modells bezeichnet. Die *Modellanpassung* bezieht sich somit auf jede Phase oder Form des Lernens, sei es die initiale Modellerstellung oder ein späteres Anpassen im Sinne von *Nachlernen* eines bereits verwendeten Modells, etwa um mit Veränderungen in der Domäne besser umgehen zu können. Was *gut* genau bedeutet, wird durch *Gütemaße* spezifiziert (siehe unten). Art und Anzahl der *Modellparameter* unterscheiden sich je nach Lernverfahren und assoziiertem Modelltyp oder Modellarchitektur sehr stark. Bei einer einfachen linearen Regression zwischen einer unabhängigen Variablen (Merkmal) und der Zielgröße beispielsweise ist das Modell eine Gerade, die in Normalform durch den Ordinatenabschnitt und die Steigung als Parameter beschrieben wird. Während die Parameter in diesem einfachen Beispiel noch analytisch berechnet werden können, ist bei sehr vielen Lernszenarien nur eine mehr oder weniger aufwendige, iterative Vorgehensweise zur Ermittlung einer geeigneten Lösung möglich. Später werden wir sehen, dass sich dieser Vorgang auch als *Suche* beschreiben lässt.

**Lernverfahren.** Ein Algorithmus, der Trainingsdaten als Eingabe erhält und ein Modell erstellt, das die Problemstellung der Anwendung *(Aufgabe)* löst – der also eine Lösung für die *Lernaufgabe* berechnet –, wird auch als *Lernverfahren* oder *Lernalgorithmus* bezeichnet. In Abschn. 3.3 geben wir einen Überblick über grundlegende Arten von Lernverfahren. Während die Aufgabe in einer konkreten Anwendung entsprechend der vorgegebenen Ziele festgelegt ist, können stets unterschiedlichste Lernverfahren für deren Lösung herangezogen werden. Gemäß David Wolperts *No-Free-Lunch-Theorem* gibt es kein Lernverfahren, das bei allen Lernaufgaben eines Typs durchgängig immer das *beste* ist [192]. Daher werden üblicherweise unterschiedliche Lernverfahren oder verschiedene Modellarchitekturen herangezogen und bezüglich ihrer Leistungsfähigkeit miteinander verglichen, um dann eine Modellvariante als angemessene Lösung des Anwendungsproblems auszuwählen.

**Hyperparameter.** Im Gegensatz zu den regulären Parametern des Modells, die im Lernprozesses angepasst werden, stellen *Hyperparameter* Einstellungen oder Vorgaben für die Steuerung des verwendeten Lernverfahrens dar. Diese werden während des Lernprozesses nicht verändert. Allerdings werden oft viele verschiedene Hyperparameter-Kombinationen bei der sogenannten *Hyperparameteroptimierung* (engl. *hyperparameter optimization* oder *tuning*) ausprobiert, bis eine akzeptable Lösung gefunden ist.

**Trainingsdaten.** Als Trainingsdaten oder Trainingsmenge werden die Beispiele bezeichnet, die während der Lernphase genutzt werden, um die Parameter des Modells anzupassen. Beim Spam-Filter ist das eine Teilmenge der bereitgestellten Nachrichten zusammen mit den Zielwerten (Labels), ob eine Nachricht *Spam* ist oder nicht.

**Validierungsdaten.** Bei den Validierungsdaten handelt es sich um eine Teilmenge der Beispiele, die während des Lernprozesses zur verlässlichen Messung der Leistungsfähigkeit (siehe Gütemaße) und zur Auswahl des Models genutzt werden, das für die Nutzung im Rahmen der Anwendung in Frage kommt.

**Testdaten.** Anhand der Testdaten wird ein ausgewähltes Modell evaluiert. Wichtig ist, dass die drei Teilmengen zum Trainieren, Validieren und Testen disjunkt sind, da eine verlässliche Abschätzung der Leistungsfähigkeit eines Modells nur möglich ist, wenn sie mittels Daten bestimmt wird, die nicht zur Anpassung der Modellparameter oder zur Auswahl des bevorzugten Modells verwendet wurden.

**Gütemaße.** Mithilfe eines Gütemaßes wird evaluiert, wie gut oder leistungsfähig ein Modell ist. Interpretiert man Lernen als Suche nach einem optimalen Modell, wird damit die Suche gesteuert und es gibt Aufschluss, welches von zwei oder mehr Modellen das bessere ist. Die Wahl eines geeigneten Gütemaßes in Abhängigkeit des Lernszenarios und der Anwendungsdomäne hat erheblichen Einfluss auf den Erfolg des Lernprozesses. Wenn beispielsweise für eine Aufgabe Lernbeispiele gegeben und somit während des Lernprozesses die Zielwerte für die Objekte bekannt sind, so können die vorhergesagten Werte mit den wahren Zielwerten direkt verglichen werden. Beim Spam-Filter könnte so mit der empirische *Fehlerrate* (engl. *error rate*) bzw. der *Genauigkeit* (engl. *accuracy*) der Anteil der falsch bzw. korrekt eingeordneten Nachrichten bestimmt werden. Weitere Details werden mit den verschiedenen Aufgabentypen vorgestellt.

**Loss-Funktion.** Gütemaße wie Fehlerrate und Genauigkeit sind leicht verständlich und daher in der Kommunikation in der Anwendungsdomäne sehr hilfreich. Allerdings haben sie einen entscheidenden Nachteil: Bei der harten Unterscheidung zwischen korrekten und falschen Entscheidungen, wird die Konfidenz einer Entscheidung nicht berücksichtigt. Eine knappe Entscheidung (geringe Konfidenz) und eine überzeugte Entscheidung (große Konfidenz) fließen gleichermaßen in die Berechnung ein. Für einige Lernverfahren reicht das aber nicht aus: Beispielsweise wird für die Anpassung von Modellparameter mithilfe von Gradientenabstiegsverfahren bei neuronalen Netzen eine differenzierte Betrachtung der Modellfehler benötigt. Eine *Verlustfunktion* oder *Loss-Funktion* (engl. *loss function*) bezeichnet ein Gütemaß, das diesen Aspekt typischerweise durch Berücksichtigung von Konfidenzwerten berücksichtigt, und daher von einigen Lernverfahren gänzlich alternativ oder zumindest als *internes* Gütemaß bei der Modellanpassung verwendet wird.

**Overfitting und Underfitting.** Wenn ein Modell nicht leistungsstark genug ist und systematisch Fehler macht, weil es nicht hinreichend an die Trainingsdaten angepasst werden kann, dann spricht man von *Underfitting*. Wenn ein Modell jedoch sehr genau an die Trainingsdaten angepasst und sehr leistungsstark ist, dann besteht die Gefahr, dass es lediglich zufällige Besonderheiten oder Auffälligkeiten der Trainingsdaten – im wesentlichen *Rauschen* (engl. *noise*) – auswendig gelernt hat und nicht gut generalisieren kann. In dem Fall wäre die Leistung auf den Trainingsdaten deutlich besser als auf den Validierungs- oder Testdaten, die während der Modellanpassung nicht verwendet wurden. Den Zustand einer zu starken Anpassung an die Trainingsdaten nennt man *Overfitting* oder auf Deutsch *Überanpassung*. Bei jeglicher Form des Lernens zählt das Erkennen und Vermeiden von Overfitting mit zu den größten Herausforderungen. Die Thematik wird im Rahmen der Darstellung besonderer Herausforderungen in Abschn. 3.4 vertieft.

### 3.2.2 Aufgabentypen: Was soll der Computer können?

Im Kontext des maschinellen Lernens und angrenzenden Fachgebiete einige typischen Aufgabentypen entwickelt und etabliert, die es ermöglichen, von konkreten Anwendungsfällen zu abstrahieren. Der Vorteil einer allgemeinen Darstellung ist der Austausch zwischen verschiedenen Anwendungsdomänen und Fachbereichen, in denen diese Aufgaben adressiert und intensiv untersucht werden, und die Anwendbarkeit und Übertragbarkeit der zahlreichen bestehenden Lösungsmuster und Lernverfahren auf neue Problemstellungen. Eine zentrale Anforderung bei der Initiierung von Maschine-Learning- bzw. Data-Science-Projekts ist daher stets die Übertragung der vorliegenden fachlichen Problemstellung auf eine der kanonischen Aufgabentypen (siehe Abschn. 3.4.1). Eine klar und präzise formulierte und abgegrenzte Aufgabe ist ein entscheidender Schritt zur Lösung eines Problems [127].

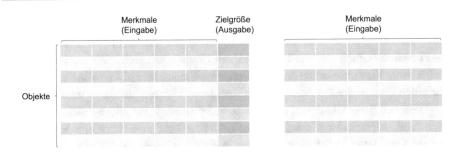

**Abb. 3.2** Datenmatrix mit Merkmalen (Spalten) zur Repräsentation von Objekten (Zeilen) einer Anwendungsdomäne mit bekannter Zielgröße (links) und ohne (rechts). (In Anlehnung an [94])

Die Aufgabentypen – wenn auch etwas ungenau, aber im Kontext klar auch nur als Aufgabe bezeichnet – werden oft entsprechend der Nutzung für Vorhersagen und zur Beschreibung eingeteilt. Es zeigt sich aber, dass die meisten Modelle der beschreibenden Art oft lediglich Zwischenergebnisse darstellen, die im Anschluss auch im Kontext von Vorhersagen eingesetzt werden. Wenn nun aber beschreibende Modelle auch für Vorhersagen verwendet werden und einige Vorhersagemodelle auch als Beschreibung dienen können, dann ist diese Einteilung weniger sinnvoll, als sie auf den ersten Blick erscheint. Wesentlich für die Unterscheidung ist vielmehr, ob es ein Merkmal gibt, das von vornherein speziell als Zielgröße gekennzeichnet ist. So wird unterschieden zwischen Aufgaben, bei denen durch Vorgabe der Zielgröße bereits eine gewisse Struktur für den Lernprozess vorgegeben ist, und solchen, bei denen eine den Daten inhärente Struktur erst entdeckt werden soll.

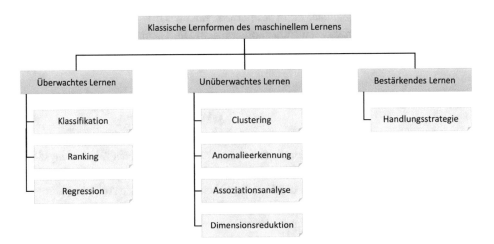

**Abb. 3.3** Kanonische Aufgabentypen gruppiert nach klassischen Lernform – die Zuordnung ist nicht immer eindeutig. (In Anlehnung an [94])

Wie wir bei der Erläuterung der Lernformen sehen werden, kommen traditionell entsprechend dieser Einteilung nach Verfügbarkeit einer Zielgröße und der Möglichkeit der Bestimmung von Feedback bzgl. der Lösungsgüte *überwachte* und *unüberwachte* Lernverfahren zum Einsatz. Der Überblick über die Aufgabentypen in Abb. 3.3 orientiert sich daher bereits an den Lernformen, die im folgenden Abschnitt erst noch genauer eingeführt werden müssen.[2]

### 3.2.2.1 Aufgaben mit vorgegebener Zielgröße

Bei Aufgaben mit gegebener Zielgröße handelt es sich um die klassische Form der Vorhersage, bei der mithilfe des gelernten Modells für neue Objekte anhand beobachtbarer oder messbarer Merkmale die unbekannten Zielwerte bestimmt werden. Das wesentliche Unterscheidungsmerkmal ist dabei das Skalenniveau der Zielgröße. Ist die Zielgröße nominal (qualitativ), dann handelt es sich um eine *Klassifikation*. Bei ordinaler Zielgröße handelt es sich um ein *Ranking* und bei metrischer (quantitativer) Zielgröße spricht man von *Regression* oder auch *numerischer Vorhersage*: [94]

**Klassifikation**
Bei der Klassifikation sollen Objekte anhand ihrer Merkmale (Eingabe) entweder keiner Klasse, genau einer Klasse oder mehreren Klassen aus einer vorgegebenen Klassenstruktur zugeordnet werden (Ausgabe). Die Klassenzugehörigkeit stellt dabei die nominale Zielgröße dar. Bei der *binären Klassifikation* sollen Objekte einer von genau zwei Klassen zugeteilt werden. Der Spam-Filter, der entscheiden soll, ob eine E-Mail *Spam* ist oder nicht, ist ein typisches Beispiel dafür. Bei allgemeinen Darstellungen werden die beiden Klassen der binären Klassifikation meist als *positiv* und *negativ* gekennzeichnet. Dabei steht *positiv* nicht unbedingt für eine Eigenschaft, die in der Anwendung als *positiv* wahrgenommen wird, sondern für die Klasse, die von größerer Relevanz ist, wie eine betrügerische Transaktion, eine Spam-E-Mail oder ein defektes Produkt, die als solche erkannt werden sollen. Wenn mehr als zwei Klassen möglich sind, spricht man von einem *Mehrklassenproblem*. Generell ist es möglich, dass ein Objekt keiner der bekannten Klassen oder auch mehreren Klassen zugeordnet wird. Letzteres ist beispielsweise bei der Zuordnung von Schlagwörtern zu Texten interessant.

Es gibt Lernverfahren, die Mehrklassenprobleme direkt lösen können. Viele, insbesondere lineare Klassifikatoren, können allerdings nur mit einer binären Klassifikation umgehen. Aufgaben mit mehr als zwei Klassen lassen sich jedoch immer auch durch binäre Klassifikatoren realisieren, indem zum Beispiel für jede Klasse ein binärer Klassifikator erstellt wird, der entscheidet, ob ein Objekt zu dieser Klasse gehört oder nicht. Auf diese Weise ist es möglich, die Zuordnung zu einer Klasse auch komplett zu verweigern (Zuordnung zu keiner Klasse) oder eine Zuordnung zu mehreren Klassen zu erlauben. Wenn die Klassifikatoren nicht nur die Klassenentscheidung, sondern auch einen Konfidenzwert für die

---

[2] Die folgende Beschreibung der Aufgabentypen ist gekürzt und angepasst aus [94] übernommen.

| Zielgröße | | vorhergesagter Wert | |
|---|---|---|---|
| | | positiv | negativ |
| wahrer Wert | positiv | true positive – TP | false negative – FN |
| | negativ | false positive – FP | true negative – TN |

**Abb. 3.4** Konfusionsmatrix zur Gegenüberstellung der tatsächlichen Klassen mit den durch einen Klassifikator (Modell) prognostizierten. Bei einer binären Klassifikation ergeben sich die dargestellten vier Felder. (In Anlehnung an [94])

Entscheidung ausgeben, dann kann nach dem *Winner-takes-all-Prinzip* die Klasse mit der größten Konfidenz den Zuschlag erhalten. Eine Zuordnung zu keiner oder mehreren Klassen kann durch Entscheidungen basierend auf Vergleichen mit vorgegebenen Schwellenwerten erreicht werden.

Wenn beim Lernprozess Lernbeispiele mit beobachteten oder gemessenen Merkmalen und die Zielgröße gegeben sind, kann die Leistungsfähigkeit eines Klassifikators (Modell) durch Vergleich der prognostizierten Klassen mit den wahren Klassen bewertet werden. Die Kombination aller möglichen Ausprägungen (Label) der Zielgröße werden in einer soge-nannten Konfusionsmatrix zusammengefasst, die in Abb. 3.4 für den allgemeinen binären Fall dargestellt ist. In der Hauptdiagonalen stehen als Häufigkeiten die korrekten Entschei-dungen: die richtig positiven (engl. *true positives*) TP und die richtig negativen (engl. *true negatives*) TN. In der Nebendiagonalen stehen die Fehler: die falsch positiven (engl. *false positives*) FP und die falsch negativen (engl. *false negatives*) FN. Die Betrachtung lässt sich auch leicht auf Mehrklassenprobleme erweitern. Die Hauptdiagonale enthält grundsätzlich alle korrekten Entscheidungen und unterhalb sowie oberhalb der Hauptdiagonalen stehen die Fehler.

Ein Standardmaß zur Messung der Leistungsfähigkeit (Gütemaß) ist die empirische Feh-lerrate, die sich als Summe der falschen Zuordnungen geteilt durch die Summe aller Ent-scheidungen ergibt:

$$error = \frac{FP + FN}{TP + FP + TN + FN}$$

Alternativ ergibt sich die Genauigkeit:

$$accuracy = 1 - error = \frac{TP + TN}{TP + FP + TN + FN}$$

Es gibt Anwendungen, bei denen Fehlerrate oder Genauigkeit nicht sinnvoll sind. Das ist insbesondere bei sehr schiefen Klassenverteilungen der Fall. Eine Verteilung heißt schief, wenn mindestens ein Ereignis deutlich häufiger und mindestens ein Ereignis deutlich seltener auftritt, als ein Ereignis im Mittel. So etwa bei der Erkennung von seltenen betrügerischen Transaktionen: Würde ein Klassifikator, der nie auf Betrugsfälle hinweist, eine sehr hohe Genauigkeit erreichen. Der Klassifikator wäre für den Einsatz zur Betrugserkennung in einer Anwendung jedoch völlig ungeeignet. Stattdessen könnte etwa die *Richtig-Positiv-Rate*, die je nach Anwendungskontext auch als *Recall* oder *Sensitivität* bekannt ist, als Gütemaß verwendet werden:

$$recall = \frac{TP}{TP + FN}$$

Alternative Gütemaße konzentrieren sich meist nur auf eine Zeile oder Spalte der Matrix anstatt auf alle Werte wie die Genauigkeit bzw. die Fehlerrate. Entscheidend ist, dass ein für die Anwendung sinnvolles Gütemaß gewählt wird.

**Regression**

Wenn das Zielattribut metrisch (quantitativ) ist, dann spricht man von einer *numerischen Vorhersage* oder *Regression*. Als Sonderfall der numerischen Vorhersage lässt sich die Wahrscheinlichkeitsschätzung (engl. *probability estimation*) auffassen, bei der die Zielgröße die Wahrscheinlichkeit eines bestimmten Ereignisses wie den Ausfall einer Maschine oder den Kauf eines Produktes darstellt.

Die Lernaufgabe ist mit der Erstellung einer Funktion, die die Zielgröße basierend auf den Eingabewerten berechnet, klar vorgegeben. Lernverfahren unterscheiden sich insbesondere in der Art bzw. Komplexität der verwendbaren Funktionen und in der Art und Weise, wie eine Überanpassung an die Trainingsdaten vermieden werden kann. Denn gerade bei einer numerischen Zielgröße ist offensichtlich, dass eine hinreichend komplexe Funktion jeden Datenpunkt in der Trainingsmenge abbilden könnte, solange es keine Widersprüche in den Daten gibt.

Im einfachsten Fall sollen die Zielwerte anhand eines Merkmals prognostiziert werden. Beispielhaft zeigt Abb. 3.5 die verfügbaren Trainingsdaten als blaue Punkte. Der Zusammenhang (Regressionsfunktion) wird durch eine Gerade (Polynom ersten Grades, *grün gepunk-*

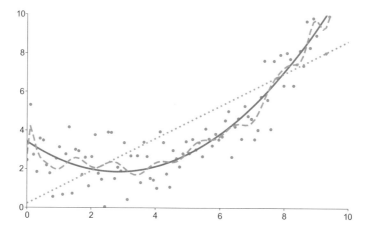

**Abb. 3.5** Lösungen (Modelle) für eine Regressionsaufgabe mit Underfitting (grün gepunktet), Overfitting (orange gestrichelt) und akzeptabler Anpassung bei angemessene Komplexität (blau durchgezogen). (In Anlehnung an [94])

*tet*), eine Parabel (Polynom zweiten Grades, *blau durchgezogen*) und ein Polynom mit Grad 60 *(orange gestrichelt)* beschrieben. Die Gerade ist offensichtlich nicht komplex genug, um den Verlauf hinreichend genau zu beschreiben *(Underfitting)*. Beim Polynom vom Grad 50 liegt dagegen *Overfitting* vor, da durch den Verlauf der Kurve bereits zufällige Schwankungen gelernt wurden. Die Parabel scheint die Struktur in den Daten gut zu beschreiben.

Während bei Klassifikationsproblemen die Leistungsfähigkeit eines Modells basierend auf richtigen und falschen Entscheidungen ermittelt wird, fließt bei der Regression der Abstand zwischen dem wahren Wert der Zielgröße und dem prognostizierten Wert in die Berechnung ein. Ein gängiges Gütemaß für Regressionsaufgaben ist die Wurzel des mittleren quadrierten Fehlers (engl. *root mean squared error*, kurz *RMSE*):

$$RMSE = \sqrt{\frac{\Sigma (y_i - f(x_i))^2}{n}}$$

Ein Sonderfall der numerischen Vorhersage ist die *Schätzung von Wahrscheinlichkeiten* für ausgewählte Ereignisse (engl. *probability estimation*). Um zumindest formal die Bedingungen einer Wahrscheinlichkeitsverteilung zu erfüllen, werden die Prognosewerte für die möglichen Ereignisse etwa mit der *Softmax-Funktion* normalisiert.

**Ranking**

Liegt eine *ordinalskalierte* Zielgröße vor, dann wird die Aufgabe als *Ranking* bezeichnet. Dies ist in der Praxis eine weitverbreitete Aufgabe. In vielen Darstellungen zum maschinellen Lernen wird das Ranking dennoch nicht als separate Aufgabe behandelt. Stattdessen werden Ranking-Aufgaben meist als Regressionsaufgaben interpretiert und durch Vorhersage eines numerischen Relevanz-Wertes und anschließende Sortierung gelöst [94].

### 3.2.2.2 Aufgaben ohne vorgegebene Zielgröße

Aufgaben ohne vorgegebene Zielgröße werden auch als *beschreibend* oder *strukturentdeckend* charakterisiert. Während die Lernaufgabe bei vorhersagenden Aufgaben durch die Vorgabe der Zielgröße ganz klar umrissen ist und Gütemaße durch Vergleich von wahren und prognostizierten Zielwerten unmittelbar berechnet werden können, bestehen bei strukturentdeckenden Aufgaben deutlich mehr Freiheiten. Das Fehlen der Zielgröße macht sich stark bei der Evaluierung der Güte einer Lösung bemerkbar, denn eine Ausgabe eines Modells kann nicht richtig oder falsch sein. Wie wir bei der Beschreibung der Lernformen im folgenden Abschnitt sehen werden, nennt man Lernverfahren aufgrund des fehlenden Feedbacks bezüglich der Korrektheit *unüberwacht*. Durch Vorgabe eines Lernverfahrens und Formulierung eines Analyseziels, etwa durch Vorgabe einer Optimierungsfunktion – nicht mit der Vorgabe von Zielgröße zu verwechseln –, wird die Art der Struktur, die entdeckt werden kann, stark eingeschränkt. Die Bearbeitung der Aufgabe in angemessener Zeit wird dadurch allerdings oft erst beherrschbar und bewertbar. Die Beschreibung der folgenden

Aufgabentypen gibt einen Einblick in die wesentlichen Arten von Strukturen bzw. Mustern, die entdeckt werden können [94].

## Clustering (Segmentierung)

Bei der *Clusteranalyse* oder auch *Clustering* sollen ähnliche Objekte in einer gegebenen Datenmenge zu Gruppen zusammengefasst werden. Bezogen auf die Repräsentation der Eingabedaten als Datenmatrix handelt es sich um eine zeilenorientierte Struktur. Die entstehenden Gruppen werden als *Cluster, Klassen* oder *Segmente* bezeichnet. Im Gegensatz zu einer manuellen Segmentierung durch Menschen wird bei der Clusteranalyse die Einteilung datengetrieben durch einen Algorithmus durchgeführt. Clustering und Klassifikation hängen eng zusammen. Bei der Klassifikation wird die Zuordnung von Objekten in eine bestehende Klassenstruktur gelernt, während beim Clustering eine Klassenstruktur überhaupt erst gefunden werden soll. Demnach wird die Clusteranalyse in einigen Fachbereichen auch *unüberwachte Klassifikation* (engl. *unsupervised classification*) genannt. Die Klassifikation mit vorgegebener Zielgröße heißt zur Unterscheidung entsprechend *überwacht* (engl. *supervised classification*).

Die datengetriebene Zusammenfassung ähnlicher Objekte setzt voraus, dass die Ähnlichkeit oder der Abstand zwischen Objekten sinnvoll im Kontext einer Anwendung definiert werden kann. Verschiedene Clusterverfahren haben unterschiedliche Stärken und Schwächen bei der Entdeckung unterschiedlichster Strukturen. Abb. 3.6 lässt bereits im zweidimensionalen Raum erahnen, wie unterschiedlich Strukturen sein können, die entdeckt werden sollen. Wegen der fehlenden Zielgröße ist eine Evaluierung und Interpretation der resultierenden Cluster die größte Herausforderung bei der Clusteranalyse.

## Anomalieerkennung

Bei der Anomalieerkennung oder auch Ausreißererkennung werden Objekte in einer Datenmenge gesucht, die von den meisten anderen Objekten abweichen. Die Begriffe Ausreißer (engl. *outlier*) und Anomalie werden meist synonym verwendet. In einigen Fällen werden Ausreißer als Oberbegriff betrachtet, der neben Fehlern in den Daten und Rauschen die im Kontext einer Anwendung besonders relevanten Anomalien im engeren Sinne enthält [3].

**Abb. 3.6** Unterschiedliche Strukturen (farblich gekennzeichnet) erfordern geeignete Clusterverfahren, um sie zu entdecken. Einem Clusterverfahren steht die farbliche Information bei der Strukturentdeckung nicht zur Verfügung. (In Anlehnung an [94])

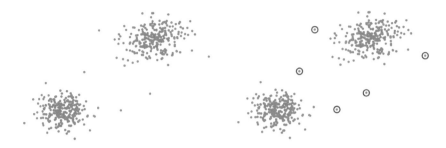

**Abb. 3.7** Eine Clusteranalyse gruppiert ähnliche Punkte zu einem Cluster. Ausreißer zeichnen sich oft durch Unähnlichkeit zu entdeckten Clustern aus, wie durch die rote Umrandung verdeutlicht. (In Anlehnung an [94])

> An outlier is an observation that deviates so much from the other observations as to arouse suspicions that it was generated by a different mechanism. – *Hawkins, 1980* [65]

Wie bei der Clusteranalyse haben auch bei der Anomalieerkennung die betrachteten Strukturen einen zeilenorientierten Fokus, allerdings stellen Anomalieerkennung und Clusteranalyse in gewisser Weise komplementäre Aufgaben dar. Die Clusteranalyse gruppiert ähnliche Objekte und die Anomalieerkennung identifiziert Objekte, die sich durch eine gewisse Unähnlichkeit zu den meisten anderen Objekten auszeichnen, wie in Abb. 3.7 erkennbar.

Abweichungen zwischen Ausreißern und den *normalen* Datenpunkten können sich durch extreme Werte bei einem Merkmal zeigen *(univariat),* was vergleichsweise leicht zu entdecken ist. Eine deutlich größere Herausforderung stellt dagegen das Entdecken von Ausreißern dar, bei denen die Werte jedes einzelnen Attributes unauffällig sind, jedoch eine ungewöhnliche Kombination mehrere Attribute (Muster) vorliegt *(multivariate* Betrachtung).

Die Kennzeichnung eines Objekts als Anomalie basierend auf den beobachteten oder gemessenen Merkmalen hat Züge einer Prognose. Und wenn in einer Datenmenge Anomalien bereits als solche gekennzeichnet sind (Zielgröße), dann lässt sich die Anomalieerkennung auch als binäre Klassifikationsaufgabe auffassen. Allerdings liegt die Herausforderung als Klassifikationsaufgabe in der extrem schiefen Klassenverteilung, da Anomalien definitionsgemäß selten sind. Da in vielen praxisrelevanten Fällen eine entsprechende Zielgröße auch nicht vorliegt, haben wir die Anomalieerkennung den strukturentdeckenden Aufgaben ohne Vorgabe einer Zielgröße zugeordnet, wenngleich diese Zuordnung nicht eindeutig ist.

**Assoziationsanalyse**

Bei der *Assoziationsanalyse,* auch als *Abhängigkeitsanalyse bekannt,* werden Beziehungen zwischen konkreten Ausprägungen einzelner Merkmale oder, allgemein, zwischen beobachtbaren Ereignissen identifiziert. Sehr bekannt ist in diesem Zusammenhang die Warenkorbanalyse zur Identifikation von Produkten, die häufig zusammengekauft werden. Die zugrunde liegenden Strukturen sind somit lokal begrenzte Muster. Die Beobachtung, dass bestimmte Ereignisse in den gegebenen Daten häufig gemeinsam vorkommen, beruht auf einem einfachen Auszählen der Häufigkeiten und scheint daher auf den ersten Blick keine große Herausforderung zu sein. Diese entsteht jedoch bei einer größeren Anzahl an Ereignissen – zum Beispiel alle Artikel im Sortiment eines Supermarktes – aufgrund der kombinatorischen Explosion der möglichen Zusammenhänge. Die Kunst ist es daher, alle interessanten Zusammenhänge möglichst effizient zu ermitteln.

**Dimensionsreduktion**

Bezogen auf die Darstellung der Objekte als Datenmatrix ist das Ziel der *Dimensionsreduktion,* die Datenmatrix auf eine Matrix mit weniger Spalten zu projizieren, während die Anzahl der Zeilen, also der Objekte, unverändert bleibt. Somit ist diese Aufgabe spaltenorientiert. Die Dimensionsreduktion kommt oft als Vorstufe bei der explorativen Datenanalyse zum Einsatz, wenn beispielsweise für eine Visualisierung eine Reduktion auf höchstens drei Dimensionen (Merkmale) angestrebt wird. Im Kontext des maschinellen Lernens mit Fokus auf eine automatisierte Datenverarbeitung für eine Anwendung kann die Dimensionsreduktion als Schritt der Datenvorverarbeitung für Lernverfahren zum Einsatz kommen, die Probleme mit zu vielen Merkmalen haben oder um den Ressourcenbedarf während der Lernphase zu reduzieren.

**Handlungsstrategie**

Das Erlernen einer Strategie für eine Abfolge von Handlungen ist die allgemein formulierte Lernaufgabe im Rahmen des *bestärkenden Lernens* als dritte der drei traditionellen Lernformen. Das zugrunde liegende Lernszenario unterscheidet sich grundlegend von den bislang betrachten Aufgabentypen, da zu Beginn typischerweise gar keine Daten zum Lernen zur Verfügung stehen, weder Zielgröße noch Beobachtungen. Vielmehr erzeugt das System, das diese Aufgabe verfolgt, durch Interaktion mit der Umwelt, die Daten während des Lernprozesses selbst.

**Erweiterungen**

Die oben genannten Aufgabentypen zählen zu den bekanntesten. Die Liste ist aber bei Weitem nicht vollständig und auch die Zuordnung zu den Kategorien ist nicht immer eindeutig, wie wir bereits bei der Anomalieerkennung gesehen haben. An dieser Stelle sollen Mischformen als Erweiterung klassischer Aufgaben und die Berücksichtigung von Sequenzen als komplexe Struktur bei den Eingaben oder Ausgaben berücksichtigt werden:

**Mischformen.** Mischformen vereinen unterschiedliche Eigenschaften der bekannten Aufgabentypen. Typisch ist die Verwendung von Zielwerten in einem ansonsten unüberwachten Lernszenario. Als Beispiel für eine Mischform aus den bekannten Aufgabentypen sei die *Subgruppenerkennung und -beschreibung* (engl. *Subgroup discovery and description, SDD*) genannt. Bei dieser Aufgabe sollen für alle oder ausgewählte Klassen (Gruppen), die durch die Vorgabe von Labels bekannt sind, durch Anwendung unüberwachter Verfahren Strukturen als interessante Subgruppen identifiziert und meist auch beschrieben werden [90, 95]. Eine andere Art von Mischform stellen wir mit dem *halbüberwachten Lernen* im nächsten Abschnitt vor.

**Berücksichtigung von Sequenzen.** Sequenzen sind Daten mit zeitlicher oder räumlicher Ordnung. Zeitreihen sind dabei klassische Sequenzen, aber auch Sprache als Abfolge von Wörtern besteht aus Sequenzen. Für die angemessene Berücksichtigung in einem Lernszenario ist entscheidend, ob die Sequenzen bei der Eingabe oder bei der Ausgabe anzutreffen sind.

Als Eingabe lassen sich zumindest Sequenzen fester Länge, durch hintereinander Hängen der einzelnen Werte einer Sequenz in die gewohnte Matrixform überführen. Bei Sequenzen variabler Länge kann durch Vorgabe einer Obergrenze für die Länge und entsprechendes *Auffüllen* (engl. *padding*) fehlender Werte bei kürzeren Sequenzen oder Abschneiden überschüssiger Werte bei zu langen Sequenzen Abhilfe geschaffen werden. Alternativ können auch Verfahren eingesetzt werden, die nativ mit Sequenzen umgehen können, indem die Werte nach und nach in ein Modell gesteckt werden, bis eine vereinbarte Markierung (Token) für das Ende einer Sequenz erreicht ist. Weitaus komplexer ist der Umgang mit Sequenzen in der erwarteten Ausgabe. Ein Zerlegen des Problems in Teilaufgaben, in denen jedes Element einer Sequenz separat betrachtet werden kann, wird problematisch, wenn es Abhängigkeiten zwischen den Einzelwerten einer Sequenz gibt. Beispielsweise ist dies beim NLP der Fall: Soll ein Satz erzeugt werden, dann hängen weitere zu erzeugende Wörter stark von den bereits erzeugten Wörtern ab. Sind sowohl Eingabe als auch Ausgabe Sequenzen, wie bei der Übersetzung von einer Sprache in eine andere, dann spricht man von Sequenz-zu-Sequenz-Aufgaben.

In den folgenden Kap. 4 und 5 zu Deep Learning und Natural Language Processing gehen wir genauer auf diese besonderen Aufgabentypen und ausgewählte Lösungsansätze ein.

### 3.2.2.3 Lernform: Wie lernt der Computer?

Unabhängig von konkreten Lernverfahren und Aufgabentypen bedeutet das maschinelle, also computerbasierte Lernen, dass die Parameter eines ausgewählten Modells oder einer Modellklasse an die zur Verfügung stehenden Daten angepasst werden *(Modellanpassung)*. Letztlich handelt es sich um ein Optimierungsproblem, bei dem basierend auf gegebenen Daten und unter Berücksichtigung einer konkreten Aufgabe das beste oder ein möglichst gutes Modell in der Menge aller möglichen Modelle gesucht wird. So lässt sich jedes Lernverfahren mittels der drei elementaren Komponenten *Repräsentation, Evaluierung* und *Optimierung* als Suche nach einem optimalen oder zumindest geeigneten Modell im sogenannten *Hypothesenraum,* dem Raum aller darstellbaren und somit möglichen Modelle, die als Lösung für die zugrunde liegende Aufgabe geeignet sind, charakterisieren [38].

Dabei ist der Suchraum in den meisten praktischen Anwendungsfällen sehr groß – oft sogar aufgrund reellwertiger Modellparameter unendlich groß. Deshalb ist die Suche in der Regel nicht trivial. Je nach Lernszenario und Lernverfahren können unterschiedliche

Modelltypen, also Repräsentationen, und Such- oder Optimierungsverfahren zum Einsatz kommen. Die Aspekte Repräsentation und Optimierung greifen wir beim Überblick über bestehende Lernverfahren als Grundbausteine des maschinellen Lernens in Abschn. 3.3.1 wieder auf. Die Umsetzung von Suchstrategien hatten wir bereits in Abschn. 2.3.3 als elementare Grundlage für KI-Lösungen angesprochen.

Die *Evaluierung* entwickelter Modelle hinsichtlich ihrer Leistungsfähigkeit oder Ergebnisqualität für die zugrunde liegende Aufgabe ist unabhängig von konkreten Modellen und Lernverfahren so fundamental, dass sie verschiedene *Lernformen* prägen, die daher auch als *Lernparadigmen* des maschinellen Lernens bezeichnet werden. Die verschiedenen Lernformen unterscheiden sich primär durch die Art des Feedbacks, das für die Evaluierung verwendet werden kann. So führt die Verfügbarkeit der Zielgröße zur klassischen Einteilung in *überwachte* und *unüberwachte* Lernverfahren. Das bestärkende Lernen als dritte klassische Lernform grenzt sich zudem bezüglich der Verfügbarkeit von Eingabedaten und Formen meist verzögerter Belohnung als Feedbacks deutlich von den ersten beiden Formen ab: [94]

**Supervised Learning**

Beim überwachten Lernen (engl. *supervised learning*) soll anhand von Beispielen, also Eingabe-Ausgabe-Paaren, eine Funktion bestimmt werden, die gegebene Eingabewerte auf die bekannten Zielwerte abbildet. Daher wird das überwachte Lernen auch als *Lernen aus Beispielen* bezeichnet. Wie bei der Darstellung der Aufgabentypen erläutert, gibt es eine explizite Zielgröße, für die in den Trainingsdaten die wahren Werte bekannt sind. Der Begriff *Überwachung* bedeutet, dass durch Kenntnis der korrekten Ausgabewerte, d. h. durch die gegebenen Zielwerte für die Zielgröße, beim Lernvorgang ermittelt werden kann, ob das aktuelle Modell korrekt ist oder wie gut es ist. Dies ist vergleichbar mit einem Lehrer (engl. *supervisor*), der den aktuellen Wissensstand bewertet und Rückmeldung über die Güte des Modells erteilt. Das überwachte Lernen ist deshalb bezüglich der Modellanpassung, die direkteste und schnellste Form des Lernens. Allerdings ist die Bereitstellung qualitativ hochwertiger, *gelabelter Trainingsdaten* in ausreichender Menge durch Menschen oft ein großes Problem. In vielen Anwendungen ist gerade das Bereitstellen der Labels ein sehr zeitaufwendiger und kostenintensiver Prozess, der in der Regel Expertenwissen in der Anwendungsdomäne voraussetzt.

Für einen Computer ist es eine leichte Aufgabe, die Trainingsdaten zu speichern und im Bedarfsfall für eine bekannte Beobachtung den Zielwert auszugeben. Aus menschlicher Perspektive kommt dies dem Auswendiglernen gleich. Das Ziel ist es vielmehr, dass auch für neue, bislang beispiellose Beobachtungen als Eingaben sinnvolle Ausgabewerte erzeugt werden können: Das Modell soll in der Lage sein zu *generalisieren*. Für die Anwendung als Prognosemodell für neue Daten wird nach der Hypothese für induktives Lernen (engl. *inductive learning hypothesis*) angenommen, dass ein Modell, das die gegebenen Trainingsdaten hinreichend genau beschreibt oder annähert, auch für neue, bis lang ungesehene Daten sinnvolle Ausgaben erzeugt, die dann als Prognosewerte verwendet werden können [120].

Da in der Lernphase nur die Trainingsdaten als bekannt gelten und verwenden werden dürfen, kann und darf das Modell auch nur an diese angepasst werden. In den meisten Fällen gibt es viele Modelle, die die Trainingsdaten hinreichend genau beschreiben. Daher ist die zentrale Frage, wie ohne Kenntnis neuer Daten dasjenige Modell ausgewählt werden kann, das am besten generalisiert. Es zeigt sich, dass sich diese Auswahl nicht logisch ableiten lässt. Vielmehr müssen für die Induktion gewisse Einschränkungen, Annahmen und Vorgaben (engl. *bias*) getroffen werden, die als induktiver Bias (engl. *inductive bias*) eines Lernverfahrens zusammengefasst werden. In Abschn. 3.3 unterscheiden wir weiter zwischen einem Repräsentations- oder Sprach-Bias, der z. B. durch die Wahl der Modellklasse bzw. der Modellarchitektur vorgegeben ist, einem Such- oder Präferenz-Bias, der angibt, welche von gleich oder ähnlich guten Lösungen bei der Suche nach der besten Lösung bevorzugt wird und einem Bias zur Verhinderung von Überanpassung.

Beim Lernen aus Beispielen ist der induktive Bias essenziell und muss deutlich unterscheiden von einem Bias in den Daten, den es idealerweise zu vermeiden gilt. Denn sind Daten nicht repräsentativ oder enthalten gar Fehler, kann das Modell nicht verlässlich korrekte oder brauchbare Werte prognostizieren. Aufgrund nicht repräsentativer Daten schleichen sich oft Fehler ein, die in bestimmten Situationen beispielsweise zu diskriminierenden oder unethischen Aussagen oder Entscheidungen führen können [48]. Dieses Verhalten erzeugen die Lernverfahren allerdings nicht bewusst. Vielmehr sind die Ergebnisse dann ein Spiegel der Gesellschaft, der wiedergibt, was in den Daten steckt, da die Modelle letztlich durch mathematische Berechnungen aus den Daten entstanden sind.

Um die Fähigkeit eines Modells zum Generalisieren zu beurteilen, ist es wichtig, das Modell auf Basis von Daten zu bewerten, die in der Lernphase nicht verwendet wurden. Ist die Leistungsfähigkeit bei diesen zuvor unbekannten Daten schlechter als bei den Trainingsdaten, dann liegt eine Überanpassung an die Trainingsdaten vor (siehe Abschn. 3.2.1). Das Erkennen und idealerweise Vermeiden von Overfitting ist eine zentrale Herausforderung beim Lernen aus Beispielen. Es ist zusammen mit einer guten Merkmalserzeugung und sinnvollen Merkmalsauswahl, dem sogenannten *Feature Engineering,* oftmals wichtiger als die Auswahl eines bestimmten Lernverfahrens selbst. Sind die Modelle, die ein gewähltes Lernverfahren erzeugen kann, nicht komplex genug, dann besteht die Gefahr, dass keine ausreichende Leistung erreicht werden kann. In diesem Fall spricht man von *Underfitting,* das für einen Einsatz in einer Anwendung genauso problematisch ist wie das Overfitting. Allgemeine Herausforderungen, Erfolgsfaktoren und Vorgehensweisen werden abschließend in Abschn. 3.4 diskutiert.

## Unsupervised Learning

Unüberwachtes Lernen (engl. *unsupervised learning*) heißt auch *Lernen aus Beobachtungen,* d. h. es liegt keine Zielgröße vor, die die gewünschten oder geforderten Ausgaben enthält: Es sind Eingabewerte, aber keine Ausgabewerte bekannt. Wie beim überwachten Lernen werden die Trainingsdaten üblicherweise von Menschen bereitgestellt. Da die Daten nicht *gelabelt* werden müssen, ist der Aufwand für die Bereitstellung jedoch verschwindend gering, sodass oft eine große Menge an Daten zum Lernen zur Verfügung steht.

Da es keine feste Zielgröße gibt, werden beim unüberwachten Lernen deutlich weniger Vorgaben gemacht als beim überwachten Lernen. Ziel ist es, in den Trainingsdaten Strukturen oder Muster zu entdecken. Die Suche nach Mustern umfasst dabei die gesamten Trainingsdaten und ist nicht wie beim überwachten Lernen beschränkt auf Zusammenhänge mit einer konkreten Zielgröße. Ohne eine konkrete Zielgröße mit bekannten Werten kann es allerdings auch kein explizites *Richtig* oder *Falsch* einer Lösung geben und daher keine Rückmeldung über die Güte der entdeckten Muster während des Lernvorgangs von außen. Der Lernvorgang ist zwar in diesem Sinne unüberwacht, aber dennoch agiert das Lernverfahren nicht völlig frei und ohne jegliche Kontrolle. Dies vermuten einige Anwender und Anwenderinnen zwar beunruhigt, vielmehr wird jedoch in der Regel lediglich eine vorgegebene Zielfunktion optimiert oder anderweitig nach bestimmten Mustern oder Strukturen in den Daten gesucht. Die bekannteste Art von Struktur sind Gruppierungen ähnlicher Objekte in einer Datenmenge zu sogenannten *Clustern*. Diese und weitere Aufgaben werden im folgenden Abschnitt genauer dargestellt.

**Reinforcement Learning**

Das bestärkende Lernen (engl. *reinforcement learning*) unterscheidet sich grundlegend von den anderen vorgestellten Lernformen, bei denen bereits zu Beginn des Lernvorgangs die Trainingsdaten zur Verfügung stehen, sei es als Beispiele mit Labels oder als Beobachtungen ohne Labels. Beim bestärkenden Lernen steht ein Agent oder ein System im Mittelpunkt, das erst durch Interaktion mit seiner Umwelt (engl. *environment*) Daten generiert. Deshalb wird das bestärkende Lernen auch als *Lernen durch Interaktion* bezeichnet. Beim bestärkenden Lernen werden somit die wenigsten Vorgaben gemacht, sodass diese Lernform ideal für Szenarien ist, in denen das Bereitstellen von Trainingsdaten schwierig ist und ein Agent eine Strategie für eine Folge von Entscheidungen treffen muss, wie beim Durchführen eines Spiels oder bei der Navigation durch unbekanntes Gebiet.

Die Aktionen des Agenten führen direkt durch entsprechende Reaktion oder indirekt durch Veränderung des Zustands der Umwelt zu meist zeitlich versetztem Feedback für die vom Agenten getroffene Folge von Entscheidungen hinsichtlich der durchzuführenden Aktionen. Das Feedback-Signal drückt bezüglich der Erreichung eines Ziels entweder eine Belohnung oder eine Bestrafung, also eine negative Belohnung aus, die der Agent zu maximieren versucht. Übergeordnetes Ziel ist das Erlernen einer Strategie, die die Belohnung für eine abgeschlossene Folge von Aktionen insgesamt maximiert. Beispielsweise führt beim Spielen eines Spiels wie Schach oder Go Sieg oder Niederlage zum Feedback-Signal für eine Folge von Zügen während des Spiels.

Während beim überwachten Lernen durch Kenntnis der korrekten Zielwerte für die Trainingsdaten genau bestimmt werden kann, ob eine Entscheidung richtig oder falsch ist (Klassifikation) oder wie weit eine Vorhersage vom richtigen Wert entfernt ist (Regression), weiß der Agent beim bestärkenden Lernen in der Regel nicht, ob eine Entscheidung wirklich die beste ist. Da der Erfahrungsschatz erst mit seiner Interaktion wächst, weiß der Agent oft nur für einen Teil der möglichen Aktionen, welche in der Vergangenheit zu einer größeren oder kleineren Belohnung geführt haben. Um dieses Problem zu lösen, müssen typischerweise im Sinne von Versuch und Irrtum auch bislang unbekannte (nicht evaluierte) Aktionen vom Agenten ausprobiert werden, um den Handlungsspielraum im Rahmen seiner Strategie zu vergrößern.

Zusätzlich zum beschriebenen Unterschied zwischen dem Feedback-Signal und der Kenntnis der Zielgröße kommt oft erschwerend hinzu, dass das Feedback-Signal in der Regel erst zeitlich versetzt, also nach mehreren Aktionen zur Verfügung steht. Daraus resultiert die Schwierigkeit der Zuordnung des Signals zu einzelnen Aktionen. Dieses Problem wird *Credit Assignment Problem* genannt, für das ein Lernverfahren dieser Lernform eine Lösung finden muss.

### Kombinationen und Weiterentwicklung der Lernformen

Für Prognoseaufgaben ist das überwachte Lernen der schnellste und direkteste Weg, ein geeignetes Modell aus Daten zu erstellen. Allerdings setzt dies die Verfügbarkeit von Lernbeispielen voraus. Je komplexer und somit leistungsfähiger ein Modell ist, desto mehr Daten werden für eine angemessene Gestaltung der Lernprozesse benötigt, um insbesondere die Gefahr des *Overfittings* zu reduzieren. Beim überwachten Lernen stehen von Beginn an qualitativ hochwertige Zielwerte (Label) für alle Daten, die im Lernprozess verwendet werden sollen, zur Verfügung. Während die Beobachtungen, also die beobachtbaren oder messbaren Merkmale der Objekte des Interesses, in vielen Fällen bereits vorliegen oder mit geringem Aufwand beschafft werden können, ist die Bereitstellung der Werte für die Zielgröße, das sogenannte *Labeling* der Daten, oft mühsam und zeitaufwendig und somit teuer. In vielen Anwendungsfällen müssen Fachexperten die Daten betrachten und die Labels mühsam in einem manuellen Prozess vergeben. Die Bereitstellung der Labels kann sogar unmöglich sein, wenn die notwendige Expertise dafür gar nicht existiert. Weiterhin ist auch das wiederholte Lernen von Modellen wie identische oder ähnliche Aufgaben, ohne dabei auf bereits Gelerntes zurückzugreifen, aufgrund des hohen Ressourcenbedarfs auf Dauer nicht nachhaltig.

Deshalb haben sich Varianten der Lernformen entwickelt, die sich dieser Themen annehmen. Wenn an der zielgerichteten Modellanpassung mit Berechnung und Verwendung des charakteristischen Signals für die Überwachung festgehalten werden soll, wie lässt sich der Aufwand für die Bereitstellung der Labels reduzieren? Abb. 3.8 gibt einen Überblick über aktuelle Ansätze, die im Folgenden näher erläutert werden:

**Active Learning.** Beim *aktiven Lernen* darf das Lernverfahren Objekte – wir sprechen in diesem Kontext von *Datenpunkten* – auswählen oder selbst konstruieren, von deren Kenntnis es sich die größtmögliche Verbesserung der Leistungsfähigkeit verspricht, stünden sie im Lernprozess zur Verfügung [93]. Beispielsweise kommen dafür Datenpunkte infrage, bei denen sich das aktuelle Modell am unsichersten ist (engl. *uncertainty samp-*

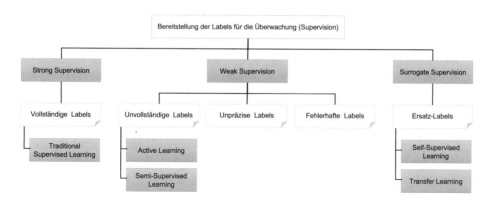

**Abb. 3.8** Woher kommen die Labels bei der Überwachung? Das traditionelle überwachte Lernen benötigt sehr viele qualitativ hochwertig gelabelte Trainingsdaten. Deshalb lässt sich die Überwachung als *stark* (engl. *strong*) im Gegensatz zu den unvollkommenen Labels der *schwachen* (engl. *weak*) Überwachung charakterisieren. Lernformen wie Active Learning und Supervised Learning lassen sich dem Bereich des Weakly Supervised Learning zuordnen. Das Self-Supervised Learning und das Transfer Learning verwenden im Lernprozess Label einer anderen Aufgabe als Ersatz

*ling*) [102]. Durch die gezielte Abfrage der Labels für ausgewählte Datenpunkte soll mit insgesamt weniger gelabelten Daten und somit weniger Aufwand ein zum (passiven) überwachten Lernen vergleichbares Leistungsniveau erreicht werden. Abgesehen davon, dass der Mensch ein Lernszenario gestaltet und die Ziele festlegt, erfolgt der Lernprozess, also die Modellanpassung, beim klassischen *passiven* maschinellen Lernen automatisiert *(selbst lernend)*. Wichtige Aufgabe des Menschen ist die Bereitstellung der dafür erforderlichen Daten. Durch das aktive Lernen wird der Mensch im Lernprozess integriert (engl. *human-in-the-loop machine learning*) [123]. Da beim bestärkenden Lernen der Agent eigenständig auch neuartige Aktionen ausführt, um für diese die Stärke des Feedback-Signals zu erkunden, ähnelt dieser Ansatz hinsichtlich der Auswahl der Aktionen einem aktiven Erfragen von Zielwerten.

**Imitation Learning.** Das Reinforcement Learning lässt sich auch um Elemente des überwachten Lernens erweitern. Unterstützt man einen Agenten in seinen Bemühungen, die Umwelt eigenständig durch Versuch und Irrtum zu erkunden, etwa durch Demonstration erfolgreicher oder als korrekt akzeptierter Handlungsmustern oder lässt man den Agenten die Vorgehensweisen von Expertinnen oder Experten beobachten, dann kann der Agent diese Verhaltensweisen nachahmen. D. h. er nutzt die Beobachtungen, um seine eigene Handlungsstrategie abzuleiten. Diese spezielle Lernform wird als *Imitation Learning* oder auch *Lernen durch Demonstration* (engl. *learning from demonstration*) bezeichnet und hat seine Wurzeln in der Robotik [13]. Im zweiten Band der Buchreihe werden wir auf diese Lernform bei der Entwicklung eines kognitiven Assistenten für das Wissensmanagement zurückgreifen, der wie ein Mensch lernt.

**Semi-Supervised Learning.** Das halbüberwachte Lernen (engl. *semi-supervised learning*) liegt zwischen dem überwachten und dem unüberwachten Lernen, da nur für einen Teil der Trainingsdaten Labels zur Verfügung stehen [21]. Die zentrale Frage ist, wie durch die zusätzlichen ungelabelten Daten im ansonsten überwachten Lernszenario oder durch zusätzliche gelabelte Daten im unüberwachten Lernszenario Vorteile gezogen werden können. Typischer ist das halbüberwachte Lernszenario mit einer überwachten Lernaufgabe, also mit dem Ziel, ein Vorhersagemodell zu erstellen. In dem Fall soll das halbüberwachte Lernen Nutzen auch aus den latenten Strukturen in den zusätzlichen ungelabelten Daten ziehen, um die Güte des Vorhersagemodells zu verbessern. Anstatt wie beim aktiven Lernen den Menschen in den Lernprozess einzubinden, setzen halbüberwachte Verfahren darauf, die fehlenden Label für die ungelabelten Daten ohne menschliche Aktivitäten durch Verwendung von Vorhersagemodellen zu bestimmen. Dafür werden meist Aspekte des überwachten und des unüberwachten Lernens kombiniert. Ein einfacher Ansatz ist als *Self-Training* oder *Self-Labeling* bekannt [21]. Typischerweise wird dabei die Menge der Trainingsdaten iterativ um Beispiele angereichert, für die das zu lernende Vorhersagemodell selbst Label generiert. Auf diese Weise kann die Menge der für ein erfolgreiches Lernen benötigten Labels erheblich reduziert werden [93]. Eine Überprüfung, ob die neuen Labels tatsächlich korrekt sind, erfolgt nicht–letztlich zählt nur die Verbesserung der Leistungsfähigkeit insgesamt, die durch diesen Ansatz erreicht werden soll. Soll das Vorhersagemodell gar nicht auf neue Daten angewendet werden *(Induktion),* sondern ist es Ziel, nur die Labels der während des Lernvorgangs bereits verfügbaren ungelabelten Daten zu erhalten, dann spricht man auch von *transduktivem Lernen* (engl. *transductive learning*). In vielen Darstellungen zum maschinellen Lernen wird das halbüberwachte Lernen sogar schon auf einer Stufe mit den oben eingeführten drei klassischen Lernformen genannt. Allerdings fügt sich das halbüberwachte Lernen mit seinen unvollständig gelabelten Trainingsdaten auch als spezieller Fall in das Konzept des *Weakly Supervised Learning* (siehe Abb. 3.8).

**Weakly Supervised Learning.** Diese Lernform beschäftigt sich mit dem Lernen im überwachten Stil, wenn die bereitgestellten Labels nicht perfekt und somit *schwach* (engl. *weak*) sind. Dabei wird zwischen *unvollständigen, ungenauen (unpräzisen)* und *unkorrekten (fehlerhaften)* Labels unterschieden [198]. So erlaubt das Paradigma der schwachen Überwachung die Integration verschiedenster Quellen, die unvollkommene Teil-Informationen über die eigentlich relevanten Labels enthalten können. Beispiele für diese Quellen sind einfache regelbasierte Heuristiken, Lexika, Listen und Verzeichnisse (engl. *gazetteers*), externe Datenbanken und Wissensbasen, Crowdsourcing oder sogar Modelle aus ähnlichen Anwendungsbereichen. Im Gegensatz zu den qualitativ hochwertigen Labels, die Menschen mit Fachexpertise für das traditionelle überwachte Lernen meist in einem manuellen Prozess bereitstellen, lassen sich diese Quellen in der Regel gut automatisieren und mit sehr geringem Aufwand verwenden. Wenn Verfahren zur Verdichtung der schwachen Labels zu starken Labels verwendet werden, können im Nachgang sogar klassische überwachte Lernverfahren für die eigentliche Modellerstellung verwendet werden.

**Self-Supervised Learning.** Das selbst-überwachte Lernen (engl. *self-supervised learning*) verwendet keine Labels, die durch Menschen bereitgestellt wurden. Stattdessen erzeugen entsprechende Lernverfahren eigenständig Lernbeispiele, indem verfügbare Merkmale als Zielgrößen verwendet werden [70]. Bei Autoencoder-Architekturen, entsteht eine Herausforderung bei der Abbildung der Beobachtungswerte auf sich selbst durch zusätzlich eingeführte Bedingungen (siehe Abschn. 4.3.4.2). Eine andere Möglichkeit besteht darin, einzelne Werte eines ausgewählten Merkmals zu maskieren, d. h. zu verdecken, und die Aufgabe besteht in der Vorhersage dieser Werte auf Basis der übrigen Werte. Dieses Vorgehen entspricht dem in der Statistik als *Imputation* bekannten Vorgehen, allerdings für künstlich erzeugte fehlende Werte. Wenn die Ausprägungen unterschiedlicher Merkmale maskiert werden können, entsteht auf diese Weise ein Modell, das Zusammenhänge zwischen den Merkmalen im zugrunde liegenden Anwendungsfall erlernt und Daten vervollständigen kann. Im Natural Language Processing ist dieses Vorgehen zur Erzeugung großer Sprachmodelle als *Masked Language Modeling (MLM)* bekannt und sehr verbreitet. Zufällig ausgewählte Wörter eines Satzes werden dabei maskiert und auf Basis der anderen Wörter der näheren Umgebung (Kontext) oder des Satzes vorhergesagt.

So einfach und erfolgreich dieses Vorgehen auch ist, da anstatt einer vorgegebenen Zielgröße einfach andere Merkmale verwendet wurden, wird das Modell sicherlich nicht direkt die eigentlich vorliegenden Aufgaben lösen. Warum ist das Vorgehen trotzdem so wichtig? Das selbst-überwachte Lernen erlaubt es, eine sehr hilfreiche Repräsentation der Daten zu lernen, auf deren Basis sich andere Probleme, als sogenannte *Downstream Tasks,* oft leichter lösen lassen. Deswegen wird das selbst-überwachte Lernen oft auch als Repräsentationslernen (engl. *representation learning*) bezeichnet. So erklärt sich seine Bedeutung insbesondere im Zusammenspiel mit der im Folgenden dargestellten Lernformen *Transfer Learning.*

**Transfer Learning.** Wenn das Ergebnis einer Lernaufgabe für die Lösung einer anderen Aufgabe verwendet wird, spricht man von *Transfer Learning.* Es gibt hier eine Abweichung zwischen Quell-Domäne und Ziel-Domäne. Während typischerweise dieselben Merkmale verwendet werden, gibt es dabei Unterschiede in den Verteilungen und Beziehungen bei gleicher Zielgröße. Dieser Fall ist auch als *Domain Adaptation* bekannt. Auch Abweichungen bezüglich der Zielgröße mit ihren Ausprägungen selbst kommen vor. Offensichtlich wird hier also die Forderung verletzt, dass die Trainingsdaten repräsentativ für neue Daten sein sollten, für die ein Vorhersagemodell zur Anwendung kommt. Dennoch kann auf diese Weise eine Lösung insbesondere für Anwendungsszenarien mit sehr wenig verfügbaren Trainingsdaten erzielt werden. Um ein Modell, das mit einer abweichenden Zielsetzung erstellt wurde, dennoch für eine Aufgabe nutzen zu können, haben sich die beiden im Folgenden kurz erläuterten Vorgehensweisen etabliert:

**Fine-Tuning.** Durch die nachträgliche Anpassung eines bestehenden Modells mit Trainingsdaten aus der neuen Aufgabe, dem sogenannten *Fine-Tuning,* wird die Problematik gelöst, die sich durch die Nicht-Repräsentativität der ursprünglichen Trainingsdaten oder sogar durch Abweichungen hinsichtlich der zu lösenden Aufgaben ergeben. Auf diese Weise werden insbesondere große Modelle, die mithilfe selbstüberwachter Lernverfahren im sogenannten *Pre-Training* ohne manuell bereitgestellte Labels erzeugt wurden, an konkrete Aufgaben mit einer Zielgröße angepasst, für dann erst entsprechende Labels notwendig sind. Da für das Fine-Tuning eines vortrainierten Modells deutlich weniger Labels benötigt werden, stellt dieses Vorgehen eine sehr elegante Möglichkeit zur Reduzierung des Aufwands für die Bereitstellung von Labels dar. Im Extremfall kann die Anpassung bereits auf Basis sehr weniger Lernbeispielen erfolgen, sodass der Ansatz auch als mögliche Umsetzung des sogenannten *Few-Shot Learning* auffassen lässt. Dabei bezieht sich der Begriff *Shot* auf ein bereitzustellendes Lernbeispiel aus der vorgesehenen Anwendungsdomäne. Es ist allerdings zu beachten, dass dabei das Overfitting ein besonders großes Risiko darstellt.

**Prompting.** Ein Ansatz, der im NLP-Kontext mit großen vortrainierten Sprachmodellen ohne Fine-Tuning auskommt, ist das sogenannte *Prompting* oder auch *Prompt-based Learning.* Anstatt ein Modell anzupassen, wird dabei die neue Aufgabe angepasst oder genauer gesagt als Abfrage (vom engl. *to prompt,* dt. *abfragen*) an ein bestehendes Modell formuliert. Dabei wird die originäre, dem ursprünglich Lernziel entsprechende Fähigkeit großer Sprachmodelle genutzt, Lücken in einem Text sinnvoll zu schließen oder einen gegebenen Text sinnvoll fortzuführen. Die Abfrage muss daher so formuliert werden, dass die gewünschte Antwort dem Vorschlag des Modells für die Füllung der Lücke oder der Fortsetzung entspricht. Prompting ermöglicht daher die Nutzung deines Modells ohne Anpassung und ist eine Umsetzung des *Zero-Short Learning.* Es ist jedoch oft vorteilhaft, dem Sprachmodell in der Abfrage anhand eines oder weniger Beispiele mitzuteilen, wie die gewünschte Ausgabe aussehen soll, können bei der Abfrage auch Beispiele mitgegeben werden. Dies wird entsprechend der mitgegebenen Beispiele dann als *One-Shot Learning* oder *Few-Shot Learning* bezeichnet. Da alle notwendigen Informationen als Kontext bei der Abfrage mitgegeben werden und keine Modellanpassung erfolgt, wird das Risiko des Overfittings nicht wie durch das Fine-Tuning vergrößert.

Ohne diese modernen Lernformen wären die Erfolge aktueller KI-Lösungen auf Basis von Deep Learning kaum realisierbar. In den Kap. 4 und 5 werden wir deshalb bei der Darstellung aktueller Lösungsansätze auf diese Lernformen zurückkommen.

## 3.3   Lernverfahren: Ein kurzer Überblick

Es gibt unzählige Lernverfahren und laufend kommen neue hinzu. Ein vollständiger Überblick ist selbst in einem dedizierten Fachbuch kaum mehr möglich. Allerdings unterscheiden sich neue Ansätze meist nur noch in Details von bestehenden. Für einen Überblick über bestehende Verfahren sowie ein Verständnis der generellen Funktionsweise und Weiterentwicklungen ist es wichtiger, die Grundbausteine von Lernverfahren und deren Zusammenwirken zu verstehen. Die Grundbausteine des maschinellen Lernens zusammen mit gängigen Umsetzungsvarianten für die einzelnen Komponenten schaffen einen systematischen Überblick über die sehr große und noch ständig wachsenden Menge an Lernverfahren [94].

### 3.3.1   Grundbausteine maschineller Lernverfahren

Das maschinelle Lernen soll basierend auf Daten Lösungen für vorgegebene Aufgaben finden. Beim überwachten Lernen haben wir gesehen, dass die Lösung, also das Modell, bei Prognoseaufgaben nicht nur für die bekannten Daten, sondern auch für neue Daten gültig sein soll. Gesucht sind also Modelle, die generalisieren können. Gemäß der Hypothese des induktiven Lernens (engl. *inductive learning hypothesis*) wird angenommen, dass ein Modell, das eine hinreichend große Menge bekannter Daten genau beschreibt, auch auf neue Daten anwendbar ist [120]. Wenngleich bei beschreibenden Aufgaben die Anwendbarkeit auf neue Datenpunkte nicht unmittelbar im Fokus steht, so sind auch hier Beschreibungen, die nur zufällige Gegebenheiten in den Daten darstellen, unerwünscht. Gesucht sind Beschreibungen, die statistisch signifikant und auch grundlegende Zusammenhänge mit Relevanz für die Anwendungsdomäne aufdecken. Diese sollten sich bei wiederholter Anwendung der Lernverfahren auf leichte Variationen der Trainingsdaten zumindest in ähnlicher Form stets wieder zeigen, sodass anzunehmen ist, dass vergleichbare Zusammenhänge auch bei neuen Daten zu finden wären.

Da es in der Regel sehr viele Lösungen für eine in den meisten Fällen unterspezifizierte Lernaufgabe gibt, lässt sich die Generalisierungsfähigkeit nicht formal auf der Basis gegebener Daten herleiten und rechtfertigen. Deshalb werden auf der Suche nach geeigneten Modellen, die generalisieren können, gewisse Vorgaben bzw. Annahmen benötigt, damit die Suche erfolgreich gesteuert werden kann und nicht hoffnungslos der kombinatorischen Explosion aller theoretisch denkbaren Modelle erliegt. Diese Vorgaben werden als induktiver Bias (engl. *inductive bias*) bezeichnet. Allgemein werden diese Vorgaben bezüglich der Repräsentation oder der formalen Sprache zur Beschreibung von Modellen, der Präferenz für bestimmte Modelle bei der Suche und die Art und Weise der Vermeidung von Overfitting unterschieden. Diese Bias-Varianten sind eng verknüpft mit grundlegenden Komponenten, aus denen sich Lernverfahren zusammensetzen.

Wie bereits bei der Einführung der Lernformen angedeutet, lässt sich jedes Lernverfahren mittels der drei elementaren Komponenten *Repräsentation, Evaluierung* und *Optimierung* darstellen [38]. Im folgenden Abschnitt sollen diese drei Komponenten als Grundbausteine maschineller Lernverfahren genauer betrachtet werden: [94]

**Repräsentation: Formale Sprache für Modelle.** Wie kann das Modell und somit das explizit oder implizit gelernte Wissen repräsentiert werden? Eine formale Darstellung eines Modells, auch als Modellsprache bezeichnet, ist essenziell für die automatisierte rechnergestützte Verarbeitung. Die Wahl der Modellsprache ist für den weiteren Lernprozess von fundamentaler Bedeutung, da sie vorgibt, was im Folgenden gelernt werden kann. Die Menge der in einer Repräsentationsart darstellbaren Modelle wird beim maschinellen Lernen auch als Hypothesenraum (engl. *hypothesis space*) bezeichnet.
Die Darstellung von Lernverfahren in der Literatur orientiert sich üblicherweise sehr stark an der Modellsprache. Typische Beispiele für Modellrepräsentationen sind Polynome, Entscheidungsbäume, Regelmengen, Instanzen, lineare Modelle, graphische Modelle und neuronale Netze. Sollen etwa Datenpunkte durch eine Funktion approximiert werden, so wäre die Beschränkung auf Polynome bis zu einem vorgegebenen Grad einerseits eine konkrete Modellsprache und gleichzeitig ein Repräsentationsbias, also eine Vorgabe, die die Menge der infrage kommenden Funktionen sehr stark einschränkt. Bei starker Beschränkung des maximalen Polynomgrads ist es gleichzeitig ein sinnvolles Vorgehen, um Overfitting zu vermeiden.

**Evaluierung: Gütekriterien für Modelle.** Da das Lernen, also die Modellerzeugung durch Schaffung von Modellstrukturen oder Anpassungen von Modellparametern, als Suche nach einer angemessenen und nützlichen Lösung für eine gegebene Aufgabe betrachtet wird, muss spezifiziert werden, welches Modell gut ist oder besser als ein anderes. Dies erfolgt typischerweise indirekt durch Vergleich mittels einer Evaluierungs- oder Zielfunktion, mit der jedes erzeugte Modell bewertet werden kann. In vielen Fällen wird man höchstens ein lokales Optimum finden und es gibt auch Fälle mit mehreren optimalen Lösungen.
Bei mehreren gleich oder ähnlich guten Modellen entscheidet oft ein *Such-* oder *Präferenzbias* anhand weiterer Kriterien über die Auswahl, wie die Modellkomplexität unter Anwendung von *Occam's Razor* oder dem Prinzip der minimalen Beschreibungslänge (engl. *minimal description length, MDL*). Zu beachten ist, dass die Evaluierung, die ein Lernverfahren selbst bei der Suche nach dem besten Modell anwendet, oft von den Evaluierungskriterien abweicht, die im Rahmen der Anwendung vorgegeben werden. Schließlich optimieren die meisten Verfahren die Modelle basierend auf den Trainingsdaten, während aber eine gute Generalisierungsfähigkeit gewünscht ist. Schon in diesem Punkt ist eine große Diskrepanz festzustellen, die die Bedeutung der Aufteilung in Trainings- und Testdaten und Kreuzvalidierung für die Bewertung von Modellen unterstreicht, insbesondere zur Erkennung und letztlich Vermeidung von Overfitting.

**Optimierung: Die Suche nach dem besten Modell.** Im Raum aller darstellbaren Modelle steuert die Optimierung während der Lernphase die Modellerzeugung durch Schaffung von Modellstrukturen oder Anpassungen von Modellparametern. Nur durch die Optimierungstechnik generierte Modelle werden mithilfe der Evaluierungsfunktion bewertet und kommen als Kandidaten für das beste Modell in Frage. Es ist zu beachten, dass das beste erzeugte Modell nicht auch generell das Beste sein muss. In vielen Fällen muss man sich mit einem lokalen Optimum begnügen. Die Effizienz eines Lernverfahrens hängt ganz entscheidend von der Optimierungstechnik ab [38].

## 3.3.2 Verfahrensklassen

Mithilfe der oben beschriebenen Grundbausteine lassen sich fünf Verfahrensklassen identifizieren, die wesentliche Merkmale gemein haben. Einige Grundzüge sind so elementar, dass man sogar von verschiedenen Denkschulen und Lagern innerhalb des maschinellen Lernens ausgehen kann. Pedro Domingos spricht in seiner Abhandlung über den *Master-Algorithmus* des maschinellen Lernens gar von verschiedenen Stämmen des maschinellen Lernens (engl. *tribes of machine learning*). Er glaubt, dass letztlich relevante Aspekte aus allen Verfahrensklassen in einem Lernverfahren vereint, dem *Master-Algorithmus,* der Schlüssel zur Schaffung einer generellen (starken) KI sein werde. [39] Die Verfahrensklassen werden zusammen mit einigen populären Vertretern im Folgenden vorgestellt: [94]

**Symbolische Verfahren**
Die Grundannahme bei dieser Verfahrensklasse ist, dass Intelligenz auf die Verarbeitung von Symbolen reduziert werden kann [39]. Symbolische Verfahren verknüpfen durch Symbole repräsentierte Informationen durch logische Ausdrücke. Auf diese Weise können beliebige Zusammenhänge und Bedingungen formuliert und auf vielfältige Weise neu verknüpft und somit letztlich Modelle für eine konkrete Aufgabe erstellt werden. Das Fundament symbolischer Verfahren ist daher die Logik.

Es kann sogar auf einfache Art und Weise Vorwissen oder Expertenwissen in die Modellbildung einfließen, da sich sowohl das Expertenwissen als auch die Modelle mit derselben Sprache formulieren lassen. Da allerdings wie bereits anfangs beschrieben die manuelle Modellerstellung wie bei Expertensystemen einen großen Engpass darstellt, soll durch maschinelle Lernverfahren die Modellerstellung auf Basis von Hintergrundwissen und Daten erfolgen. Das Lernen beruht auf Induktion in Form inverser Deduktion, die für deduktive Schlüsse fehlendes Wissen in möglichst allgemeiner Form identifiziert [39]. Als sogenannte *symbolische KI* waren Ansätze dieser Art in der frühen Phase des Fachgebiets das vorherrschende Paradigma zur Umsetzung von KI-Lösungen.

**Entscheidungsbaum-Verfahren.** Die wohl bekanntesten Vertreter aus der Klasse der symbolischen Verfahren sind Lernverfahren für *Entscheidungsbäume,* die sowohl Klassifikationsaufgaben als auch Regressionsaufgaben lösen können. Die Grundidee von Entscheidungsbäumen besteht darin, die Trainingsdaten so lange rekursiv in Teilmengen zu splitten, bis sich in jeder Teilmenge möglichst nur noch Datenpunkte einer Klasse des zugrunde liegenden Klassifikationsproblems befinden. Entscheidungsbäume repräsentieren spezielle Regeln in disjunktiver Normalform aus Aussagen zu ausgewählten Merkmalen und Aussagen bezüglich einzelner Merkmale. Die Festlegung auf die Verwendung von Entscheidungsbäumen stellt eine Form des Sprachbias dar. Gängige Verfahren unterscheiden sich insbesondere darin, ob sie nur binäre oder beliebige Aufteilungen zulassen – das ist ein zusätzlicher Sprachbias innerhalb der Menge der Entscheidungsbäume – und anhand welchen Kriteriums die beste Aufteilung an einer vorgegebenen Stelle bestimmt wird als eine Form von Suchbias [16, 137, 138]. Typisch für die bekanntesten Verfahren zum Baumaufbau ist die Verwendung einer sogenannten *gierige Suche* (engl. *greedy search*), die bei jeder Entscheidung bezüglich der Aufteilung das lokal gesehen beste Merkmal auswählt und einmal getroffene Entscheidungen nicht rückgängig macht. Diese Suchstrategie als Baustein *Optimierung* erklärt, warum gängige Lernverfahren für Entscheidungsbäume sehr schnell sind. Die Tatsache, dass das Auffinden eines globalen Optimums nicht garantiert werden kann, erweist sich in der Praxis selten als problematisch. Gerade bei Problemen mit strukturierten Daten kann die Leistungsfähigkeit von Entscheidungsbäumen akzeptabel sein. Und wenn es nicht nur um die Leistungsfähigkeit eines Modells geht, sondern neben der Laufzeit auch Verständlichkeit und Erklärbarkeit eines Modells wichtig werden, dann können *Entscheidungsbäume* eine sinnvollen Lösungsansatz darstellen.

**Baum-basierte Model Ensembles.**  In der Praxis hat sich die Kombination mehrerer Modelle zu einem sogenannten *Model Ensemble* bewährt, um die Leistungsfähigkeit zu steigern oder die Gefahr von Overfitting zu reduzieren [37]. Viele populäre und in Anwendungsbereichen mit strukturierten Daten sehr erfolgreiche Ensemble-Methoden wie der *Random-Forest-Algorithmus* [17] und *XGBoost* [23] verwenden Bäume mit begrenzter Tiefe als Basismodelle und lassen sich somit auch den symbolischen Verfahren zuordnen.

### Bayes'sche Verfahren

In realen Anwendungen sind Wissen und Lernen meist mit Unsicherheit behaftet und dies greifen Bayes'sche Verfahren als elementaren Bestandteil auf. Bayes'sche Verfahren beruhen auf der Verarbeitung von Indizien in Form von Wahrscheinlichkeiten mittels des *Satzes von Bayes*. Mit probabilistischer Inferenz ist es möglich, effizient mit Rauschen, fehlenden oder widersprüchlichen Informationen umzugehen [39]. Somit haben Bayes'sche Verfahren ihre Wurzeln in der Stochastik.

**Naive-Bayes-Verfahren.**  Ein sehr einfacher, aber dennoch in vielen Anwendungen erfolgreicher Ansatz ist das *Naive-Bayes-Verfahren.* Das Verfahren ist eine sehr einfache Variante eines *graphischen Modells,* denn es trifft für die Berechnung von Wahrscheinlichkeiten die extrem stark vereinfachende Annahme, dass die erklärenden Merkmale untereinander unabhängig seien. Auch wenn dies bei einem Anwendungsproblem selten zutrifft, erzielt das Verfahren in bestimmten Anwendungsbereichen wie dem Filtern von Spam-Mails oft erstaunlich gute Ergebnisse bezogen auf die Klassifikationsleistung.

Die Interpretation der Ausgaben als echte Wahrscheinlichkeiten ist in den meisten Fällen jedoch wegen der Verletzung der Unabhängigkeitsannahme wenig sinnvoll. Wegen dieser Annahmen ist das Verfahren jedoch sehr effizient, da die Anzahl der aus den Trainingsdaten zu schätzenden Wahrscheinlichkeiten überschaubar bleibt und die Berechnung mit einer Iteration über die Trainingsdaten abgeschlossen ist.

**Graphische Modelle.** *Graphische Modelle,* oder genauer *probabilistische graphische Modelle,* verbinden Wahrscheinlichkeitstheorie und Graphentheorie, um komplexe Abhängigkeiten zwischen Merkmalen unter Berücksichtigung von Unsicherheit mittels Zufallsvariablen zu modellieren. Dabei stehen die Knoten des Graphen für einzelne Zufallsvariablen. Die Abhängigkeiten zwischen zwei Zufallsvariablen werden mit Kanten zwischen den entsprechenden Knoten modelliert. Sind zwei Knoten nicht über eine Kante miteinander verbunden, gelten sie als bedingt unabhängig. Graphische Modelle stellen somit eine Möglichkeit dar, probabilistische Ansätze aus dieser Verfahrensklasse wie *Bayes'sche Netze, Hidden-Markov-Modelle* oder *Conditional Random Fields* in einer einheitlichen Form zu repräsentieren.

### Analogieverfahren

Kernidee bei Analogieverfahren ist die Übertragung von bekanntem Wissen auf neue Situationen, und zwar auf Basis von Ähnlichkeiten. Die entscheidenden Fragen sind, wie Ähnlichkeiten berechnet werden, welche bekannten Datenpunkte aus den Trainingsdaten als Referenz in das bekannte Wissen aufgenommen und wie mittels der Ähnlichkeiten zu bekanntem Wissen die Ausgaben für neue Datenpunkte bestimmt werden.

**K-Nächste-Nachbar-Verfahren.** Eines der bekanntesten, dem menschlichen Vorgehen ähnlichen und daher auch sehr intuitiven Lernverfahren ist das *k-Nächste-Nachbar-Verfahren (kNN)* (engl. *k-nearest neighbors*) [32], das eine Aufgabe auf Basis der vorgefundenen Zielwerte in einer definierten Nachbarschaft löst. Wenn ein neuer Datenpunkt klassifiziert werden soll, werden aus der Menge der bekannten Datenpunkte die $k$ mit dem kleinsten Abstand zum neuen Datenpunkt herausgesucht. Eine Klassifikationsentscheidung wird in der Regel per Mehrheitsentscheid getroffen. Erweiterungen, die bei der Entscheidung die Abstände als Gewicht einfließen lassen, bieten sich als Varianten an. Durch Mittelwertbildung der bekannten Zielwerte lässt sich das Verfahren auch direkt für Regressionsaufgaben nutzen. Da dieses Verfahren in seiner grundlegenden Version lediglich alle Datenpunkte als Referenz speichert, also kein echter Lernprozess stattfindet, wird diese Lernform auch als *Lazy Learning* bezeichnet.

**Support Vector Machines (SVM).** Ein deutlich komplexerer Vertreter aus dieser Verfahrensklasse ist die *Support Vector Machine (SVM),* die im Deutschen auch als *Stützvektoren-Methode* bekannt ist. Es wird davon ausgegangen, dass eine Hyperebene mit maximalem Abstand *(maximal margin)* zu den Datenpunkten zweier linear trennbarer Klassen die bestmögliche Generalisierungsfähigkeit besitzt [15]. Deshalb wird eine trennende Hyperebene gesucht, die den Abstand zu den gegebenen Datenpunkten der beiden Klassen maximiert. Die Punkte mit dem kleinsten Abstand zu dieser Hyperebene werden als Stützvektoren bezeichnet. Dies entspricht einem Präferenz-Bias bei der Auswahl von Modellen, die die Trainingsdaten gleich gut beschreiben. Da praktische Probleme oft nicht linear trennbar sind, werden zum einen gewisse Fehler derart geduldet, dass eine kleine Anzahl der Datenpunkte auf der falschen Seite der Trenn-Hyperebene liegen darf. In dem Fall spricht man von einer *Soft-Margin-Hyperebene.* Zum anderen können *nicht-lineare SVM* zum Einsatz kommen, bei denen die Eingabedaten in einen höherdimensionalen Raum transformiert werden, in dem die Klassen dann besser linear trennbar sind. Für die Berechnungen von Abständen im transformierten Eingaberaum kommen sogenannte *Kernels* zum Einsatz. Die Anwendung der Transformation wird effizient mit dem sogenannten *Kernel-Trick* umgesetzt [160].

**Clusterverfahren.** Es gibt zahlreiche Clusterverfahren, die Cluster verschiedenster Art erzeugen können [77]. Sehr viele der Verfahren arbeiten auf Objektebene mit geeigneten Ähnlichkeitsmaßen und können daher den Analogieverfahren zugeordnet werden. Somit wird deutlich, dass die Einteilung von Lernverfahren in die Verfahrensklassen nicht nur auf überwachte, sondern auch für unüberwachte Lernverfahren anwendbar ist.

Eines der bekanntesten Verfahren ist der *k-Means-Algorithmus* [111]. Das Verfahren soll eine Partitionierung der Datenpunkte in eine vorgegebene Anzahl $k$ an Clustern erstellen. Die Repräsentation der Cluster als Mittelwerte aller ihnen zugeordneten Datenpunkte ist eine Form des Sprachbias. Das Verfahren minimiert die Summe der Abstände von allen Datenpunkten zum Clusterzentrum mit dem jeweils kleinsten Abstand (Evaluierung). Dies wird erreicht, indem im Wechsel die Clusterzentren und Clusterzugehörigkeiten aktualisiert werden (Optimierung mit Suchbias). Es kann zwar garantiert werden, dass das Verfahren terminiert, also dass die Berechnung nach endlichen vielen Schritten stoppt. Es gibt aber keine Garantie, dass die gefundene Lösung ein globales Optimum darstellt. Ein weiteres sehr bekanntes Clusterverfahren, das zur Klasse der Analogieverfahren zählt, ist das *hierarchische agglomerative Clustering (HAC),* das baumartige Clusterstrukturen erzeugt, die sich mithilfe von Dendrogrammen sehr gut visualisieren lassen [181]. Die Berechnung beruht auf den paarweisen Abständen zwischen allen Datenpunkten und wächst daher kubisch mit der Anzahl der Datenpunkte. Daher ist die Nutzbarkeit bereits bei Anwendungen mit nur mäßig großen Datenmengen stark eingeschränkt. Und auch dichtebasierte Clusterverfahren wie das bekannte *DBSCAN* [45] arbeiten typischerweise auf Basis von Ähnlichkeiten und identifizieren zusammenhängende, mit Datenpunkten dicht bevölkerte Regionen im Eingaberaum als Cluster. Da diese Verfahren die Cluster nicht explizit darstellen, werden sie insbesondere dann bevorzugt eingesetzt, wenn die zu entdeckenden Cluster unregelmäßige Formen aufweisen.

### Konnektionistische Verfahren

Die konnektionistischen Verfahren umfassen alle Varianten (künstlicher) *neuronaler Netze,* deren Grundideen älter sind als das maschinelle Lernen als Disziplin selbst. Der Begriff *konnektionistische Verfahren* erklärt sich dadurch, dass ein neuronales Netz aus vielen

miteinander verknüpften Neuronen besteht. Unter Berücksichtigung vorgegebener Netzwerkarchitekturen verarbeiten diese mit vorgegebenen Funktionen Eingaben zu Ausgaben
(Sprachbias). Als Eingabe eines Neurons wird typischerweise die gewichtete Summe aller
vorgelagerten, oder allgemeiner aller mit einem Neuron verbundenen Neuronen verwendet.
Im Lernprozess eines neuronalen Netzes werden letztlich diese Gewichte so optimiert, dass
möglichst die gewünschten Ausgaben erzielt werden. Die Kernidee für die Anpassung der
Gewichte beruht auf dem Prinzip der sogenannten *Backpropagation* [151]. Mit einer Loss-
Funktion wird im überwachten Fall der Unterschied zwischen aktueller und angestrebter
Ausgabe als Fehler eines neuronalen Netzes als Modell (Repräsentation) bewertet (Eva-
luierung). Schicht für Schicht beginnend mit der Ausgabeschicht rückwärts die Gewichte
angepasst, sodass die Fehler iterativ minimiert werden (Optimierung).

Während bei symbolischen und Bayes'schen Verfahren Wissensfragmente explizit einzelnen Komponenten im Modell zugeordnet werden können, was die Verständlichkeit und
Nachvollziehbarkeit bei der Anwendung erhöht, ist die Speicherung von Wissen bei konnektionistischen Ansätzen implizit und im Allgemeinen deutlich schwerer nachzuvollziehen
oder innerhalb eines Netzes zu verorten, denn es handelt sich in der Regel um eine verteilte
Speicherung des Wissens.

Die aktuell extrem große Aufmerksamkeit haben neuronale Netze im Gewand von *Deep
Learning* erhalten. Damit werden letztlich neuronale Netze bezeichnet, die viele Schichten
haben und dadurch *tief* (engl. *deep*) im Vergleich zu ersten Architekturen mit nur wenigen
Schichten sind. Insbesondere durch große verfügbare Datenmengen und große Fortschritte
in der Rechenleistung in Verbindungen mit Weiterentwicklungen der zugrunde liegenden
Algorithmen ist es möglich geworden, tiefe neuronale Netze erfolgreich zu trainieren. Dies
zeigt sich insbesondere in beeindruckenden Leistungen im Kontext der Sprach- und Bildverarbeitung, die selbst den Menschen übertreffen können. Neuronale Netze und ausgewählte
Deep-Learning-Ansätze für Anwendungen aus dem Bereich Natural Language Processing
werden im Detail in Kap. 4 behandelt.

**Evolutionäre Verfahren**
Evolutionäre oder auch genetische Verfahren beruhen auf der Annahme, dass ein Lernprozess durch natürliche Selektion zustande kommt. Dieser Lernprozess wird mit einer großen
Menge an Modellen, in diesem Zusammenhang als *Population* bezeichnet, durch Veränderung der Modellstrukturen und Auswahl der besten Strukturen im Computer simuliert.
Während konnektionistische Verfahren von einer festen Struktur ausgehend nur die Parameter innerhalb der Struktur optimieren, wird bei evolutionären Ansätzen die Struktur selbst
optimiert.

## 3.4     Herausforderungen und Erfolgsfaktoren

*If you torture the data long enough, it will confess to anything. – Ronald H. Coase*

Das Zitat von Ronald Coase, einem britischen Nobelpreisträger für Wirtschaftswissen-
schaften, besagt, dass Daten und Statistiken stets so manipuliert werden können, dass jede
gewünschte Aussage damit gestützt werden kann. Übertragen auf moderne Data-Science-
Lösungen und Machine-Learning-Ansätze lässt sich dies erweitern: Mit entsprechender
Datenaufbereitung lassen sich in allen Daten beliebige Muster finden und Modelle aus den
Daten ableiten, wenn nur lange genug gesucht wird. Da die Suche automatisiert erfolgt, also
für den Menschen praktisch mühelos, muss nur genug Rechenleistung und Zeit dafür eingesetzt werden. Bei den entdeckten Mustern und entwickelten Modellen besteht allerdings die
große Gefahr, dass sie nur zufällige Eigenarten der Trainingsdaten widerspiegeln und nicht
allgemeingültig sind. Entsprechende Modelle können deshalb nicht bedenkenlos auf neue
Situationen, also neue Daten, angewendeten werden, da sie oftmals nicht in der Lage sind,
zu generalisieren. Das Erkennen und Vermeiden dieses Overfittings ist eines der zentralen
Herausforderungen beim Lernen aus Daten.

Auch wenn Overfitting das bekannteste Problem ist, es ist dennoch nur ein Beispiel
dafür, warum ein Analyseprojekt – in unserem KI-Kontext ausschließlich die Erstellung
von Modellen mittels maschineller Lernverfahren – in der Anwendung scheitern kann. Für
eine erfolgreiche Durchführung und Umsetzung von Analyseprojekten haben sich gerade in
den Bereichen Data Mining und Data Science Vorgehensmodelle etabliert, die die Erfolgs-
wahrscheinlichkeit insbesondere durch die Berücksichtigung fachlicher und methodischer
Aspekte zusätzlich zu den eher technischen Themen rund um die Daten und Lernverfahren
deutlich steigern können. Im Folgenden werden zwei Vorgehensmodelle kurz vorgestellt.
Sie dienen anschließend als Basis für die weitere Darstellung zentraler Aspekte in Form
einer *Machine-Learning-Pipeline.* Abschließend wird der Einfluss von Daten, Lernverfahren und dem *Feature Engineering* im Rahmen der Datenbereitstellung auf den Lernerfolg
beleuchtet und aufgezeigt, wie diese Faktoren sich mit Blick auf Deep-Learning-Ansätze
verändern.

### 3.4.1    Erfolgsfaktor Vorgehensweisen

**Vorgehensmodelle für Analyseprojekte**
Ein standardisiertes *Vorgehensmodell* (engl. *process model*) erleichtert den Einstieg in die
Durchführung von Analyseprojekten und kann die Durchführung beschleunigen.[3] Es hilft

---

[3] Der Begriff *Modell* wird in vielen Fachbereichen und insbesondere in der Informatik häufig verwendet und ist völlig überladen. An dieser Stelle sind Modelle im Sinne von *Machine-Learning-Modellen,*
die für uns eine Eingabe in eine gewünschte Ausgabe transformieren, zu unterscheiden von *Vorge-*

bei der Planung, Strukturierung und Verwaltung der erforderlichen Aktivitäten und erhöht die Validität und Verlässlichkeit. Zusätzlich erleichtern Vorgehensmodelle die Dokumentation und somit die Nachvollziehbarkeit, Wiederholbarkeit und Wiederverwendbarkeit tatsächlich durchgeführter Verarbeitungsschritte und Entscheidungen. Es sollte nicht nur dokumentiert werden, was am Ende erfolgreich war und umgesetzt wurde, sondern auch Wege, die nicht zum Erfolg führten. Dies kann in späteren Iterationen sehr viel Arbeit und somit Zeit und Kosten sparen. Letztlich hilft ein gemeinsames Verständnis über den allgemeinen Ablauf einer Datenanalyse bei der Kommunikation zwischen allen beteiligten Parteien. Viele Vorgehensmodelle stammen ursprünglich eher aus den Bereichen Data Mining oder Data Science, haben aber längst auch Einzug in die Machine-Learning-Community gehalten und werden daher bei der Durchführung von Analyseprojekten jeglicher Art regelmäßig eingesetzt. [94]

Ein sehr weit verbreitetes und ausgereiftes Vorgehensmodell ist der *Cross Industry Standard Process for Data Mining,* kurz CRISP-DM [164]. Es bricht ein Analyseprojekt hierarchisch auf vier Abstraktionsebenen herunter. Auf der obersten Ebene wird der Analyseprozess, wie in Abb. 3.9 dargestellt, durch sechs Phasen vollständig abgedeckt. Im Vergleich zu ersten Vorgehensmodellen in dem Bereich wird insbesondere die Einbettung in den Unternehmenskontext ausgehend von einer fachlichen Zielsetzung bis hin zur Anwendung der Ergebnisse berücksichtigt. Für eine detaillierte Beschreibung sei auf die ausführlichen Dokumentationen verwiesen [22]. Die CRISP-DM-Phasen der ersten Ebene sind zwar noch immer relevant, allerdings wird oft bemängelt, dass Aspekte wie die Datenbeschaffung, die IT-Infrastruktur oder die Berücksichtigung unterschiedlicher Rollen im Projekt nicht in angemessenem Umfang berücksichtigt werden.

Das Vorgehensmodell DASC-PM kann als eine Weiterentwicklung klassischer Vorgehensmodelle aufgefasst werden. Es wurden sieben *Schlüsselbereiche* identifiziert (siehe Abb. 3.10). Neben den aus anderen Vorgehensmodellen etablierten Bereichen Daten, Analyseverfahren und Nutzbarmachung (engl. *deployment*) kommt die nachgelagerte Nutzung als eigenständige Phase und Schlüsselbereich sowie die übergreifenden Schlüsselbereiche Domäne, IT-Infrastruktur und Wissenschaftlichkeit hinzu. Damit werden gezielt Aspekte stärker berücksichtigt, die durch die Weiterentwicklung des Fachbereichs mit der Zeit an Bedeutung gewonnen haben. Insbesondere basierend auf Erfahrungen vieler Expertinnen und Experten wurden etablierte Aufgaben und Arbeitsschritte etwas kompakter zu übergeordneten Projektphasen zusammengefasst, wie in Abb. 3.11 dargestellt. Zusätzlich werden zu allen Phasen typische Aufgaben erläutert sowie relevante Projektrollen und benötigte Kompetenzen beschrieben. Für eine detaillierte Beschreibung des Vorgehensmodells mit seinen Schlüsselbereichen, Phasen und den identifizierten Rollen sei auch hier auf die ausführliche Dokumentation verwiesen [162].

---

*hensmodelle,* die uns Menschen bei der Durchführung von Analyseprojekten helfen, deren Ziel oft die Anwendung von Machine-Learning-Verfahren, also Lernverfahren, zur Erstellung von Modellen aus Daten ist. Es geht hier also (noch) nicht um ein Modell, das eine eigenständige Durchführung eines Analyseprojekts beherrscht. Noch sind wir als Menschen, die die Analyseprojekte steuern. Allerdings nimmt dabei der Automatisierungsgrad stetig zu.

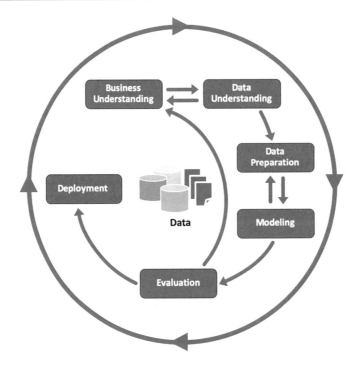

**Abb. 3.9** CRISP-DM zählt zu den bekanntesten Vorgehensmodellen für Analyseprojekte, dargestellt. (Aus [94] in Anlehnung an [22])

**Abb. 3.10** Im Bereich Data
Science ist mit DASC-PM ein
weiterentwickeltes
Vorgehensmodell entstanden,
das die sieben dargestellten
Schlüsselbereiche
identifiziert [162]

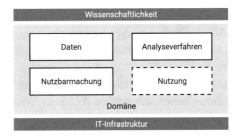

Nachfolgend sollen kurz die Aufgaben der zentralen DASC-PM-Phasen mit Fokus auf fachliche und analytischen Aspekte sowie der Verbindungen zu entsprechenden CRISP-DM-Phasen dargestellt werden:

**Projektauftrag.** DASC-PM legt einen starken Fokus auf die Initiierung eines Projektes unter Berücksichtigung von Fallstudien sowie Eignungsprüfung und Sicherstellung der Umsetzbarkeit. Letztlich finden sich bei der Projektausgestaltung gerade in Verbindung mit dem Fachwissen, das im Schlüsselbereich Domäne explizit formuliert ist, Aspekte wieder, die bei CRISP-DM in der Business-Understanding-Phase zum Ausdruck kom-

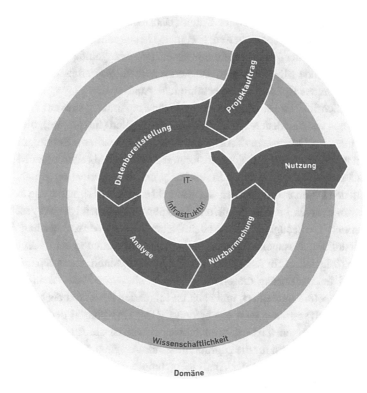

**Abb. 3.11** Im Bereich Data Science ist mit DASC-PM ein weiterentwickeltes Vorgehensmodell für Analyseprojekte entstanden, hier in der Version 1.1 dargestellt [162]

men. Dort wird betont, dass der fachliche Kontext und die Rahmenbedingungen des Anwendungsszenarios verstanden und die fachlichen Anforderungen und Ziele mit angemessenen Erfolgskriterien bestimmt werden sollen. Für diese müssen entsprechende Kennzahlen für die Evaluierung der Analyseergebnisse festgelegt werden. Ein zentraler Schritt ist die Abbildung der fachlichen Ziele auf die oben eingeführten kanonischen Aufgabentypen. Für die Lösung einer fachlichen Problemstellung kann auch eine Kombination mehrerer Aufgabentypen erforderlich sein.

**Datenbereitstellung.** Für die Analysephase muss eine gesicherte Datenmenge zur Verfügung stehen. Die *Datenbereitstellung* umfasst alle Aspekte von der Beschaffung der notwendigen Rohdaten, über die Überprüfung und Speicherung bis zur Aufbereitung, was im Grunde die beiden CRISP-DM-Phasen *Data Understanding* und *Data Preparation* betrifft. Zusätzlich greift sie allerdings mit der expliziten Beschaffung und Speicherung unter Berücksichtigung angrenzender Schlüsselbereiche wie Domäne und IT-Infrastruktur auch Aspekte auf, die in CRISP-DM gar nicht oder nur am Rande erwähnt werden.

Ein grundlegendes Verständnis der Daten (Data Understanding) durch Methoden der explorativen Datenanalyse soll helfen, geeignete Datenquellen zu identifizieren und deren Qualität bezüglich der Analyseziele einzuschätzen. Mangelnde Datenqualität und oftmals unzureichende Möglichkeiten, diese entscheidend zu verbessern, stellen in vielen Projekten ein hohes Risiko für eine erfolgreiche Analyse dar.

Elementare Schritte der Datenaufbereitung (Data Preparation) sind das Zusammenfügen von Daten aus verschiedenen Tabellen oder Datenquellen (Integration), die Auswahl der zu verwendenden Datensätze (Zeilen) und Merkmale (Spalten), Bereinigung, Transformationen wie Aggregationen, Normalisierungen oder das Ableiten neuer Merkmale und die Formatierung. Während durch Bereinigung und Transformation semantische Änderungen an den Daten vorgenommen werden, geht es bei der Formatierung ausschließlich um Änderungen syntaktischer Natur, um die Daten entsprechend den vorgesehenen Lernverfahren und Werkzeugen aufzubereiten. Neben diesen eher technischen Aspekten ist die Bereitstellung aussagekräftiger Merkmale, das sogenannte *Feature Engineering* ein zentraler Erfolgsfaktor für Analyseprojekte, den wir unten in einem separaten Abschnitt darstellen. Die Ausführung dieser stark automatisierbaren Prozessschritte wird oft in Form einer *Pipeline* modelliert, und auch im folgenden Abschnitt als solche dargestellt.

**Analyse.** Die Analyse-Phase fasst die beiden CRISP-DM-Phasen der Modellierung und Evaluierung zusammen. Ziel der Modellierungsphase ist die Auswahl und Anwendung geeigneter Lernverfahren für die zugrundeliegende Aufgabe. Schließlich sollte bereits in dieser Phase eine Bewertung der Analyseergebnisse, insbesondere zur Vermeidung der Überanpassung eines Modells erfolgen (siehe unten). Eine Evaluierung unter Berücksichtigung des Anwendungskontexts und der fachlichen Fragestellung findet im Nachgang statt.

Da es je nach Analyseaufgabe nicht das eine Lernverfahren gibt, das konsistent bei allen Anwendungen das beste ist[4], müssen geeignete Modellklassen und Lernverfahren ausgewählt werden. Diese Aufgabe ist auch als *Model Selection* bekannt. Bei der Auswahl gibt es neben der eigentlichen Analyseaufgabe verschiedene wichtige Einflussfaktoren, wie die Beschaffenheit der Daten, die Verfügbarkeit von Lernverfahren in entsprechenden Analyse-Werkzeugen und letztlich die Erfahrung der Machine-Learning-Experten und Expertinnen.

Empfehlenswert ist es, anfangs als *Benchmark* oder sogenannte *Baseline* einfache Lernverfahren zu verwenden, deren Funktionsweise gut verstanden wird. Komplexere Lernverfahren können später zum Einsatz kommen, wenn mehr Verständnis für das vorliegende Problem mit seinen Daten aufgebaut wurde und die erreichte Qualität der Ergebnisse nicht genügt. Komplexere Lernverfahren haben oft auch mehr Stellschrauben (Hyperparameter), die bei falscher Wahl zu deutlich schlechteren Ergebnissen führen können als einfache Lernverfahren [38]. Häufig werden nicht mehr nur einzelne Modelle

---

[4] David Wolpert hat gezeigt, dass es ohne jegliche Annahmen bezüglich der Daten, keinen Grund gibt, warum ein Modell einem anderen vorgezogen werden sollte. Dies ist als Variante des *No-Free-Lunch-Theorems* bekannt [192].

als Ergebnis verwendet, sondern sogenannte *Model Ensembles.* Wie bei einem Expertengremium soll die Kombination mehrerer Meinungen (Ergebnisse) im Mittel deutlich treffendere Resultate ergeben. Unterschiedliche Ansätze, wie z. B. *Bagging* oder *Boosting,* erreichen durch gezielte Variation der Trainingsdaten mit demselben Lernverfahren unterschiedliche Ergebnisse, die kombiniert werden können [38]. Aber auch die Kombination von Ergebnissen verschiedener Lernverfahren kann vorteilhaft sein, da jedes Verfahren Stärken in unterschiedlichen Lernsituationen haben kann. Genügt wenigstens ein Modell (oder Modell-Ensemble) den gesteckten Erwartungen, wird das gemäß vorgegebenen Kriterien beste Modell zur Evaluierung an die nächste Phase weitergegeben. In der Einleitung zu diesem Abschnitt haben wir bereits erwähnt, dass sich in nahezu allen Datenbeständen auffällige Muster oder, für uns relevanter, Modelle finden lassen, wenn nur intensiv genug gesucht wird – selbst wenn die zugrunde liegenden Daten zufällig erzeugt wurden. Diese Muster oder Modelle können sogar statistisch signifikant sein. Statistische Signifikanz ist oft bedeutsam, geht aber nicht zwingend mit Relevanz und Anwendbarkeit für ein Unternehmen einher. Im folgenden Abschnitt beschreiben wir etablierte Vorgehensweisen zur Überprüfung der Leistungsfähigkeit von Vorhersagemodellen. Aber auch eine geeignete fachliche Evaluierung ist essenziell, bevor ein Analyseergebnis zur Lösung einer fachlichen Fragestellung kommuniziert und zur Anwendung gebracht werden sollte. Dabei soll der Nutzen der Analyseergebnisse im Kontext der Anwendung und letztlich die Auswahl des Modells (oder des Modell-Ensembles) erfolgen, das die Aufgabe unter Berücksichtigung der Erfolgskriterien am besten löst.

**Nutzbarmachung.** Nutzbarmachung (engl. *deployment*) bedeutet die Überführung der Analyseartefakte in eine direkt anwendbare Form. Die Nutzbarmachung hängt somit eng mit der angestrebten Art der Nutzung zusammen. Die Spannbreite der möglichen Nutzung kann von einem einmaligen Erkenntnisgewinn durch Interpretation und Verstehen der Ergebnisse über eine einmalige eher manuelle Anwendung eines Vorhersagemodells auf einen ausgewählten Datenbestand bis hin zur regelmäßigen automatischen Anwendung durch Integration in die betroffenen Geschäftsprozesse in einem geordneten operativen Betrieb erfolgen. Geht es nur um einen Erkenntnisgewinn, mag eine zielgruppengerechte Aufbereitung der Analyseergebnisse in Form von Berichten und Präsentationen ausreichen. Für eine Integration von Vorhersagemodellen in bestehende Geschäftsprozesse ist jedoch ein geordnetes Vorgehen mit Überprüfung durch entsprechende Tests wichtig, denn die Evaluierung in der Analysephase kann nur fachlich sicherstellen, dass die Analyseergebnisse die gewünschten Ergebnisse erreichen können.

**Nutzung.** Der operative Betrieb nach Integration der Vorhersagemodelle in relevante Geschäftsprozesse gewinnt zunehmend an Bedeutung, insbesondere durch einen steigenden Automatisierungsgrad bei Modellerstellung und Nutzbarmachung. Bei einer regelmäßigen Anwendung sollte eine Überwachung (Monitoring) der Leistungsfähigkeit eingesetzter Vorhersagemodelle erfolgen, um auf Veränderungen im Anwendungskontext oder der Umwelt gezielt reagieren zu können. Bei einer signifikanten Verschlechterung der Leistungsfähigkeit eingesetzter Vorhersagemodelle sollte deren Einsatz beendet oder eine Anpassung veranlasst werden. Dies drückt sich explizit durch die Forderung nach einem geeigneten Management des Lebenszyklus von Modellen aus *(Model Life-Cycle Management)*. Wenn auch die Anwendung oder Nutzung der Analyseergebnisse in einem operativen Betrieb zwar nicht mehr einem Analyseprojekt selbst zuzuordnen ist, so gilt dies doch für das Monitoring, welches bei CRISP-DM als Teil der Deployment-Phase geführt wird.

### 3.4.1.1 Machine-Learning-Pipeline

Vorgehensmodelle wie CRISP-DM oder DASC-PM betonen den interaktiven Charakter bei der Durchführung von Analyseprojekten und heben die Rolle der Menschen im Prozess deutlich hervor. Die Durchführung von Data-Science-Projekten erfolgt daher meist *semi-automatisch* [162]. Für die Entwicklung und Ausführung mit dem Ziel des Erkenntnisgewinns für den Menschen ist dies nachvollziehbar und wichtig [94]. Die Bedeutung des Verständnisses von Anwendung, Problemstellung und Daten steht oft so stark im Vordergrund, dass etwa bei CRISP-DM der technische Aspekt des Zugriffs auf die Daten und deren Integration als Aufgabe selbstverständlich eine Rolle spielt, aber in der Benennung und Darstellung der Phasen in den Hintergrund rückt.

Ziel des maschinellen Lernens ist jedoch die Automatisierung der Programmerstellung für eine konkrete Aufgabe. Damit geht ein verstärkter Fokus auf die operative Durchführung der technischen Prozessschritte bis zu deren Automatisierung einher. Nicht als Alternative zu CRISP-DM oder DASC-PM, sondern lediglich als eine Form der Instanziierung der eher technischen und daher leichter automatisierbaren Schritte, die nach der Projektinitiierung und dem Verständnis des fachlichen Hintergrundes und den Daten folgen und somit insbesondere von einer festgelegten Aufgabe ausgehen, wird hier ein vereinfachtes Machine-Learning-Vorgehensmodell eingeführt. Wegen seines Fokus auf den Datenfluss und die Analyseergebnisse (Modelle) kann es auch als *Machine-Learning-Pipeline* bezeichnet werden (siehe Abb. 3.12) [94].

Unter der Annahme, dass die Aufgabe bekannt und klar definiert ist, beginnt das Machine-Learning-Vorgehensmodell direkt mit dem Zugriff auf die Datenquellen und der Extraktion relevanter Inhalte *(Data Ingestion)*. Da oftmals mehrere Datenquellen für eine Aufgabe

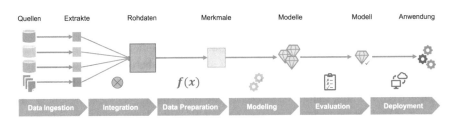

**Abb. 3.12** Machine-Learning-Pipeline mit Fokus auf Datenfluss, Modellerstellung und Modellanwendung aus Basis der leichter automatisierbaren Phasen bekannter Vorgehensmodelle für Analyseprojekt. (In Anlehnung an [94])

relevant sind, muss der Integration ausgewählter Daten zu den Rohdaten für eine Analyseaufgabe eine größere Bedeutung zugeschrieben werden. Dem wird mit der expliziten Aufnahme der Integration als zweite Phase Rechnung getragen. Die ersten beiden Schritte sind bei CRISP-DM teilweise implizit in der Data-Understanding-Phase enthalten. Danach schließen mit der Aufbereitung der Rohdaten zu den relevanten Merkmalen im Kontext der Aufgabe *(Data Preparation)*, der Modellerstellung *(Modeling)* sowie der Evaluierung der Modelle *(Evaluation)* und Nutzung als geeignet eingestufter Modelle *(Deployment)* die bekannten CRISP-DM-Phasen an, wobei hier der Fokus auf den technischen Aufgaben dieser Phasen liegt.

## 3.4.2 Overfitting erkennen und vermeiden

Wie bereits erläutert ist eine der größten allgemeinen Herausforderungen beim maschinellen Lernen das Problem der Überanpassung. Im Gegensatz dazu kommt das Underfitting zwar auch regelmäßig vor, ist aber meist offensichtlich: Da Modelle, deren Leistungsfähigkeit nicht ausreichend ist, selten zum Einsatz kommen, ist dieses Problem in der Praxis nur relevant, um zu erkennen, dass komplexere Modelle erzeugt werden müssen. Es wird daher deutlich seltener explizit angesprochen.

**Overfitting bei den verschiedenen Lernformen**
Beim Lernen aus Daten stellt das Overfitting sicherlich das größte Risiko für einen erfolgreichen operativen Einsatz dar. Wenn ein Vorhersagemodell mit den Trainingsdaten deutlich besser funktioniert als mit neuen Daten, dann hat es zufällige Eigenarten der Daten (Rauschen, engl. *noise*) anstatt der zugrundeliegenden Zusammenhänge (das eigentliche Signal) gelernt. Das Erkennen und Vermeiden von Overfitting ist eine fundamentale Herausforderung bei jeglicher Form des Lernens aus Daten bei praktisch jedem Lernverfahren. Daher werden wir typische Vorgehensweisen dazu im folgenden Abschnitt vorstellen.

Abb. 3.13 (links) zeigt, wie Overfitting beim überwachten Lernen durch eine deutlich schlechtere Leistungsfähigkeit eines Modells bei neuen Daten im Vergleich zur Leistung bei den Trainingsdaten identifiziert werden kann. Das Modell berücksichtigt zu viele Besonderheiten der Trainingsdaten und beginnt, die Trainingsdaten auswendig zu lernen. Damit ist es nicht in der Lage, auf unbekannte Daten zu generalisieren. Die Fähigkeit der Generalisierung ist aber genau das, worauf es ankommt, denn zum Auswendiglernen benötigt man keine maschinellen Lernverfahren, das können Computer auf herkömmliche Art und Weise ausgezeichnet.

Wenn die Trainingsmenge zu klein im Verhältnis zur Modellkomplexität ist, kommt es ebenfalls schnell zum Overfitting. Abb. 3.13 (rechts) zeigt die Güte eines Modells, das bei sehr kleiner Trainingsmenge diese praktisch auswendig lernt. Mit zunehmender Größe der Trainingsmenge hat ein Modell bei gleichbleibender Komplexität immer weniger Kapazität, um Trainingsdaten auswendig zu lernen. Dies erkennt man an der Verringerung der Güte auf

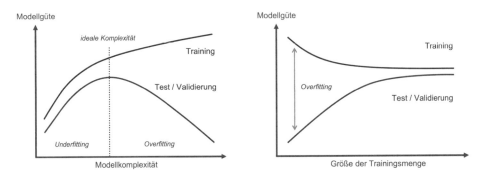

**Abb. 3.13** Underfitting und Overfitting in Abhängigkeit der Modellkomplexität (links) und Overfitting bei zu wenig Trainingsdaten (rechts). (In Anlehnung an [94])

den Trainingsdaten. Gleichzeitig wird das Modell gezwungen, die echten Zusammenhänge in den Daten zu lernen, sodass es zunehmend besser generalisieren kann. Dies zeigt sich in steigender Güte auf den Testdaten. Entsprechende, zumindest gleichbleibende Datenqualität vorausgesetzt, sind mehr Daten immer besser und können Overfitting verhindern.

Das Problem des Overfittings wird primär im Kontext des überwachten Lernens diskutiert. Dies ist nachvollziehbar, da dort die Anwendung der Modelle auf neue Daten im Vordergrund steht und sich mangelnde Generalisierungsfähigkeit als Konsequenz des Overfittings unmittelbar auswirkt. Dennoch sei erwähnt, dass gewisse Formen des Overfittings auch bei anderen Lernformen identifiziert werden können. Beim unüberwachten Lernen können rein zufällige Strukturen entdeckt werden. Wenn bei wiederholter Anwendung eines Lernverfahrens auf geringfügig variierten Trainingsdaten jeweils sehr unterschiedliche Strukturen entdeckt werden, dann handelt es sich um eine Form des Overfittings. Beim partitionierenden Clustering mit dem k-Means-Verfahren, beispielsweise, schneiden Clusterergebnisse mit steigender Clusteranzahl im Mittel immer besser ab. Begrenzte man die Komplexität, in diesem Fall die Anzahl der Cluster, die gefunden werden sollen, nicht manuell, so käme bei der Suche nach der besten Clusteranzahl stets die Anzahl der Datenpunkte heraus, da die Summe aller Abstände von den Datenpunkten zum jeweils nächstgelegenen Clusterzentrum dann stets 0 ist. Diese vermeintlich perfekte Lösung ist jedoch unnütz, da keine echte Gruppierung vorliegt. Es handelt sich um eine Form des Overfittings. Auch beim bestärkenden Lernen kann es zum Overfitting kommen. Wenn ein Agent etwa aufgrund eines Fehlers in der Modellierung der Umwelt eine Abkürzung entdeckt und dadurch sehr große Belohnungen erhält oder wenn der Anreiz zur Erkundung neuer Wege zu gering ist, kann es sein, dass die erlernten Strategien nicht ausreichen, um in neuen Situationen zu bestehen.

Wir haben das maschinelle Lernen als Suche nach optimalen Modellparametern charakterisiert. Die Suche kommt oft einem ständigen Bewerten und Vergleichen von Zusammenhängen oder Hypothesen gleich und stellt dann eine Form des *multiplen Testens* dar. Somit sind vermeintlich bedeutungsvolle Zusammenhänge in den Daten, die die Modelle darstellen, nicht selten nur Schein. Nicht ohne Grund werden Anwendungen dieser Art von Statistikern oft abfällig als *Data Dredging* oder *Data Snooping* bezeichnet. Besondere Vorsicht ist deshalb stets geboten, falls bei den zugrundeliegenden Zusammenhängen tatsächlich auf Kausalität geschlossen werden soll. Dagegen lässt sich einwenden, dass diese Modelle dennoch angewendet werden können, wenn sie zu sinnvollen Ergebnissen führen. Denn alle Modelle sind falsch, aber manche sind nützlich, hat schon der bekannte Statistiker George Box festgehalten:

> Essentially, all models are wrong, but some are useful. – *George E. P. Box*

In der Statistik gilt es als gesichertes Vorgehen, die Signifikanz einer Aussage zu belegen und dann mit entsprechendem Vertrauen Entscheidungen daraus abzuleiten. Ein grundlegend anderes Konzept sieht die Verwendung unabhängiger Daten, die nicht als Trainingsdaten für die Modellanpassung verwendet wurden, für die Evaluierung vor. Die im Folgenden vorgestellten Vorgehensweisen sind so weit verbreitet in Machine-Learning-Projekten, dass sie als analytische Entwurfsmuster bezeichnet werden können.

**Aufteilung der Daten in Trainingsdaten, Validierungsdaten und Testdaten**

Ein zwar einfaches, aber fundamentales Konzept für die Bewertung der Generalisierungsfähigkeit von Modellen besteht darin, Daten zu verwenden, die während der Modellerstellung in keiner Form verwendet werden dürfen. Dies führt in der Regel zu einer Aufteilung der verfügbaren Daten in Trainingsdaten, Validierungsdaten und Testdaten. Als *Testdaten* werden die Daten bezeichnet, die vor der Modellierungsphase und unter Umständen auch schon vor den Transformationsschritten der Datenaufbereitung zum Zwecke der späteren Evaluierung zur Seite gelegt werden. Daten, die während der Modellierungsphase zur Bewertung und Auswahl von Modellen und Parametern der Lernverfahren (sogenannte *Hyperparameter*) verwendet werden, bezeichnet man dagegen als *Validierungsdaten*. Warum sind überhaupt neben den Trainingsdaten und Testdaten die Validierungsdaten als dritte Menge notwendig? Sowohl bei den Testdaten also auch bei den Validierungsdaten geht es um dasselbe Prinzip: Messung der Leistungsfähigkeit mit Daten, die nicht unmittelbar zur Modellanpassung verwendet wurden. Das führt gelegentlich dazu, dass die Begriffe *Test* und *Validierung* nicht immer einheitlich und konsistent verwendet werden. Eine Unterscheidung ist jedoch wichtig, denn konzeptionell besteht dabei ein entscheidender Unterschied: Durch das sogenannte Hyperparameter-Tuning werden wiederholt Modelle erstellt, die während des Lernvorgangs potenziell vielfach auf Basis der Validierungsdaten bewerten werden. Auch wenn die Modellanpassung jeweils nur auf Basis der Trainingsdaten selbst erfolgt. Durch die wiederholte Validierung während das Lernprozesses werden letztlich Modelle bevorzugt, die bei oft zahlreichen Durchläufen mit verschiedenen Hyperparametern, bei den Validierungsdaten zu einer angemessenen Leistungsfähigkeit führen. Deshalb ist die Gefahr groß, dass durch diesen Vorgang ein Overfitting an die Validierungsdaten stattfindet. An dieser Stelle kommen am Ende die Testdaten zum Einsatz, um erneut die Leistungsfähigkeit mit ungesehenen Daten zu messen.

Was passiert, wenn die Evaluierung des ausgewählten Modells auf den Testdaten ergibt, dass die Leistungsfähigkeit nicht ausreicht? Bei wiederholter Durchführung dieser Trainings-Validierungs-Test-Zyklen kann es so letztlich sogar zu einem Overfitting an die Testdaten kommen.

**Kreuzvalidierung**

Die Aufteilung der insgesamt verfügbaren Daten in Trainingsdaten für die Modellerstellung, Validierungsdaten für die Modellauswahl sowie die Optimierung von Hyperparametern und Testdaten für die abschließende Evaluierung geht sehr verschwenderisch mit Daten um. Wenn die Menge verfügbarer Daten sehr groß ist, mag dies unerheblich sein. Gleichzeitig ist andererseits bekannt, dass sich, je größer die Datenmenge ist, immer besser daraus lernen lässt [61]. Dementsprechend sollte die Trainingsmenge möglichst groß sein.

Durch Kreuzvalidierung kann dem Problem einer zu kleinen Datenmenge bzw. dem Problem der Datenverschwendung für die Validierung begegnet werden. Bei der $k$-fachen Kreuzvalidierung werden die Trainingsdaten in $k$ möglichst gleich große Datenmengen partitioniert. Es wird dann $k$ mal aus $k$-$1$ Datenmengen ein Modell erstellt und jeweils mit der übrig gebliebenen Menge evaluiert. Abb. 3.14 zeigt dies für $k$=$5$ Partitionen. Die Validierungsmengen sind zwar vergleichsweise klein und die Varianz der darauf gemessenen Modellgüte ist nicht unerheblich, aber der Mittelwert der $k$ Wert für die Modellgüte stellt in der Praxis meist einen sehr verlässlichen Schätzwert für die zu erwartende Modellgüte auf neuen Daten dar. Abb. 3.15 zeigt den Datenfluss während der Datenaufbereitung, Modellierung und Evaluierung unter Berücksichtigung der Aufteilung in Trainings- und Testdaten zu Beginn und der Verwendung von Kreuzvalidierung auf Basis der insgesamt zum Training bereitgestellten Daten nach der Aufteilung in Trainings- und Testdaten.

Nach der Kreuzvalidierung erhält man in den meisten Fällen eine recht gute Abschätzung der auf neuen Daten zu erwartenden Leistungsfähigkeit eines Vorhersagemodells. Was man allerdings nicht hat, ist ein Vorhersagemodell, das in der Folge tatsächlich direkt verwendet werden kann. Stattdessen hat man $k$ Modelle, von denen eines ausgewählt werden müsste,

| Validierung | Training | Training | Training | Training | $\longrightarrow$ | Güte$_1$ |
| Training | Validierung | Training | Training | Training | $\longrightarrow$ | Güte$_2$ |
| Training | Training | Validierung | Training | Training | $\longrightarrow$ | Güte$_3$ |
| Training | Training | Training | Validierung | Training | $\longrightarrow$ | Güte$_4$ |
| Training | Training | Training | Training | Validierung | $\longrightarrow$ | Güte$_5$ |

Ø Güte

**Abb. 3.14** Aufteilung und Verwendung der Daten bei einer Kreuzvalidierung mit k = 5 Partitionen. Der Durchschnitt der einzelnen Gütewerte ist der Schätzwert für die zu erwartende Güte des Modells bei bislang ungesehenen Daten. (In Anlehnung an [94])

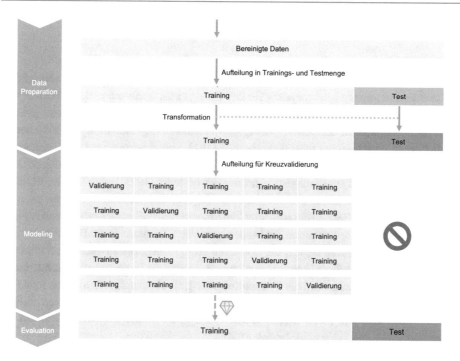

**Abb. 3.15** Damit die zu erwartende Leistungsfähigkeit eingeschätzt und Overfitting erkannt werden kann, erfolgt eine Aufteilung der verfügbaren Daten in Trainings- und Testdaten. Die Testdaten dürfen bei der Modellerstellung und Modellauswahl nicht verwendet werden. (In Anlehnung an [94])

wenn man nicht die $k$ Modelle als Ensemble nutzen will. Wenn ein Modell zur tiefergreifenden Evaluierung in die nächste Phase kommen soll, besteht eine andere oft gewählte Möglichkeit darin, abschließend mit den besten Einstellungen (Hyperparametern) auf Basis der kompletten Trainingsdaten ein Modell zu erlernen, das dann in der Evaluierungsphase auf Basis der bislang zurückgehaltenen Testdaten bewertet wird.

**Strategien zur Vermeidung von Overfitting**
Neben der Erkennung stellt die Vermeidung von Overfitting eine wichtige Aufgabe dar. Ein frühzeitiges Beenden des Lernvorgangs oder das Bestrafen unnötiger Komplexität, beispielsweise durch Regularisierung, sind übliche Wege dafür. Die Möglichkeiten zur Vermeidung hängen sehr stark von der Modellklasse ab. Eine genaue Kenntnis und ein Einsatz der Möglichkeiten zur Vermeidung von Overfitting bei den eingesetzten Lernverfahren sind daher essenziell für den Erfolg beim maschinellen Lernen.

### 3.4.3  Zentrale Schlüsselbereiche als Einflussfaktoren

#### 3.4.3.1 Einflussfaktor Lernverfahren

Die Lernverfahren zählen im Kontext von DASC-PM zum Schlüsselfaktor Analysefakto-ren und sind naturgemäß sehr wichtig für den Erfolg eines Analyseprojekts. Vielfach wird die Auswahl der Lernverfahren nicht allein durch ihre Leistungsfähigkeit bestimmt, sondern ergibt sich als Trade-off der Leistungsfähigkeit mit anderen Eigenschaften wie Erklärbarkeit einer Lösung oder Laufzeit und Skalierbarkeit [101]. Selbst bezogen auf die Leistungsfä-higkeit gibt es gemäß Wolperts *No-Free-Lunch-Theorem* kein Lernverfahren, das bei allen Lernaufgaben eines Typs durchgängig immer das beste ist [192]. Daher werden üblicher-weise mehrere Lernverfahren evaluiert, um eine angemessene Lösung zu finden.

Die Forschung im Bereich des maschinellen Lernens beschäftigt sich sehr intensiv mit der Entwicklung neuer Lernverfahren für immer speziellere Lernszenarien. Das bringt immer wieder auch neue Ansätze hervor, die Lösungen ermöglichen, die zuvor kaum realisierbar erschienen. So wichtig diese Fortschritte auch sind, so wird die Bedeutung der Lernverfahren im Vergleich zu den Daten und der Datenaufbereitung oft überschätzt. Zahlreiche Standard-Lernverfahren erreichen bei vielen Problemen eine ähnliche Leistungsfähigkeit und die Bereitstellung und eine Investition in größere Mengen qualitativ hochwertiger Daten und deren Aufbereitung ist oftmals lohnender [64].

#### 3.4.3.2 Einflussfaktor Daten

More data beats clever algorithms, but better data beats more data.[5] – *Peter Norvig*

Möglichst viele qualitativ hochwertige Daten sind ideal, um daraus zu lernen. Welche Pro-bleme und Herausforderungen sich dahinter verbergen, soll an dieser Stelle betrachtet wer-den.

**Datenqualität.** Dass die Qualität der Daten wichtig ist, leitet sich direkt aus dem bekannten *Garbage-In-Garbage-Out-Prinzip* ab. Qualität bezieht sich dabei stets auf den Einsatz-zweck. In vielen Anwendungen stehen allerdings Daten zum Lernen bereit, die für einen anderen Zweck erzeugt und gespeichert wurden. Aus Sicht der Statistik findet daher vielfach eine Sekundäranalyse statt und es muss insbesondere überprüft werden, ob die verfügbaren Daten repräsentativ für die jeweiligen Aufgaben sind. Aber auch andere Qualitätsmerkmale, die für eine geplante Anwendung relevant sind, sollten überprüft werden. Während sich wichtige Qualitätsmerkmale wie Korrektheit oder Genauigkeit ohne Fachkenntnis oder andere Quellen schwer validieren lassen, gehört das Erkennen und Behandeln von Ausreißern und fehlenden Werten zum Pflichtprogramm bei der Datenaufbereitung.

---

5 Dieses bekannte Zitat wird Peter Norvig zugeschrieben und oft verwendet. Eine wissenschaftliche Quelle lässt sich dafür jedoch nicht finden.

Selbst wenn die Daten nur aus einer oder wenigen bekannten und verlässlichen Quellen stammen, ist die Datenqualität oft ein Problem. In einigen Anwendungsbereichen kommen jedoch auch noch Daten aus verteilten Quellen hinzu, deren Glaubwürdigkeit teilweise anzuzweifeln ist. Eine zentrale Herausforderung ist es daher, in diesen Situationen die notwendige Datenqualität zu erhöhen oder zuzusichern.

**Die Menge verfügbarer Daten.** Anwendungen maschineller Lernverfahren in der Praxis haben gezeigt, dass viele Verfahren eine vergleichbare Leistung erreichen können, wenn die Trainingsmenge, gleichbleibende Qualität vorausgesetzt, groß genug ist [8]. Daher muss gut überlegt werden, ob sich Kosten und Aufwand eher für bessere Lernverfahren oder mehr Trainingsdaten lohnen. Sehr viele Trainingsdaten scheinen bei komplexen Lernaufgaben bedeutsamer zu sein als die Lernverfahren [61].

Nun gibt es einige Anwendungen, bei denen beispielsweise durch tägliche Nutzung von Diensten oder Produkten scheinbar unerschöpflich große Datenmengen bereitstehen. Allerdings könnte aus Gründen des Datenschutzes die beliebige Nutzung dieser Daten untersagt sein, sodass sie zur Lösung einer Lernaufgabe nicht zur Verfügung stehen. In anderen Anwendungen wiederum kann die Menge der verfügbaren Daten etwa wegen aufwendiger oder kostenintensiver Bereitstellung stark begrenzt bleiben. So mögen in vielen Anwendungen zwar große Mengen an Beobachtungen vorliegen, aber es fehlen oft Werte der Zielgrößen, um die Daten für überwachte Lernverfahren vollumfänglich nutzen zu können. Diesem Umstand wird, wie oben bereits darstellt, durch moderne Lernformen Rechnung getragen.

### 3.4.3.3 Einflussfaktor Feature Engineering

Insbesondere im wissenschaftlichen Umfeld liegt der Fokus oft auf der Entwicklung von Lernverfahren für unterschiedliche Probleme mit variierenden Anforderungen und Herausforderungen. Bei praktischen Problemen zeigt sich jedoch, dass neben den eigentlichen Lernverfahren die Aufbereitung der für ein Problem relevanten Daten sehr wichtig und zugleich sehr aufwendig ist:

> Coming up with features is difficult, time-consuming, requires expert knowledge. Applied machine learning is basically feature engineering. – *Andrew Ng*

In Abschn. 3.2.1 haben wir beschrieben, dass die Daten Eigenschaften der Objekte unseres Interesses darstellten und auch als *Merkmale* bezeichnet werden. Der Begriff *Merkmal* ermöglicht insbesondere auch eine Abgrenzung zu den *Rohdaten,* die sich auf die Daten in der Form beziehen, wie sie aus der Anwendungsdomäne bereitgestellt werden. Wenn eine Aufbereitung der Rohdaten nicht erforderlich sein sollte, werden diese dennoch bei der weiteren Verwendung als Merkmale bezeichnet.

Gleich nach der Verfügbarkeit einer hinreichend großen Menge qualitativ hochwertiger Daten, hat die Konstruktion aussagekräftiger Merkmale, das sogenannte *Feature Engineering,* eine fundamentale Bedeutung insbesondere beim klassischen maschinellen Lernen [38]. Der Erfolg hängt entscheidend davon ab, ob zur Lösung relevante Merkmale beim Lernen zur Verfügung stehen. Entscheidend dabei ist die Expertise der Menschen im Prozess, die die Merkmale unter Berücksichtigung der Fachdomäne und der Eigenschaften der zur Anwendung vorgesehenen maschinellen Lernverfahren meist manuell konstruieren. In den meisten Projekten wird ein Großteil der Zeit mit dem Feature Engineering verbracht. Dies ist einerseits zeitaufwendig und teuer und verhindert andererseits eine stärkere Automatisierung der Entwicklung und Umsetzung von Machine-Learning-Pipelines. Während das eigentliche Lernen aus Daten nach der Auswahl geeigneter Lernverfahren weitgehend automatisiert ablaufen kann, wenn nicht eine interaktive Form der Modellerstellung zum Erkenntnisgewinn beim Menschen führen soll, so erfordert bislang insbesondere noch die Datenaufbereitung sehr viel fachliches und analytisches Expertenwissen. Automatisierungstechniken können zwar oft mit *roher Gewalt* (engl. *brute force*) zahlreiche Varianten der Verknüpfung und Verarbeitung der Rohdaten zu Merkmalen ausprobieren, allerdings wird dies mit einem deutlich höheren Bedarf an Daten und Hardware-Ressourcen erkauft.

Der Erfolg von *Deep Learning* als Teilbereich des maschinellen Lernens, im Wesentlichen mit vielschichtigen neuronalen Netzen, ist jedoch zum Teil dadurch begründet, dass das Feature Engineering sehr stark automatisiert abläuft. Hier sind die Modelle selbst in der Lage geeignete Repräsentationen, also aussagekräftige Merkmale, automatisch aus den Daten zu lernen. Daher spricht man beim Deep Learning oft auch vom *Representation Learning*. Allerdings wird auch diese Fähigkeit mit einem deutlichen höheren Bedarf an Ressourcen, also mehr Daten und mehr Rechenleistung erkauft. So kann festgehalten werden, dass auch Deep-Learning-Ansätze von manuell konstruierten Merkmalen profitieren, wenngleich die Notwendigkeit dafür abnimmt. Deep-Learning-Ansätze haben in aktuellen Lösungen derart große Bedeutung erlangt, dass wir wesentliche Aspekte im folgenden Kapitel darstellen.

# Deep Learning

4

**Zusammenfassung**

Deep Learning verschiebt immer weiter die Grenzen dessen, was wir im Kontext der Künstlichen Intelligenz für möglich gehalten haben. Doch was genau steckt hinter dieser Deep-Learning-Revolution? Dieses Kapitel gibt einen Einblick in die Funktionsweise und den Aufbau künstlicher neuronaler Netze als den grundlegenden Baustein aller Deep-Learning-Ansätze. Die Vielzahl an Deep-Learning-Modellen in Veröffentlichungen und als Treiber in angebotenen Diensten und Produkten und deren Möglichkeiten und Grenzen können in der Folge besser eingeordnet und nachvollzogen werden.

## 4.1 Einleitung

Das menschliche Gehirn ist extrem leistungsfähig. Die Leistungsfähigkeit erreichen wir jedoch nicht mit einem hochgezüchteten Prozessor mit speziellen Funktionen für konkrete Aufgaben, sondern durch ein sehr großes Netz funktional vergleichsweise einfacher Nervenzellen, den sogenannten Neuronen. Der Schlüssel liegt in der massiv parallelen und verteilten Verarbeitung der Informationen. Das konnektionistische KI-Paradigma ist bestrebt, intelligentes Verhalten auf Basis *künstlicher neuronaler Netze* zu erreichen, also mit sehr vielen künstlichen Neuronen als einfache Recheneinheiten, die miteinander verbunden sind.

*Deep Learning* – dabei geht es um künstliche neuronale Netze, die mindestens zwei, meist aber sogar sehr viele sogenannte *versteckte Schichten* (engl. *hidden layers*) haben. Mit diesen erlernen sie auf Basis von Trainingsdaten weitgehend eigenständig, also mit möglichst geringem menschlichem Zutun, interne Repräsentationen der Eingangsdaten, die es ihnen dann ermöglichen, auch äußerst komplexe Probleme zu lösen [99, 158]. Mit *Tiefe* (engl. *depth*) wird die Anzahl versteckter Schichten eines Netzwerks bezeichnet. Netzwerke mit mehr als einer versteckten Schicht werden als *tief* (engl. *deep*) charakterisiert, während

C. Lanquillon und S. Schacht, *Knowledge Science – Grundlagen*,
https://doi.org/10.1007/978-3-658-41689-8_4

Netzwerke mit höchstens einer versteckten Schicht als flach (engl. *shallow*) gelten. *Deep Learning* beschäftigt sich folglich mit Aufbau, Training und Anwendung tiefer künstlicher neuronaler Netzwerke. Dabei sei angemerkt, dass die Tiefe selbst zunächst nichts über Anspruch oder Komplexität der zu lösenden Aufgabe aussagen muss [119] – allerdings ermöglichen viele versteckte Schichten das Erlernen komplexer Repräsentationen mit mehreren Abstraktionsebenen. Deshalb wird Deep Learning – oder Teile davon – bisweilen auch als *Representation Learning* oder *Feature Learning* bezeichnet. Dabei stellen die erlernten Repräsentationen, die in vielen Fällen auch in anderen Kontexten genutzt werden, etwa als Basis des *Transfer Learnings,* meist nur einen Zwischenschritt zur Lösung eines anderen Problems dar. Unser Fokus liegt in der folgenden Betrachtung auf überwachten und selbst-überwachten Lernszenarien (siehe Abschn. 3.2).

Die KI-Zeitreise in der Einleitung hat beschrieben, wie der zweite KI-Winter um das Jahr 2010 endete und ein Frühling begann. Dafür wurden drei Gründe angeführt: deutlich mehr verfügbare Rechenleistung, mehr verfügbare Daten und methodische Fortschritte. Ein Großteil der methodischen Fortschritte sind dem Bereich *Deep Learning* zuzuschreiben, während der Zuwachs an Daten und Rechenleistung das Trainieren großer Netze in der Breite erst ermöglicht hat.

Bevor wir mit der Beschreibung wichtiger Architekturvarianten als Basis aktueller Deep-Learning-Ansätze beginnen, sollen zunächst grundlegende Bestandteile und Strukturen künstlicher neuronaler Netze dargestellt werden, die zum Verständnis und zur Einordnung der Entwicklung und des Erfolgs des Deep Learings notwendig sind. Zu diesem Zweck stellen wir diese Aspekte mit ihren Vorteilen und Nachteilen dem *klassischen* maschinellen Lernen gegenüber. Anschließend beschreiben wir einige Netzwerktopologien und Architektur-Bausteine, mit denen insbesondere bestimmte Funktionalitäten realisiert werden sollen. Dazu zählen klassische *vorwärts gerichtete* (engl. *feed-forward*) neuronale Netze, *Convolutional Neuronal Networks (CNN), Recurrent Neural Networks (RNN)* und *Transformer.* Der Fokus liegt dabei auf den konzeptionellen Ideen und Möglichkeiten der zugrunde liegenden Netzwerktopologien und Architekturkomponenten und nicht auf einer vollständigen und umfassenden Darstellung konkreter Lösungsansätze.

## 4.2 Neuronale Netze: Vom Perzeptron zum Deep Learning

*Künstliche neuronale Netze* sind analoge Berechnungsmodelle, die im Bestreben entstanden sind, Struktur und Funktionsweise des menschlichen Gehirns im Computer zu imitieren – daher die Charakterisierung als *künstlich* im Sinne von *nicht menschlich,* also *technisch,* wie beim Begriff *Künstliche Intelligenz* (siehe Abschn. 2.3). Die ersten Ansätze gehen zurück bis in die 1940er-Jahre, als die beiden US-Amerikaner Warren McCulloch und Walter Pitts begannen, an einem Neuronenmodell zu forschen [115]. Somit sind die Grundideen *künstlicher neuronaler Netze* älter als das maschinelle Lernen selbst – inzwischen werden sie jedoch als Klasse der *konnektionistischen Lernverfahren*[1] dem Machine Learning zugeordnet (siehe Abschn. 3.3). Ihre Geschichte und Entwicklung ist eng mit den Höhen und Tiefen der Künstlichen Intelligenz verbunden (siehe Abschn. 2.2). Für eine detaillierte Darstellung sei an dieser Stelle auf entsprechende Fachliteratur verwiesen, beispielsweise [92, 144].

Das extrem leistungsfähige menschliche Gehirn als Netzwerk vieler vergleichsweise einfacher Neuronen war und ist Quelle der Inspiration für die Entwicklung künstlicher neuronaler Netze. In der Neurowissenschaft helfen die zugrunde liegenden Modelle beispielsweise die Funktionsweise des menschlichen oder tierischen Gehirns zu verstehen. Als Teilbereich der Künstlichen Intelligenz innerhalb der Informatik ist die Entwicklung nicht auf möglichst naturgetreue Modelle beschränkt, sodass bei aktuellen Entwicklungen auch davon abgewichen wird – denn es geht vorrangig darum, leistungsfähiges intelligentes Verhalten mit Computern zu realisieren.

Die Charakterisierung als *künstlich* ist daher für die Unterscheidung von natürlichen neuronalen Netzen im Bereich der Neurowissenschaften essenziell. Als Teilbereich der Informatik besteht eine Verwechslungsgefahr kaum, sodass im *normalen* Sprachgebrauch im Kontext der Künstlichen Intelligenz das Attribut *künstlich* häufig weggelassen wird. Auch wir folgen dieser Gewohnheit und sprechen im Folgenden nur noch von *neuronalen Netzen* und meinen damit diejenigen, die wir im Rahmen der KI entwickeln und nutzen. Im Folgenden stellen wir knapp die wesentlichen Bestandteile eines neuronalen Netzes anhand der Entwicklung vom *Perzeptron* zum *Deep Learning* dar.

### 4.2.1   Das Perzeptron

Das *Perzeptron* (engl. *perceptron*) wurde vom US-amerikanischen Psychologen Frank Rosenblatt im Jahr 1957 als Modell konzipiert, um Geräte zu konstruieren, die wie Lebewesen Dinge durch Sinnesorgane wahrnehmen und erkennen können [148]. Der Name leitet sich im Englischen als Kunstwort aus *Perception Automaton,* also einem Wahrnehmungsautomaten, ab [147].

Im Kern des Modells ist ein assoziatives System, das aus einer Menge assoziativer Zellen, den sogenannten *A-Units,* besteht. Eine assoziative Zelle ist ein *lineares Schwellenwertelement* (engl. *linear threshold unit, LTU*), dessen binärer Ausgang $y$ nur *aktiviert* wird, wenn die Summe der $m$ gewichteten Eingangssignale $x_i$, die sogenannte Netzeingabe $z$, einen bestimmten Schwellenwert $\theta$ überschreitet: [92]

$$y = \begin{cases} 1, & \text{falls } z > \theta, \\ 0, & \text{sonst} \end{cases} \quad \text{mit} \quad z = \sum_{i=1}^{m} w_i x_i = \mathbf{w}^T \mathbf{x} \tag{4.1}$$

---

[1] Der Begriff *Konnektionismus* deutet darauf hin, dass es um viele miteinander verbundene Neuronen geht. Der Name stammt aus dem Bereich der Kybernetik und wurde im Rahmen der KI insbesondere auch zur Abgrenzung von *symbolischen Ansätzen verwendet (siehe Abschn. 2.2).*

Auch wenn das Konzept von Rosenblatt umfassender ist und bereits spezielle Neuronen für die spezielle Verarbeitung unterschiedlicher Eingaben und sogar mehrschichtige Strukturen mit linearen Schwellenwertelementen vorsieht, so wird sogar nur das einfache Perzeptron vorrangig mit genau einem linearen Schwellenwertelement für die Verarbeitung von Eingangssignalen über eine Aktivierungsfunktion zum Ausgangssignal ohne die genannten Eingangsneuronen als einfaches Neuronenmodell aufgefasst. Abb. 4.1 zeigt ein derartiges einfaches Neuronenmodell mit der typischen Berechnung einer sogenannten Netzeingabe *net* als gewichtete Summe der $m$ Eingangssignale und einer binären Sprungfunktion als sogenannte *Aktivierungsfunktion* realisiert wird. Das Modell stellt eine wichtige Erweiterung zu den frühen Modellen von McCulloch und Pitts [115] dar: Es werden nicht nur boolesche, sondern reellwertige Eingangssignale akzeptiert und die Eingangssignale werden gewichtet. Die Ausgabe in diesem Modell ist gleich dem Funktionswert der Aktivierungsfunktion. Am Ende des Abschnitts stellen wir allgemeinere Neuronenmodelle vor, die insbesondere andere Aktivierungsfunktionen verwenden und elementar für die weitere Entwicklung sind.

Die binäre Ausgabe des Schwellenwertelements kann zur Lösung eines binären Klassifikationsproblems verwendet werden (siehe Abschn. 3.2.2.1), wobei die beiden möglichen Zustände der Ausgabe entsprechend mit den beiden Klassen assoziiert werden. Die Merkmale eines zu klassifizierenden Objekts nach geeigneter Datenaufbereitung stellen die Eingangssignale dar – neuronale Netze verarbeiten ausschließlich numerische Eingangssignale. Die Anzahl der möglichen Eingangssignale ist zwar endlich, unterliegt sonst allerdings keinen weiteren Einschränkungen. Wenn Klassifikationsprobleme mit mehr als zwei Klassen zu lösen sind, muss die Anzahl der Schwellenwertelemente entsprechend erhöht werden (siehe Abschn. 4.2.2). Da ein Mehrklassenproblem stets durch Kombination mehrerer binärer Klassifikationsprobleme gelöst werden kann (siehe Abschn. 3.2.2.1), bleiben wir beim binären Problem.

Rosenblatt hat nicht nur das oben vorgestellte Perzeptron-Modell konzipiert, sondern auch eine *Update-Regel* für die Anpassung der Gewichte eines einfachen Perzeptrons mit einer Schicht von Schwellenwertelementen auf Basis von Lernbeispielen beschrieben. Im Stil des überwachten Lernens (siehe Abschn. 3.2) werden die Gewichte erhöht, wenn sie zu

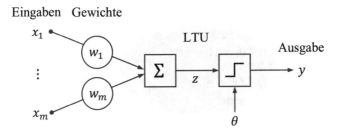

**Abb. 4.1** Ein lineares Schwellenwertelement (LTU) berechnet die Netzeingabe $z$ als Summe der mit den Gewichten $w_i$ multiplizierten $m$ Eingangssignale $x_i$. Die Netzeingabe wird durch Anwendung einer binären Sprungfunktion mit Schwellenwert $\theta$ in die Ausgabe $y$ überführt [92, 148]

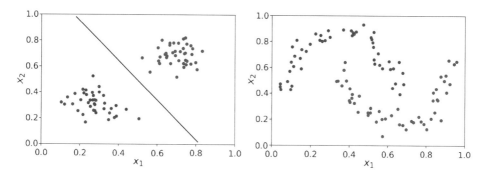

**Abb. 4.2**  Bei einem linear trennbaren binären Klassifikationsproblem liegen Objekte der beiden Klassen im zweidimensionalen Eingaberaum auf verschiedenen Seiten einer Geraden (links). Bei einem nicht linear trennbaren Problem lässt sich im zweidimensionalen Eingaberaum keine Gerade finden, die die Objekte der beiden Klassen voneinander trennt (rechts). Allerdings kann eine Abbildung vom Eingangsraum in einen geeigneten höherdimensionalen Raum dazu führen, dass die Klassen dort linear trennbar sind

einer korrekten Ausgabe führen, und bei falscher Ausgabe entsprechend verringert [148]. Zudem hat Rosenblatt dem *Perceptron Convergence Theorem* gezeigt, dass das Lernverfahren garantiert eine Lösung findet – wenn auch nicht unbedingt schnell – wenn die zugrunde liegende Klassifikationsaufgabe *linear trennbar* ist.

Ein binäres Klassifikationsproblem heißt *linear trennbar*, wenn Objekte der beiden Klassen auf verschiedenen Seiten einer Hyperebene[2] liegend voneinander getrennt werden können. Im zweidimensionalen Eingaberaum lassen sich die beiden Klassen folglich durch eine Gerade voneinander trennen, wie in Abb. 4.2 veranschaulicht. Das bekannteste Beispiel eines nicht linear trennbaren Problems ist die logische *XOR*-Verknüpfung zweier binärer Eingangssignale, die genau dann wahr ist, wenn die beiden Eingangssignale unterschiedlich sind.

Viele nicht linear trennbare Probleme lassen sich allerdings in einen höherdimensionalen Raum überführen, in dem sie linear trennbar sind. Dies kann entweder manuell durch Konstruktion geeigneter Merkmale, dem sogenannten *Feature Engineering* (siehe Abschn. 3.4.3.3), oder algorithmisch erfolgen, etwa durch die Anwendung von Kernel-Methoden zur Abbildung in höherdimensionale Räume, in denen ein Problem leichter lösbar ist. An dieser Stelle sei die Betrachtung aber auf das beschränkt, was unmittelbar durch die Verwendung von Neuronen als Berechnungsmodelle ermöglicht wird.

Im Jahr 1969 bewiesen Marven Minsky und Seymour Papert in ihrem Buch „Percepton", dass die Ausdrucksmächtigkeit eines einfachen Perzeptrons trotz der Möglichkeit beliebig viele Eingangssignale verwenden zu können stark beschränkt ist [117, 118]. Das Perzeptron mit seinem linearen Schwellenwertelement kann – wie jedes andere lineare Modell innerhalb

---

[2] Eine *Hyperebene* ist die Verallgemeinerung einer Ebene für höherdimensionale Räume. Im zweidimensionalen Raum sprechen wir von einer *Geraden*.

des gegebenen Eingaberaums auch – das *XOR*-Problem und andere komplexere Probleme nicht direkt lösen. Dass aber ein mehrschichtiges Perzeptron diese Einschränkungen nicht aufweist, war damals zwar schon bekannt [92], wurde jedoch in der Kritik von Minsky und Papert, beide überzeugte Verfechter symbolischer KI-Verfahren, als konkurrierendes Paradigma geschickt verschleiert [41]. Sie äußerten vielmehr die vage Vermutung, dass die von ihnen beschriebenen Einschränkungen auch für mehrschichtige Perzeptron-Varianten gelten würden [118] – und das auch in der zweiten Auflage des Buches, als mehrschichtige Netze bereits erfolgreich etwa mit der *Back-Propagation-Methode* (siehe unten) trainiert werden konnten. Mit ihrer harschen Kritik am Perzeptron trugen sie mit dazu bei, dass insbesondere die Forschung an lernenden Systemen wie das Perzeptron lange Zeit diskreditiert und praktisch nicht mehr gefördert wurde.

## 4.2.2   Mehrschichtige vorwärts gerichtete Netze

Vorwärts gerichtete neuronale Netzwerke (engl. *feed-forward neural networks (FNN)*) sind sehr bekannt und haben eine sehr einfache Topologie. Die Neuronen in einem FNN sind in sogenannten Schichten angeordnet. Ferner sind Neuronen einer Schicht ausschließlich, aber mit allen Neuronen der Folgeschicht verbunden. Daher wird das Netz als *vollständig verbunden* (engl. *fully connected*) oder auch *dicht* (engl. *dense*) bezeichnet.

Ein mehrschichtiges FNN hat grundsätzlich eine *Eingangsschicht* (engl. *input layer*), die lediglich die Eingangssignale aufnimmt und in der Regel ohne weitere Verarbeitung an die folgende Schicht weitergibt. Die letzte Schicht wird *Ausgabeschicht* (engl. *output layer*) genannt. Nur sie ist nach außen sichtbar. Die Ausgabesignale ihrer Neuronen stellen die Ausgabe des gesamten Netzwerks dar und werden zur Lösung der zugrundeliegenden Aufgabe verwendet. Alle Schichten dazwischen werden als *versteckte Schichten* (engl. *hidden layer*) bezeichnet. Sie heißen *versteckt* oder *verborgen,* da sie üblicherweise von außen nicht sichtbar sind – man hätte sie auch einfach *innere* Schichten nennen können. Die Ausgaben der versteckten Schichten werden auch als interne Repräsentation der Daten bezeichnet. Wie in der Einleitung beschrieben, bezeichnet die *Tiefe* eines Netzwerks die Anzahl der versteckten Schichten. Mehrschichtige Netze haben mindestens eine versteckte Schicht, wie in Abb. 4.3 dargestellt. Die Informationen fließen, wie der Name sagt, ausschließlich vorwärts von der Eingangsschicht über die versteckten Schichten bis zur Ausgangsschicht durch das Netz.[3] Rückkopplungen oder Schleifen wie bei rekurrenten Netzen (siehe Abschn. 4.3.3) sind nicht erlaubt.

Die Anzahl der Neuronen der Eingangschicht und der Ausgangsschicht ist jeweils durch die Aufgabe, die durch das neuronale Netz gelöst werden soll, vorgegeben. Die Anzahl der versteckten Schichten und die jeweilige Anzahl der Neuronen in den versteckten Schich-

---

[3] Diese Einschränkung gilt nicht für den Prozess der Gewichtsanpassung, bei dem Informationen gezielt rückwärts durch das Netz geschickt werden (siehe Abschn. 4.2.4).

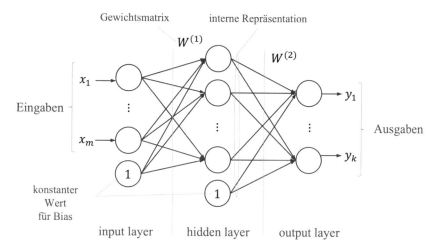

**Abb. 4.3** Mehrschichtiges vorwärts gerichtetes neuronales Netz mit einer versteckten Schicht. Die Ausgaben der versteckten Schicht bilden eine interne Repräsentation der Eingangsdaten. In dieser Darstellung wurden zusätzliche Knoten mit konstantem Wert 1 dargestellt, mit denen ein Bias über reguläre Gewichte in die Berechnungen der Netzeingaben einfließen kann. Jede Verbindung zwischen zwei Knoten ist mit einem Gewicht assoziiert (siehe Neuronenmodelle 4.1 und 4.4), die aus Gründen der Lesbarkeit hier nur als Gewichtsmatrix $W^{(j)}$ pro Schicht angedeutet ist. Die Gewichte werden in einem Lernprozess bestimmt

ten sind prinzipiell unabhängig voneinander frei wählbar. Sie bestimmten maßgeblich die Leistungsfähigkeit des Netzes. Das in Abb. 4.3 dargestellte Netz hat eine versteckte Schicht.

Eine versteckte Schicht genügt, um komplexe Zusammenhänge wie nicht linear trennbare Klassifikationsprobleme zu lösen, wenn die versteckte Schicht eine hinreichend große Anzahl an Neuronen hat und auch nicht lineare Aktivierungsfunktionen verwendet werden (siehe Abschn. 4.2.3) [92, 151]. Mehrschichtige neuronale Netze gelten als sogenannte *universelle Funktionsapproximatoren*. Sie können fast[4] jeden funktionalen Zusammenhang zwischen reellwertigen Eingangsgrößen und einem reellwertigen Ausgabewert beliebig genau annähern. Prinzipiell genügt bereits eine versteckte Schicht dafür. Mehrere versteckte Schichten sind meist vorteilhaft beim Erlernen interner Repräsentationen mit mehreren Abstraktionsebenen [99]. Als *Deep Feed-Forward Neural Networks* vertiefen wir diesen Aspekt in Abschn. 4.3 im Rahmen der Darstellung weiterer Netzwerktypen, die häufig und erfolgreich im Kontext von Deep Learning verwendet werden.

Wenn als Neuronen die oben eingeführten Perzeptron-Modelle mit ihren linearen Schwellenwertelementen verwendet werden, dann handelt es sich bei diesem Netzwerktyp um ein *mehrschichtiges Perzeptron* (engl. *multi-layer perceptron*), kurz MLP [151]. Die Bezeichnung Multilayer Perzeptron wird oft für alle Varianten mehrschichtiger vorwärts gerichteter

---

[4] Die Beweise beschränken sich oft auf Riemann-integrierbare Funktionen [92] oder Borel-messbare Funktionen [75].

neuronaler Netzwerke verwendet, auch wenn die verwendeten Neuronen gar keine linearen Schwellenwertelemente sind, sondern auf andere Aktivierungsfunktionen zurückgreifen, um geeignete Methoden zur Anpassung der Gewichte anwenden zu können. Bevor wir auf entsprechende Verfahren eingehen, sollen daher allgemeinere Neuronenmodelle als Basis für alle betrachteten Architekturen vorgestellt werden.

Als Teil eines Netzwerks wird ein Neuron häufig auch als Knoten (engl. *node*) oder Element (engl. *unit*) bezeichnet – wie schon beim linearen Schwellenwertelement (engl. *linear threshold unit*). An der verwendeten Terminologie wird deutlich, dass sich die Disziplin von ihren neurowissenschaftlichen Wurzeln entfernt und hin zu einem Bereich der Informatik entwickelt hat.

### 4.2.3   Verallgemeinerung des Neuronenmodells

Die Leistungsfähigkeit mehrschichtiger Netze wurde früh erkannt. Rosenblatt hatte mit der „Back-Propagating Error Correction Procedure" sogar schon einen Vorschlag formuliert, wie die Gewichte einer mehrschichtigen Architektur angepasst werden sollten [145]. Allerdings konnte der Ansatz zu seiner Zeit noch nicht erfolgreich umgesetzt werden. Ein wesentlicher Grund war die damals mangelnde Leistungsfähigkeit der Computer. Gravierender aber noch ist die konzeptionelle Schwäche der linearen Schwellenwertelemente: Die als Aktivierungsfunktion eingesetzte Sprungfunktion ist wegen des abrupten Übergangs an der Sprungstelle für viele Prozesse zur Gewichtspassung ungeeignet, da bereits kleine Veränderungen an den Gewichten zu sprunghaften Veränderungen der Ausgaben führen. Häufen sich diese sprunghaften Änderungen bei mehreren Schichten und vielen Neuronen beim Anpassen der Gewichte, so ist das Verhalten kaum noch zu kontrollieren. Erst die Anwendung nicht linearer Aktivierungsfunktionen wie die sigmoiden Funktionen mit einem seichten Übergang zwischen den beiden Aktivierungsextrema brachte den Durchbruch. Wir stellen daher im Folgenden allgemeinere Neuronenmodelle vor, die diese und weitere Möglichkeiten, die bei der Gestaltung weiterer Deep-Learning-Ansätze relevant werden.

#### Einfaches Neuronenmodell

Wir stellen nun eine Verallgemeinerung des linearen Schwellenelements als einfaches Neuronenmodell vor. Dabei gehen wir in zwei Schritten vor. Um die Bedeutung der Aktivierungsfunktionen hervorzuheben, lassen wir im ersten Schritt die Wahl einer beliebigen Aktivierungsfunktion anstelle der Sprungfunktion zu (siehe Abb. 4.4). Der Einsatz verschiedener Funktionen als Aktivierungsfunktionen im Kontext neuronaler Netze hat sich im Laufe der Zeit durch Anforderungen aus Anwendungen und Unzulänglichkeiten bestehender Lösungen ergeben. Daher stellen wir an dieser Stelle einige gängige und häufig genutzte Aktivierungsfunktionen mit Hinweis auf die Eignung kompakt vor. Im zweiten Schritt wird

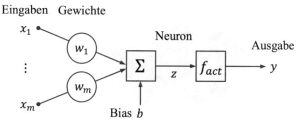

**Abb. 4.4** Einfaches verallgemeinertes Neuronenmodell: Das Neuron berechnet die Netzeingabe $z$ als gewichtete Summe der $m$ Eingangssignale *zuzüglich* Bias $b$. Durch eine den Anforderungen an das Neuron entsprechend frei wählbare Aktivierungsfunktion $f_{act}$ wird die Netzeingabe zur Ausgabe $y$ verarbeitet. Wird für $f_{act}$ die Einheitssprungfunktion verwendet, entspricht das Modell dem bekannten Schwellenwertelement. Eine sigmoiden Aktivierungsfunktion ergibt ein *sigmoides Neuron,* das anfangs bei mehrschichtigen Netzen bevorzugt verwendet wurde. In tiefen neuronalen Netzen kommen inzwischen oft Formen der *Rectified Linear Units (ReLU)* zum Einsatz, um beim Anpassen der Gewichte in der Lernphase dem Problem der verschwindenden Gradienten (engl. *vanishing gradient problem*) zu entgehen

dann ein umfassenderes Neuronenmodell mit weiteren Freiheitsgraden und Eigenschaften beschrieben.

Zur Vereinfachung der Notation wird im Folgenden der Schwellenwert $\theta$, als Bias $b$ bezeichnet, mit $b = -\theta$. Dieser wird bereits zur Netzeingabe hinzugezogen, sodass die für die Aktivierung relevante *Schwelle* nun grundsätzlich bei 0 liegt. Für die Netzeingabe $z$ ergibt fortan

$$z = \sum_{i=1}^{n} w_i x_i + b = \mathbf{w}^T \mathbf{x} + b \qquad (4.2)$$

Zur weiteren Vereinfachung wird bei der Umsetzung der Bias meist wie ein Gewicht behandelt, das einfach mit einem zusätzlichen Eingangssignal, das konstant 1 ist, in die Berechnung einbezogen wird. Auf diese Weise können die regulären Gewichte und Bias einheitlich während des Lernprozesses bestimmt werden. An dieser Stelle haben wir davon jedoch zugunsten der Verständlichkeit abgesehen.

**Erfolgsfaktor Aktivierungsfunktion**

Die Wahl einer Aktivierungsfunktion, die einerseits die Rolle oder Funktion eines Neurons optimal unterstützt und anderseits günstige Eigenschaften für die Anpassung der Gewichte während des Lernprozesses aufweist, ist entscheidend für die erfolgreiche Entwicklung und Anwendung neuronaler Netze. Wir stellen deshalb im Folgenden einige der wichtigsten und am häufigsten verwendeten Aktivierungsfunktionen vor (siehe auch Abb. 4.5).

Wird als Aktivierungsfunktion die Sprungfunktion gewählt, so entspricht das Modell dem klassischen linearen Schwellenwertelement. Mit Berücksichtigung des Bias bereits in der Netzeingabe und daher Schwellenwert gleich 0 ist die Sprungfunktion auch als

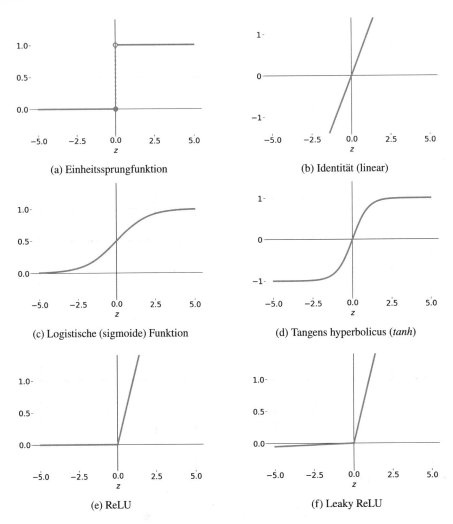

(a) Einheitssprungfunktion

(b) Identität (linear)

(c) Logistische (sigmoide) Funktion

(d) Tangens hyperbolicus (*tanh*)

(e) ReLU

(f) Leaky ReLU

**Abb. 4.5** Die Aktivierungsfunktion bestimmt, ob oder wie stark ein Neuron die Netzeingabe $z = \mathbf{w}^T\mathbf{x} + b$ als seine Ausgabe $y$ weitergibt. Beim linearen Schwellenwertelement erfolgt eine binäre Aktivierung durch die Einheitssprungfunktion (**a**). Ein unverändertes Weiterreichen durch die Identitätsfunktion (**b**) erfolgt bei allen Eingangsneuronen und bei bestimmten Aufgabentypen auch bei den Ausgangsneuronen. Die logistische Funktion (**c**) und der Tangens hyperbolicus (**d**) stellen zunächst bevorzugte Varianten einer nicht linearen sigmoiden Aktivierung dar. Bei Deep-Learning-Ansätzen mit vielen Schichten führen die sigmoiden Funktionen jedoch oft dazu, dass die Gradienten so klein werden, dass eine Anpassung der Gewichte mithilfe von Gradientenabstiegsverfahren in vielen Fällen kaum noch möglich ist (engl. *vanishing gradient problem*). Die Varianten der *Rectified Linear Units (ReLU)* (**e**) und (**f**) verschaffen Abhilfe bei diesem Problem

*Einheitssprungfunktion* oder *Heaviside-Funktion* bekannt, sodass sich die Ausgabe $y$ berechnet als

$$y = \begin{cases} 1, & \text{falls} \quad z > 0, \\ 0, & \text{sonst.} \end{cases} \tag{4.3}$$

Anstelle der linearen Sprungfunktion kommen bei neuronalen Netzen aus den oben genannten Gründen vorrangig nicht lineare Aktivierungsfunktionen zum Einsatz. Der Durchbruch beim Trainieren mehrschichtiger Netze mit Verfahren auf Basis des Gradientenabstiegs wurde zunächst mit *sigmoiden Funktionen* wie die logistische Funktion oder der Tangens hyperbolicus erzielt [150]. Sigmoide Funktionen haben wegen ihres graduellen, stetig differenzierbaren Übergangs zwischen den Aktivitätsextrema dabei deutliche Vorteile gegenüber der Sprungfunktion (siehe Abb. 4.5). Bei den beiden dargestellten sigmoiden Funktionen sind die unterschiedlichen Wertebereiche zu beachten.

Die logistische Funktion, die oft als *die* sigmoide Funktion bezeichnet wird[5], obwohl es auch andere sigmoide Funktionen gibt (siehe oben), berechnet die Ausgabe $y$ wie folgt:

$$y = \sigma(z) = \frac{1}{1 + e^{-z}} \tag{4.4}$$

Obwohl die Formel für die logistische Funktion ungewöhnlich erscheinen mag und auf den ersten Blick stark von der Einheitssprungfunktion abzuweichen scheint, so sind sich die beiden Aktivierungsfunktionen doch sehr ähnlich. Wie auch in den Darstellungen der Funktionsverläufe in Abhängigkeit der Netzeingabe $z$ zu sehen, stimmen die Aktivierungswerte an den Rändern für sehr große und sehr kleine Eingabewerte praktisch überein. Den entscheidenden Unterschied gibt es beim Übergang zwischen den Aktivierungsextrema. Obwohl also das sigmoide Neuron eine starke Annäherung an das Perzeptron-Modell darstellt und sich in der Anwendung zumeist auch so verhält, erklärt dieser Unterschied die im direkten Vergleich besseren Eigenschaften hinsichtlich der Ableitungen (siehe Abb. 4.6): Die Ableitung der Sprungfunktion ist an der Stelle $z = 0$ nicht definiert und sonst überall 0 – für die Anwendung eines Gradientenabstiegsverfahrens, wie wir es in Abschn. 4.2.4 vorstellen werden, denkbar ungeeignet. Die sigmoiden Funktionen sind überall definiert und haben bei 0, also genau am Schwellenwert der Einheitssprungfunktion, ihr Maximum. Sie sind in diesem Bereich besonders sensitiv in Bezug zur Netzeingabe. Für sehr große und sehr kleine Netzeingaben wird eine Sättigung erreicht und die Ableitung geht entsprechend gegen 0. Da die Werte jedoch prinzipiell größer als 0 sind, ist die Verwendung im Rahmen eines Gradientenabstiegsverfahrens möglich und war nach den ersten Erfolgen damit [151] lange Zeit die bevorzugte Wahl.

Mit Zunahme der Anzahl der Schichten in einem Netzwerk hat sich jedoch schnell gezeigt, dass die sigmoiden Funktionen längst nicht ideal sind. Die Verläufe der sigmoi-

---

[5] In vielen Darstellungen ist mit *der sigmoiden Funktion*, oft symbolisiert mit $\sigma$, ausschließlich die *logistische* sigmoide Funktion gemeint, wie auch bei der Darstellung rekurrenter neuronaler Netze (RNNs) in Abschn. 4.3.3. Die *tanh*-Funktion, deren Verlauf auch *sigmoid* ist, wird in diesen Fällen zur Unterscheidung direkt namentlich genannt.

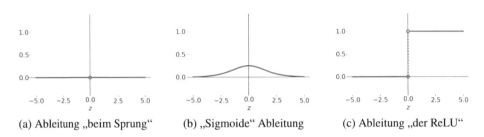

(a) Ableitung „beim Sprung"     (b) „Sigmoide" Ableitung     (c) Ableitung „der ReLU"

**Abb. 4.6** Ableitungen der Einheitssprungfunktion, der logistischen Funktion als Vertreter der sigmoiden Funktionen und der ReLU nach der Netzeingabe $z$

den Funktionen in Abb. 4.5 und deren Ableitung in den Abb. 4.6 verdeutlichen, dass die Funktionen für den größten Teil ihres Definitionsbereichs im Bereich der Sättigung liegen und die Ableitung die meiste Zeit nahe 0 ist. Wie wir bereits wissen, ist Letzteres bei der Verwendung von Gradientenabstiegsverfahren problematisch. Je tiefer ein Netz wird, desto größer wird die Wahrscheinlichkeit, dass die Gradienten verschwinden und eine Anpassung der Gewichte wird schwierig, da die Richtung der Anpassung nicht zuverlässig ermittelt werden kann [53]. Diese Problematik wird treffend als *Vanshing Gradient Problem* bezeichnet.

Die Lösung für das Problem der verschwindenden Gradienten ist erstaunlich einfach und liegt in der Verwendung einer sogenannten *rektifiziert linearen Aktivierungsfunktion* (engl. *rectified linear activation function*). Dabei handelt es sich um eine stückweise lineare Funktion, die für positive Werte der Netzeingabe $z$ den Wert selbst weitergibt und sonst 0. Mit anderen Worten gibt sie das Maximum aus 0 und der Netzeingabe $z$ zurück:

$$y = \max(0, z) = \begin{cases} z, & \text{falls} \quad z > 0, \\ 0, & \text{sonst.} \end{cases} \tag{4.5}$$

Wegen des Knicks an der Stelle $z = 0$ gilt die Funktion trotz der linearen Stücke insgesamt als nicht linear, was für den Einsatz als Aktivierungsfunktion entscheidend ist. Dennoch bringt sie in der Anwendung die Vorteile einer linearen Funktion ein: Es gibt in entscheidenden Bereichen der Netzeingabe keine Sättigung und zudem ist die Ableitung leicht zu berechnen. Wie in Abb. 4.6 ersichtlich ist die Ableitung für positive Netzeingaben konstant 1 und für negative Netzeingaben 0. An der Stelle $z = 0$ ist die Ableitung nicht definiert und bei Verwendung wird bislang ein pragmatischer Wert wie 0, 1 oder 0,5 als Zwischenwert gewählt.[6]

Ein Neuron, das eine rektifiziert lineare Aktivierungsfunktion verwendet, wird als *Rectified Linear Unit (ReLU)* bezeichnet. Die Abkürzung ReLU ist sehr weit verbreitet und wird oft, wenn auch etwas unpräzise, für die Aktivierungsfunktion selbst verwendet. Der

---

[6] Der Sachverhalt mag auf den ersten Blick unbedeutend erscheinen, ist aber für die Durchführung eines Gradientenabstiegsverfahrens sehr bedeutsam und kann sich entscheidend auf das Ergebnis auswirken [12].

Wechsel von *sigmoiden* zu *rektifiziert linearen* Aktivierungsfunktionen, also die Verwendung einer ReLU anstatt eines sigmoiden Neurons in mehrschichtigen vorwärts gerichteten Netzen und in entsprechenden vollständig verbundenen Schichten als Teil einer größeren Architektur war ein maßgeblicher Faktor für den Erfolg und die weitere Entwicklung des Deep Learning [53].

Für den Fall, dass eine Ableitung gleich 0 im negativen Definitionsbereich zum Problem wird, kann eine leicht abgewandelte ReLU-Variante verwendet werden. Die sogenannte *Leaky ReLU* ist für Netzeingaben unter 0 etwas „undicht" und leitet einen kleinen Anteil der Netzeingabe weiter:

$$y = \begin{cases} z, & \text{falls } z > 0, \\ \alpha z, & \text{sonst.} \end{cases} \quad \text{mit kleinem } \alpha \neq 1. \tag{4.6}$$

Entscheidend dabei ist, dass die Nicht-Linearität erhalten bleibt ($\alpha \neq 1$). Um dem Namen zu entsprechen, werden üblicherweise eher kleinere Werte für $\alpha$ verwendet.

Bislang haben wir ausschließlich Aktivierungsfunktionen betrachtet, die ein Neuron basierend auf der Netzeingabe unabhängig von allen anderen Neuronen berechnen kann. Wir werden die Betrachtung mit einer speziellen Aktivierungsfunktion abschließen, die für die Anwendung im Bereich der Klassifikation von zentraler Bedeutung ist.

Auf die Details der Nutzung von Ausgabeneuronen zur Lösung einer Aufgabe werden wir in Abschn. 4.2.4 detailliert eingehen. Als Vorbereitung dazu betrachten wir den Fall eines Mehrklassen-Problems, bei dem einem Objekt genau einer von $k$ Klassen zugeordnet werden soll (siehe Abschn. 3.2.2.1) und die als Klassenzugehörigkeiten interpretierten Aktivierungswerte eine Wahrscheinlichkeitsverteilung ergeben sollen. Die einzelnen Aktivierungswerte müssen folglich zwischen 0 und 1 liegen und die Summe der Einzelwerte muss 1 ergeben.

Diese Anforderung kann mit der sogenannten *Softmax-Funktion* als Aktivierungsfunktion erfüllt werden. Unter Berücksichtigung von insgesamt $k$ logisch zusammenhängenden Netzeingaben $z_i$ berechnet die Softmax-Funktion die Ausgabe $y_j$ des Neurons $j$ wie folgt:

$$y_j = \frac{e^{z_j}}{\sum_{i=1}^{k} e^{z_i}} \tag{4.7}$$

Als Summe aller transformierten Netzeingaben sorgt der Nenner für eine geeignete Normierung, sodass mit der grundsätzlich positiven Exponentialfunktion die Ausgabewerte zwischen 0 und 1 liegen und die Summe der $k$ Ausgabewerte 1 ergibt. Damit genügen die Ausgabewerte den Anforderungen einer Wahrscheinlichkeitsverteilung.

Die Berechnung der Softmax-Funktion ist zwar technisch betrachtet einfach, stellt das Neuron nach dem oben eingeführten einfachen Neuronenmodell aber vor ein großes Problem: Es hat gar keinen Zugriff auf die Netzeingaben der benachbarten Neuronen derselben Schicht. Dieses Problem lässt sich durch eine weitere Verallgemeinerung des Neuronenmodells modellieren.

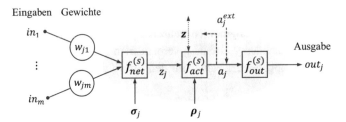

**Abb. 4.7** Allgemeines Neuronenmodell in Anlehnung an [92]: Das Neuron $j$ verarbeitet die $m$ Eingangssignale mit optionalen Parametern $\boldsymbol{\sigma_j}$ durch die Netzeingabefunktion $f_{\text{net}}$ zur Netzeingabe $z_j$. Diese wird zusammen mit optionalen Parametern $\boldsymbol{\theta_j}$ durch die Aktivierungsfunktion $f_{\text{act}}$ zur Aktivierung $a_j$ verarbeitet. Bei Bedarf kann das Aktivierungssignal auch rückgekoppelt werden, dabei ist das externe Signal $\text{ext}_j$ zur Initialisierung der Aktivierung $a_j$ gedacht. Die Ausgabefunktion $f_{\text{out}}$ transformiert die Aktivierung $a_j$ zum Ausgabesignal $\text{out}_j$.

### Allgemeines Neuronenmodell

Das einfache Neuronenmodell deckt mit der freien Wahl der Aktivierungsfunktionen bereits die meisten Anforderungen an ein Neuron bei vorwärts gerichteten Netzwerken ab. Zur Umsetzung weiterer Anforderungen wie die oben dargestellte normierende Softmax-Funktion als Aktivierungsfunktion, aber auch als Vorbereitung für die Verwendung in anderen Netzwerktypen (siehe Abschn. 4.3) soll die Erweiterung nun in einem zweiten Schritt mit der Vorstellung des in Abb. 4.7 dargestellten allgemeinen Neuronenmodells abgeschlossen werden.

Zur Betrachtung und Identifizierung eines Neurons im Kontext seiner Schicht in einem neuronalen Netz verwenden wir hier vereinfacht den Index $j$. Nur wenn der Bezug zu einer Schicht notwendig ist, referenzieren wir diese für eine Schicht $s$ als oberen Index in Klammern. Beispielsweise bezeichnet $k^{(s)}$ die Anzahl der Neuronen und folglich die Anzahl der Ausgaben in Schicht $s$.

Das in Abb. 4.7 dargestellte Neuron $j$ verarbeitet $m$ Eingangssignale $\text{in}_i$ und erzeugt die Ausgabe $\text{out}_j$. Die von den ersten Modellen abweichende Notation für die Eingangssignale und die Ausgabe wurde gewählt, um zu verdeutlichen, dass es primär interne Signale sind, die von Schicht zu Schicht weitergereicht werden. Die Anzahl $m$ kann von Schicht zu Schicht variieren und insbesondere auch von der Anzahl der Eingangssignale des Netzwerks, also der Anzahl der verwendeten Merkmale, abweichen. Die Eingangsschicht ($s = 1$) hat für jedes Eingangssignal des Netzwerks ein Neuron. Für alle anderen Schichten mit $s > 1$ gilt, dass die $k^{(s-1)}$ Ausgangssingle einer Schicht die $m^s$ Eingangssignale der Folgeschicht bilden:

$$\text{in}_i^{(s)} = \text{out}_i^{(s-1)} \quad \text{für} \quad i = 2, ..., m^{(s)} \quad \text{mit} \quad m^{(s)} = k^{(s-1)} \tag{4.8}$$

Alle Neuronen einer Schicht erhalten dieselben $m$ Eingangssignale. Die Verarbeitung der Eingangssignale erfolgt dann durch Verkettung der Netzeingabefunktion $f_{\text{net}}$, der Aktivierungsfunktion $f_{\text{act}}$ und der Ausgabefunktion $f_{\text{out}}$. Die Funktionen sind bewusst ohne Index für das Neuron $j$ angegeben, da alle Neuronen einer Schicht dieselben Funktionen nutzen sollen. Neuronen verschiedener Schichten können jedoch unterschiedliche Funktionen nutzen, um bestimmte Aufgaben zu erfüllen. In einem vorwärts gerichteten Netz wird sich die Wahl der Funktionen insbesondere zwischen Eingabeschicht, Ausgabeschicht und versteckten Schichten unterscheiden. Dies werden wir im folgenden Abschn. 4.2.4 erläutern.

Die Eingangssignale eines Neurons werden mit Netzeingabefunktion $f_{net}$, auch Übertragungsfunktion genannt, zur Netzeingabe $z_j$. In der Regel wird dazu die gewichtete Summe der Eingangssignale berechnet. Jedes Neuron hat für jedes Eingangssignal ein eigenes Gewicht $w_{ji}$. Häufig wird der Bias als zusätzliches Gewicht mit konstanter Eingabe modelliert, sodass sich in einem vorwärts gerichteten Netz die Anzahl der Gewichte zwischen zwei vollständig verbundenen Schichten mit $k^{(s-1)}$ und $k^{(s)}$ Neuronen als $(k^{(s-1)}+1) \cdot k^{(s)}$ bestimmen lässt. Die Gewichte aller Neuronen einer Schicht $s$ werden oft als Matrix $W^{(s)} = (w_{ji})$ notiert, wobei in der Regel der Zeilenindex das Neuron und der Spaltenindex das Eingangssignal referenziert (siehe auch Abb. 4.3). Die Netzeingabefunktion eines Neurons $j$ kann optional parametriert werden, was hier durch den Vektor $\boldsymbol{\sigma}_j$ angedeutet ist.

Wie schon im einfachen Neuronenmodell kann eine beliebige Aktivierungsfunktion $f_{act}$ aus der Netzeingabe $z_j$ die Aktivierung $a_j$ berechnen. Optional können bei der Berechnung die Parameter $\boldsymbol{\theta}_j$ berücksichtigt werden. Durch den gepunkteten Doppelpfeil wird die Möglichkeit des Austausches der Netzeingaben $\mathbf{z} = (z_i)$ aller Neuronen einer Schicht angedeutet. Über diesen Weg sind Berechnungen möglich, die etwa wie die Softmax-Funktion zur Normierung einer Aktivierung die anderen Netzeingaben berücksichtigen müssen.

Später werden wir sehen, dass beim Aufbau größerer neuronaler Netze nicht mehr in einzelnen Neuronen, sondern grundsätzlich Schichten gedacht wird und Berechnungen, die sich auf alle Elemente einer Schicht beziehen, üblich sind. Dann stellt auch die Verwendung aller Netzeingaben innerhalb einer Schicht *für* die Berechnung einzelner Werte, die mit einem *Knoten* assoziiert sind, kein konzeptionelles Problem dar. Dieser Sachverhalt zeigt deutlich, dass wir uns mit dem Neuronenmodell von seinem biologischen Vorbild lösen. Daher wäre es sinnvoll nunmehr von *Knoten* in einem Netzwerk als von *Neuronen* zu sprechen. Im allgemeinen Sprachgebrauch findet sich jedoch beides.

Die Ausgabefunktion $f_{out}$ transformiert den Aktivierungswert $a_j$ in das Ausgangssignal $out_j$. Bei den meisten Neuronen wird der Aktivierungswert wie beim einfachen Neuronenmodell als Ausgabe verwendet – als Ausgabefunktion wird also meist die Identitätsfunktion genutzt. Die zusätzliche Ausgabefunktion kann allerdings bei Ausgabeneuronen zur Anpassung des Wertebereichs an die Anwendungsdomäne hilfreich sein.

### 4.2.4  Was und wie lernt ein neuronales Netz?

In den vorangegangenen Abschnitten haben wir den Aufbau und die Funktionsweise eines Neurons beschrieben und seine Rolle in einem vorwärts gerichteten Netzwerk kennengelernt. Dabei gab es immer wieder Hinweise und Andeutungen auf den Lernprozess. In diesem

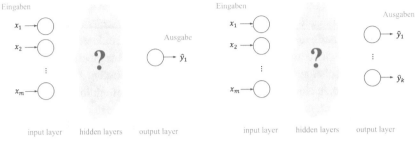

(a) Regression oder binäre Klassifikation       (b) Klassifikation mit $k$ Klassen

**Abb. 4.8** Feste Grundstrukturen neuronaler Netze in Abhängigkeit der Aufgabe bei $m$ vorgegebenen Merkmalen als Eingabe und einem Ausgabeneuron (**a**) oder mit $k$ Ausgabeneuronen (**b**). Die Struktur zwischen Eingabeschicht und Ausgabeschicht wird typischerweise vorgegeben, kann aber auch gelernt werden. Die Ausgaben der neuronalen Netze werden als Schätzwerte $\hat{y}_j$ für die geeignet kodierten Zielgrößen $y_j$ verwendet und sind entsprechend gekennzeichnet

Abschnitt wollen wir nun klären, was und wie ein neuronales Netz lernt. Im Mittelpunkt steht dabei der *Back-Propagation-Algorithmus* als populäre Vorgehensweise für die Anpassung der Gewichte in Netzwerken mit beliebig vielen Schichten. Bevor wir darauf eingehen, müssen wir allerdings einige Rahmenbedingungen für die Lernszenarien festlegen.

**Was wird gelernt?**

Wie eingangs bereits erwähnt liegt unser Fokus auf Prognoseproblemen, und zwar zunächst und vorrangig Klassifikation und Regression, die im überwachten Stil gelöst werden (siehe Abschn. 3.2). Dies ist wichtig, da wir so stets durch Vergleich der aktuellen Lösungen mit der gewünschten Lösung bestimmen können, wie gut ein vorliegendes Modell, also unser neuronales Netz, gerade ist.

Durch die Aufgabe ist als Rahmenbedingung eine gewisse Struktur des neuronalen Netzes, das die Aufgabe lösen soll, vorgegeben. Die Größe der Eingabeschicht, also die Anzahl der Eingabeneuronen, entspricht daher genau der Anzahl der zu verwendenden Merkmale in adäquater numerischer Codierung.[7] Abb. 4.8 zeigt zwei Grundstrukturen zur Lösung vorgegebener Aufgaben. Die Eingabeschicht ist in beiden Fällen gleich aufgebaut.

Unser Fokus liegt auf Prognoseaufgaben, die wir im überwachten Stil lernen. Um die Ausgaben des neuronalen Netzes als Prognosewerte im Rahmen der Evaluierung von den wahren Ausgabewerten (engl. *ground truth*), die beim überwachten Lernen bekannt sind

---

[7] An dieser Stelle gehen wir davon aus, dass im Rahmen einer Projektdurchführung etwa nach CRISP-DM oder DASC-PM eine Datenaufbereitung stattgefunden hat, die den Anforderungen neuronaler Netze entspricht. Das bedeutet konkret, dass nach geeignetem Feature Encoding und Engineering ausschließlich numerische Werte vorliegen und die Daten bereinigt sind, also keine fehlenden Werte enthalten und Ausreißer bei Bedarf adäquat behandelt wurden (siehe Abschn. 3.4.1).

(siehe Abschn. 3.2.2.3), verwenden wir die in der Stochastik übliche „Dach-Notation" für Schätzwerte: Der Ausgabewert $\hat{y}_i$ des Ausgabeneurons $i$ ist der Prognosewert für die Zielgröße $y_i$. Die Gestaltung der Ausgabeschicht, das betrifft hauptsächlich die Anzahl der Ausgabeneuronen und die zu verwendenden Aktivierungsfunktion, muss sich nach der Aufgabe richten.

**Regression.** Für Regressionsaufgaben mit einer numerischen Zielgröße wird ein Neuron in der Ausgabeschicht benötigt. Als Aktivierungsfunktion bietet sich die Identitätsfunktion an, die die Netzeingabe unverändert als Ausgabe durchlässt. So kann der gesamte relevante Wertebereich der Anwendung unverzerrt abgedeckt werden. Falls eine zusätzliche Transformation der Aktivierungswerte in der Ausgabeschicht notwendig sein sollte, kann dafür eine zusätzliche Ausgabefunktion anstele der sonst üblichen Identitätsfunktion verwendet werden. Das Ausgabesignal des Ausgabeneurons dient als Prognosewert $\hat{y}_1$ für die zugrunde liegende Aufgabe. Der Ansatz lässt sich zur parallelen Bestimmung mehrerer Zielgrößen durch Verwendung zusätzlicher Ausgabeneuronen einfach erweitern.

**Binäre Klassifikation.** Für die binäre Klassifikation genügt ein Ausgabeneuron. Als Aktivierungsfunktion wird in dem Fall die logistische Funktion bevorzugt verwendet. Die beiden Klassen werden entsprechend binär codiert – die Werte 1 und 0 stehen jeweils für eine Klasse. Da der Wertebereich der Aktivierungsfunktion zwischen 0 und 1 liegt, kann der Ausgabewert $\hat{y}_1$ des Ausgabeneurons als Konfidenz oder Wahrscheinlichkeitswert für die mit dem Wert 1 assoziierte Klasse interpretiert werden. Typischerweise erhält diese Klasse den Zuschlag, wenn $\hat{y}_1 \geq 0,5$. Die Wahrscheinlichkeit für die andere Klasse ist $1 - \hat{y}_1$. Es ist auch möglich, jede der beiden Klassen mit einem eigenen Ausgabeneuron darzustellen. In der Annahme, dass auf diese Weise die Zusammenhänge besser modelliert und die Klassenwahrscheinlichkeiten genauer abgebildet werden können, wird dies gelegentlich sogar empfohlen. Mit $k = 2$ Neuronen sind dann die Aussagen zum Mehrklassen-Problem in der Single-Label-Variante zu berücksichtigen.

**Multi-Label Klassifikation.** Ein Mehrklassen-Problem mit $k$ Klassen, bei dem ein Objekt beliebig vielen der vorgegebenen Klassen zugeordnet werden darf – also insbesondere auch keiner der Klassen oder mehreren – wird als *Multi-Label-Klassifikation* bezeichnet. Dies lässt sich besonders leicht umsetzen, wenn für jede der $k$ Klassen ein binäres Merkmal existiert und die Aufgabe entsprechend als $k$ parallel durchgeführte binäre Klassifikationen behandelt wird. Folglich wird für jede der $k$ Klassen ein dediziertes Ausgabeneuron verwendet, das die Zuordnung zur assoziierten Klasse signalisiert. Wie beim binären Fall kann die logistische Funktion als Aktivierungsfunktion verwendet werden. Da es aber anders als bei der klassischen Umsetzung der binären Variante mit einem Ausgabeneuron (siehe oben) für jede Klasse ein Ausgabeneuron gibt, können die $k$ Ausgabewerte $\hat{y}_j$ direkt als Wahrscheinlichkeiten für die Klassen verwendet werden. Da jede Klassenzuordnung individuell betrachtet wird, besteht durch Vergleich mit einem Schwellenwert, meist $\hat{y}_j \geq 0,5$, die Möglichkeit der Zuordnung auch zu keiner oder zu mehreren Klassen.

**Single-Label Klassifikation.** Bei einem Mehrklassen-Problem vom Type *Single-Label* wird verlangt, dass ein Objekt genau einer der $k$ gegebenen Klassen zugeordnet wird. Bei dieser Variante gehen wir von einem One-Hot-Label-Encoding aus, bei dem jeweils nur bei einer der $k$ Zielgrößen $y_j$ eine 1 gesetzt ist. Für jede der $k$ Klassen gibt es wie bei der Multi-Label-Variante ein Ausgabeneuron, das mit der entsprechenden Klasse assoziiert ist. Als Aktivierungsfunktion wird die Softmax-Funktion verwendet. Diese sorgt mit ihrer normierenden Eigenschaft dafür, dass die Prognosewerte $\hat{y}_j$ bezogen auf alle Klassen eine Wahrscheinlichkeitsverteilung darstellen. Die Wahrscheinlichkeitswerte beschreiben den Grad der Überzeugung, dass die jeweilige Klasse die richtige ist, und werden deshalb auch als Konfidenzwerte bezeichnet. Die Klasse $j^*$ mit dem größten Konfidenzwert erhält nach dem sogenannten *Winner-takes-all-Prinzip* den Zuschlag.

Wir gehen davon aus, dass bei Klassifikationsaufgaben nur die Klassenwahrscheinlichkeiten ausgegeben werden. Eine tatsächliche harte Entscheidung für eine oder mehrere Klassen erfolgt auf Basis der Wahrscheinlichkeiten dann nachgelagert im Rahmen der Anwendung.

Bei der Vorstellung weiterer Netzwerktypen in Abschn. 4.3 und insbesondere im Kap. 5 zur Informationsextraktion aus Texten mittels Natural Language Processing werden wir weitere Aufgabentypen thematisieren. Diese benötigen jeweils spezielle Lösungen in den Grundstrukturen. Davon unberührt bleibt, dass die Aufgabe die Grundstruktur mit Eingabeschicht und Ausgabeschicht vorgibt. Bei Ausgestaltung zwischen Eingabeschicht und Ausgabeschicht, insbesondere die Anzahl versteckter Schichten sowie Typ und Anzahl Neuronen in jeder der versteckten Schichten, gibt es alle Freiheiten: Von einfachen vorwärts gerichteten Netzen mit gerade einer versteckten Schicht bis zu komplexen tiefen Netzwerken ist alles möglich. Der nächste Abschnitt thematisiert, welcher Teil einer Lösung auf Basis neuronaler Netze vorgegeben wird, und was tatsächlich gelernt werden soll.

## Hyperparameter und Parameter

Im Kontext neuronaler Netze und auch in dieser Darstellung wurde schon oft erwähnt, dass die Gewichte des Netzes angepasst werden müssen. Ganz offensichtlich zählen die Gewichte eines neuronalen Netzes zu den Parametern, die in einem Lernprozess bestimmt werden sollen, so wie wir es auch allgemein beim maschinellen Lernen beschrieben haben (siehe Abschn. 3.2). Bei der Einführung der Neuronenmodelle haben wir auch gesehen, wo diese Gewichte stecken: In der Regel hängt an jeder Verbindung zwischen zwei Neuronen ein Gewicht, das im Lernprozess sinnvoll angepasst werden soll.

Haben wir beispielsweise zwei aufeinander folgende vollständig verbundene Schichten mit jeweils 100 Neuronen, führt das bereits zu 10.000 Gewichten. Fügen wir noch für jedes Neuron ein zusätzliches Gewicht für seinen Bias hinzu, sind es in Summe 10.100 Gewichte. Gerade bei tiefen neuronalen Netzen ist die Anzahl der Gewichte sehr groß. Beispielsweise hat das *Pathways Language Model (PaLM)* von Google 540 Mrd. Gewichte [27]. Zur Einordnung der Größenordnung: Ein vollständig verbundenes vorwärts gerichteten Netzwerk mit 1000 Neuronen pro Schicht bestünde aus 5400 Schichten, um auf dieselbe Anzahl an Gewichten zu kommen. Das ist beeindruckend und benötigt sehr viel Trainingsdaten und unglaublich viel Rechenleistung für den Lernprozess und oft auch für die Anwendung.

Wir wollen nun betrachten, was im Rahmen eines Lernprozesses gelernt werden kann. Geht es nur um die Gewichte, die angepasst werden müssen, oder gibt es noch mehr?

**Topologie.** Die Topologie eines Netzwerks beschreibt, wie die Knoten, also die Neuronen, angeordnet und miteinander verbunden sind. Im letzten Abschnitt haben wir mit den vorwärts gerichteten Netzwerken eine einfache Topologie kennengelernt. Im nächsten kommen unter dem Deckmantel der Netzwerktypen weitere Topologien hinzu. Es ist zumindest *theoretisch* denkbar, die Suche nach einer geeigneten Lösung im Raum aller möglichen Netzwerke durchzuführen und dabei auch verschiedene Topologien auszutesten oder sogar gänzlich ohne Vorgaben Strukturen zufällig entstehen zu lassen.

**Größe.** Ebenso können innerhalb eines Netzwerktyps Größenparameter optimiert werden. Bei einem vorwärts gerichteten Netzwerk also die Anzahl versteckter Schichten und die Anzahl der Neuronen in jeder einzelnen Schicht. Es wird schnell klar, dass die Menge der möglichen Strukturen und Größen schon unvorstellbar groß ist – und dabei haben wir noch bei keinem einzigen der Netze die Gewichte angepasst.

**Funktionsweise.** Die Funktionsweise eines Neurons haben wir im allgemeinen Neuronenmodell mit den drei Funktionen für Netzeingabe, Aktivierung und Ausgabe beschrieben. Die Auswahl der Funktion ist stark von der eigentlichen Aufgabe geprägt. Dennoch kann die Auswahl oder Umsetzung dieser Funktionen ebenfalls in den Lernprozess aufgenommen werden. Hier gilt allerdings dasselbe, wie oben bei der Topologie und Größe bereits diskutiert. Eine umfassende Suche ist daher in realistischen Anwendungsszenarien in der Regel nicht angebracht.

Die Topologie, die Funktionen und deren Parameter innerhalb der Neuronen und insbesondere die Größe des Netzwerks können theoretisch problemlos als anpassbare Parameter formuliert werden. Da diese Parameter jedoch in der Regel diskret sind – sie haben vorrangig ganzzahlige oder qualitative Ausprägungen – kommt ein ganzheitlicher Anpassungsprozess zusammen mit den Gewichten durch einen Optimierungsansatz auf Basis eines Gradientenabstiegs, wie wir ihn für die reellwertigen Gewichte vorstellen werden, nicht in Frage. Vorstellbar ist beispielsweise ein *intelligenter Agent,* der auf Basis von Reinforcement Learning lernt, wie ein brauchbares Netz aufzubauen ist. Auch der Einsatz evolutionärer Algorithmen ist möglich. Diese halten einen Pool brauchbarer Lösungen vor, den sie durch Abwandeln (Mutation) und Zusammenführen (Rekombination) bestehender Lösungen wiederholt erweitern oder erneuern. Die *Brauchbarkeit* (Fitness) kann dabei über die übliche Leistungsmessung erfolgen (siehe unten). Da aber bei großen Netzen bereits ein Lernvorgang sehr aufwendig und teuer ist, sind derartige Ansätze (noch) nicht sehr verbreitet. Die Idee der Kombination verschiedener Ansätze, wie auch von Pedro Domingos in seinem Buch „The

Master Algorithm: How the Quest for the Ultimate Learning Machine Will Remake Our World" beschrieben [39], bietet dennoch ein spannendes Forschungsfeld.

Kommen wir zu den klassischen Lernszenarien zurück. Die meisten der oben genannten Eigenschaften oder Konfigurationen werden auf Basis von Erfahrungswerten fest vorgegeben, etwa die Auswahl einer Netzarchitektur mit entsprechenden Funktionalitäten innerhalb der Schichten. Einige Einstellungen, oft die Größe einzelner Schichten oder eine konkrete Anzahl an Schichten, wird gelegentlich als *Hyperparameter* in den Lernprozess aufgenommen. Durch eine Hyperparameter-Optimierung, also durch Versuch und Irrtum, können auch diese *Parameter* in geringem Ausmaß angepasst werden. Die Form der Anpassung unterscheidet sich jedoch grundlegend von der Anpassung der Gewichte. Es handelt sich dabei um einen sogenannten *Wrapper-Ansatz,* der die normale Gewichtsanpassung umhüllt und diese für ausgewählte Kombinationen ausführt. In Ergänzung zu etwaigen strukturellen Hyperparameter kommen meist noch Einstellungen der Lernverfahren, etwa die *Lernrate* beim Gradientenabstieg, als Hyperparameter hinzu. Letztlich lässt sich die Flut an Veröffentlichungen im Bereich Deep Learning zum Großteil durch die unzähligen Möglichkeiten erklären. Tatsächlich neuartige Ansätze und Lösungsstrategien sind eher selten, oft werden lediglich Variationen bekannter Architekturen und Ansätze beschrieben und in neuen Anwendungsszenarien erprobt. Im Folgenden gehen wir davon aus, dass Topologie, Funktionsweise und Größe fest vorgegeben sind, so dass lediglich die Gewichte eines Netzwerks angepasst werden müssen.

**Bewertung der Leistungsfähigkeit und die Loss-Funktion**

Ein essenzieller Faktor für jedes Lernszenario ist die Messung der Leistungsfähigkeit einer Lösung. Dabei beziehen wir uns vorrangig auf die Modellgüte oder auch auf mangelnde Modellgüte, wie eine Betrachtung einer Fehlerrate. Wir verwenden den Begriff *Fehler* (engl. *error*), den ein neuronales Netz bei der Prognoseaufgabe macht, als allgemeines Konzept, der auf unterschiedliche Weisen gemessen werden kann. Allgemein wird eine Funktion, die den Fehler misst, auch als Verlustfunktion (engl. *loss function*) oder Kostenfunktion (engl. *cost function*) bezeichnet. Offensichtlich sollen Kosten oder Verluste vermieden werden und daher gilt es, diese mit einem geeigneten Optimierungsansatz zu minimieren. Wir verwenden im Folgenden meist die Bezeichnung *Loss-Funktion,* da in vielen Ansätzen der *Loss* als entscheidende Kennzahl der Optimierung ausgegeben wird.

Die betrachteten Optimierungsansätze beruhen auf dem Gradientenabstieg. Wenn eine Lösung nicht direkt analytisch berechnet werden kann, ist das die übliche Wahl, Differenzierbarkeit der Loss-Funktion vorausgesetzt. Wir erinnern uns, dass die Sprungfunktion aufgrund der beiden Plateaus bei der Loss-Funktion zu zahlreichen Sprüngen führt. Das war der Grund, warum sie als Aktivierungsfunktion zunächst durch sigmoide und dann vorrangig durch ReLU-Varianten abgelöst wurde.

Aus demselben Grund kommt bei Klassifikationsaufgaben auch nicht die klassische Fehlerrate als Loss-Funktion infrage. Da diese lediglich berücksichtigt, ob Klassifikationsentscheidungen korrekt sind oder nicht, führt dies ebenfalls zu Sprüngen (siehe Abschn. 3.2.1). Stattdessen gilt es, die Konfidenz als Grad der Sicherheit beim Treffen von Klassifikationsentscheidungen zu berücksichtigen.

Im Folgenden stellen wir einige gängige Loss-Funktionen für Regressionsaufgaben und Klassifikationsaufgaben vor. Diese beziehen sich entweder direkt auf ein individuelles Lernbeispiel $i$, das als Eingabe-Ausgabe-Paar $(\mathbf{x}_i, \mathbf{y}_i)$ vorliegt, oder gemittelt auf einer Menge mit $n$ Lernbeispielen, $D = \{(\mathbf{x}_1, \mathbf{y}_1), \ldots, (\mathbf{x}_n, \mathbf{y}_n)\}$. Bei der Menge kann es sich um die vollständige Trainings-, Validierungs- oder Testmenge handeln (siehe Abschn. 3.4) oder auch nur um eine Teilmenge, die dann meist als *Batch* oder, bei sehr kleinem $n$, auch als *Mini-Batch* bezeichnet wird.

Für eine Regressionsaufgabe mit einer Zielgröße und für eine binäre Klassifikation mit einem Ausgabeneuron ist die Zielgröße *skalar*. Daher vereinfacht sich die Notation bei der Angabe der Werte. Wenn es um ein konkretes Lernbeispiel geht, dann ist $y$ der wahre Wert und $\hat{y}$ die Prognose der Zielgröße. Beziehen wir uns auf ein Lernbeispiel $i$ aus einer Menge, dann bezeichnen $y_i$ und $\hat{y}_i$ die entsprechenden Werte.

Wenn wir, wie beim Mehrklassen-Problem durch das One-Hot-Label-Encoding, die eigentliche Zielgröße mit $k$ Variablen repräsentieren müssen, dann bleibt die Vektornotation auch für ein Lernbeispiel bestehen. Es sind dann $\mathbf{y} = (y_1, ..., y_k)$ und entsprechend $\hat{\mathbf{y}} = (\hat{y}_1, ..., \hat{y}_k)$ die Vektoren mit $k$ Einträgen für die wahren Zielwerte und die Prognosewerte. Entsprechend stellen $\mathbf{y}_i = (y_{i1}, ..., y_{ik})$ und $\hat{\mathbf{y}}_i = (\hat{y}_{i1}, ..., \hat{y}_{ik})$ Vektoren mit den $k$ wahren Zielwerten und Prognosewerten für das Lernbeispiel $i$ dar. Den ersten Index, in der Regel $i$, verwenden wir für den Bezug zum Lernbeispiel und den zweiten Index, hier $j$, um die einzelnen Werte der Zielgröße zu adressieren.

Betrachten wir zunächst eine Regressionsaufgabe mit einer skalaren Zielgröße. Eine gängige Loss-Funktion basiert auf dem quadratischen Fehler. Sie ist auch als $L^2$-*Loss* bekannt und hier zunächst für ein Lernbeispiel $i$ angegeben:

$$L_i(\hat{y}_i, y_i,) = \frac{1}{2}(y_i - \hat{y}_i)^2 \tag{4.9}$$

Der Faktor ½ kürzt sich später bei der Berechnung der Ableitung heraus. Genau genommen ist das der Grund, warum der Faktor per Konvention bevorzugt der Formel hinzugefügt wird. Dadurch ändert sich zwar der Wert der Loss-Funktion, für die Verwendung als Zielfunktion der Optimierung ist das jedoch belanglos, da dadurch die Nullstellen der Ableitung nicht verändert werden. Bezogen auf die gesamte Datenmenge mit $n$ Lernbeispielen, ergibt sich damit der aus der linearen Regression mit der Methode der kleinsten Quadrate bekannte *mittlere quadratische Fehler* (engl. *mean squared error (MSE)*):

$$L = \frac{1}{2n} \sum_{i=1}^{n} (y_i - \hat{y}_i)^2 \tag{4.10}$$

Robuster bei Ausreißern und leichter zu interpretieren ist der *mittlere absolute Fehler* (engl. *mean absolute error, MAE*), der auch als $L^1$-*Loss* bekannt ist:

$$L = \frac{1}{n} \sum_{i=1}^{n} |y_i - \hat{y}_i| \tag{4.11}$$

Bei binären Klassifikationsproblemen wird bevorzugt die *binäre Kreuzentropie* (engl. *binary cross entropy*) verwendet. Für ein Lernbeispiel $i$ berechnet sie sich mit

$$L_i(\hat{y}_i, y_i) = -y_i \log \hat{y}_i - (1 - y_i) \log(1 - \hat{y}_i) \tag{4.12}$$

Und die mittlere binäre Kreuzentropie für $n$ Lernbeispielen berechnet sich als

$$L = -\frac{1}{n} \sum_{i=1}^{n} y_i \log \hat{y}_i + (1 - y_i) \log(1 - \hat{y}_i) \tag{4.13}$$

Durch die binären Werte der Zielgröße als Faktoren $y_i$ und $(1 - y_i)$ wird erreicht, dass jeweils nur die Prognosewerte der jeweils korrekten Klasse als logarithmierte Wahrscheinlichkeiten in die Berechnung des Verlusts einfließen. Wie Abb. 4.9 zeigt, fließen echte Fehler überproportional ein, und zwar umso stärker, je kleiner der Wahrscheinlichkeitswert, also je überzeugter das neuronale Netz fälschlicherweise war, dass eine andere Klasse die richtige ist. Größere Wahrscheinlichkeitswerte tragen weniger stark zur Erhöhung des Verlusts bei. Dennoch wird Unsicherheit *bestraft,* auch wenn die Klassifikationsentscheidung korrekt ist. Das Minuszeichen sorgt dafür, dass der Verlustwert positiv ist, der Wertebereich des Logarithmus für Werte unter 1 negativ ist.

Bei $k$ Klassen, von denen jeweils genau eine eintreten kann (Single-Label-Klassifikation), ergibt sich für eine Datenmenge mit $n$ Lernbeispielen die allgemeine *Kreuzentropie* (engl. *cross entropy*), auch als *negativer Log Loss* bezeichnet, als

**Abb. 4.9** Durch den Logarithmus der Wahrscheinlichkeitswerte wird der Fokus auf die falschen Entscheidungen gelegt – und zwar umso mehr, je stärker das neuronale Netz davon überzeugt war

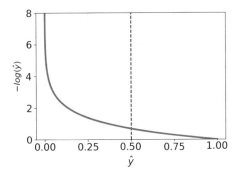

$$L = -\frac{1}{n} \sum_{i=1}^{n} \sum_{j=1}^{k} y_{ij} \log \hat{y}_{ij} \tag{4.14}$$

Bei der allgemeinen Kreuzentropie werden alle $k$ Klassen individuell mit ihren Wahrscheinlichkeiten berücksichtigt. Wie im binären Fall fließt durch Verwendung der *binären Faktoren* $y_{ij}$ nur der Logarithmus der Wahrscheinlichkeit der tatsächlich korrekten Klasse als Verlust in die Berechnung ein.

Es gibt viele weitere Loss-Funktionen für die genannten Aufgabentypen und auch für weitere Aufgaben. An geeigneter Stelle, etwa beim Thema *Auto Encoding* oder insbesondere bei NLP-Aufgaben (siehe Kap. 5), werden wir darauf eingehen. Letztlich muss die gewählte Loss-Funktion zur Aufgabe und den Anforderungen der Anwendung passen. Neben dieser hier vorgestellten rein fehlerorientierten Betrachtung werden wir später zur Vermeidung von Overfitting die Ergänzung der Loss-Funktionen um einen Term zur Bestrafung von Modellkomplexität, die sogenannte *Regularisierung,* vorstellen. Die Wahl und Gestaltung der Loss-Funktion als zentrale Zielfunktion für die Anpassung der Gewichte als Minimierungsaufgabe beeinflusst das Ergebnis stark. Dennoch ist das generelle Vorgehen zur Parameteranpassung unabhängig davon.

Sobald eine der Aufgabe angemessene Loss-Funktion $L$ festgelegt ist, erfolgt der Lernprozess unabhängig von der zugrunde liegenden Aufgabe stets gleich: Das neuronale Netz versucht die Loss-Funktion zu minimieren, indem die anpassbaren Parameter, in unserem Fall die Gewichte, verändert werden. In der Literatur wird die Menge der Parameter oft mit $\theta$ bezeichnet. Da wir ausschließlich die Gewichte eines neuronalen Netzes anpassen, bezeichnen wir den Parametervektor stattdessen als $\mathbf{w}$. Da der Parametervektor neben den Daten der Lernbeispiele maßgeblich die Loss-Funktion beeinflusst, wird der mit angegeben, wenn die Belegung der Werte nicht im Kontext eindeutig ist, also $L = L(D, \mathbf{w})$ für die Datenmenge $D = \{(\mathbf{x}_1, \mathbf{y}_1), \ldots, (\mathbf{x}_n, \mathbf{y}_n)\}$ und Parametervektor $\mathbf{w}$.

**Optimierung der Loss-Funktion: Back-Propagation und Gradientenabstieg**

Für ein neuronales Netz mit fester Parametermenge und gegebenen Daten können wir mittels der Loss-Funktion den Fehler bestimmen. Wie aber können einzelne Gewichte ausgemacht werden, die für den Fehler verantwortlich sind? Für die Gewichte der Ausgabeschicht eines neuronalen Netzes gab es schon früh entsprechende Regeln zum Anpassen der Gewichte wie die Delta-Regel [146, 188]. Allgemein wird zur Optimierung eines Parameters bevorzugt auf iterative Lösungen mittels Gradientenabstieg gesetzt, wenn eine Lösung analytisch nicht direkt ermittelt werden kann. Die Anpassung der Gewichte in den versteckten Schichten stellte jedoch bei allen bekannten Lösungen ein Problem dar. Es handelt sich um ein sogenanntes *Credit* (oder eher *Blame*) *Assignment Problem:* Wie lässt sich der Fehler eines Netzwerkes den einzelnen Gewichten zuordnen? Welches Gewicht ist für die Fehler in welchem Ausmaß verantwortlich?

Eine allgemeine Lösung für das Problem ist ein Prozess, der als *Rückübertragung der Fehler* (engl. *back-propagation of errors*) bekannt ist. Wir unterscheiden zwischen dem konkreten *Back-Propagation-Algorithmus* und dem grundlegenden Prinzip. Im Bereich der neuronalen Netze ist der Algorithmus durch die Veröffentlichung „Learning representations by back-propagating errors" von David Rumelhart, Geoffrey Hinten und Ronald Williams berühmt geworden [152]. Allerdings wurden vergleichbare Ansätze auch schon früher entwickelt, beispielsweise von Seppo Linnainmaa [105] oder Paul Werbos [185, 186] (siehe auch Abschn. 2.2). Der Back-Propagation-Algorithmus gilt als eine der wichtigsten Entwicklungen im Bereich der neuronalen Netze und war letztlich der entscheidende Wegbereiter für die Entwicklung von Deep Learning.

Wir betrachten im Folgenden nicht den konkreten Back-Propagation-Algorithmus [152], sondern *Back-Propagation* als grundlegende Komponente bei der Anpassung der Gewichte in einem neuronalen Netz. Unabhängig von der Tiefe oder der Architektur besteht ein derartiges Vorgehen stets aus zwei Komponenten: ein Ansatz zur Lösung des Credit Assignment Problems und ein Ansatz zur Aktualisierung der Gewichte. Back-Propagation als grundlegende Komponente stellt ein allgemeines Vorgehen zur Bestimmung des Gradienten der Verlustfunktion bezüglich *aller* Gewichte dar und löst dadurch das Credit Assignment Problem. Die darauf aufbauende Aktualisierung der Gewichte beruht in der Regel auf dem Gradientenabstieg.

## Gradientenabstieg

Es soll eine Belegung der Gewichte **w** bestimmt werden, die die vorgegebene Loss-Funktion als Zielfunktion minimiert. Dabei setzen wir voraus, dass die Loss-Funktion differenzierbar ist. Die effizienteste Art ein Optimierungsproblem zu lösen, ist die analytische Berechnung: Bestimmung aller partiellen Ableitungen, Ermittlung deren Nullstellen als notwendige Bedingung für Extremwerte und Überprüfung geeigneter hinreichender Bedingungen. Während das bei der einfachen linearen Regression mit zwei Parametern, y-Achsenabschnitt und Steigung, selbst bei beliebig vielen Datenpunkten hervorragend funktioniert, kommen wir bei größeren Problemen so nicht weiter. Und die Anpassung der Gewichte bei einem neuronalen Netz gehört im Bereich Deep Learning ohne Frage zu dieser Kategorie. Aus mathematischer Perspektive führt daher an einer iterativen Lösung auf Basis des Gradientenabstiegs als nächstbeste und durchführbare Lösungsstrategie kaum ein Weg vorbei.

Bei einer iterativen Näherungslösung mit Gradientenabstiegsverfahren werden die aktuellen Werte der Parameter in dem Gradienten entgegengesetzter Richtung angepasst. Bei geeigneter Schrittgröße gelangt man so zu neuen Werten, die einen geringen Loss haben. Abb. 4.10 zeigt das Prinzip für einen Parameter, das Gewicht $w$. Da der Gradient stets in Richtung des steilsten Aufstiegs zeigt, muss darauf geachtet werden, dass bei einem Minimierungsproblem die Anpassung in dem Gradienten entgegengesetzter Richtung erfolgt. Nun wird dieser Vorgang wiederholt, bis ein (meist nur) *lokales Minimum* erreicht ist. Eine Garantie, ein globales Minimum zu finden, gibt es nur, wenn die Zielfunktion bestimmte

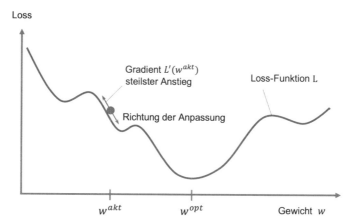

**Abb. 4.10** Gradientenabstieg bei einem Gewicht: Ausgehend von einer aktuellen Lösung $w^{akt}$ sollte das Gewicht in dem Gradienten entgegengesetzter Richtung verändert werden

Eigenschaften aufweist. Der Verlauf der Loss-Funktion in der Abbildung lässt bereits für diesen einfachen Fall mit einem Gewicht erahnen, wie groß das Risiko ist, in einem lokalen Minimum hängenzubleiben, da es von dort aus in alle Richtung aufwärts geht. Bei einer Loss-Funktion mit extrem vielen Variablen, unsere Parameter, wird es in der Regel sehr viele lokale Minima geben. In welchem Minimum der Vorgang der schrittweisen Optimierung endet, hängt von der Anfangslösung ab, die in der Regel zufällig bestimmt wird. Fortschrittlichere Ansätze bieten auch Möglichkeiten, insbesondere durch ein sogenanntes *Momentum,* den *Schwung* der Bewegung ausnutzend, kleinere *Zwischenanstiege* zu überwinden, um nicht zu schnell im *erstbesten* lokalen Minimum hängenzubleiben. Weiterhin ist zu bedenken, dass das Verfahren in der einfachen Grundform nicht einmal garantiert in einem lokalen Minimum konvergiert und somit die Berechnung verlässlich terminiert. Bei zu großer Schrittgröße kann es passieren, dass ein Minimum *übergangen* wird und im ungünstigsten Fall springt das Verfahren nur noch zwischen zwei Stellen hin und her. Durch eine dynamische Anpassung der Schrittgröße wird die Gefahr deutlich gesenkt und eine vorgegebene Obergrenze für die Anzahl maximal auszuführender Iterationen sorgt dafür, dass das Verfahren nach endlich vielen Schritten abbricht, notfalls ohne ein lokales Minimum gefunden zu haben. Trotz der angedeuteten Herausforderungen bei der schrittweisen Anpassung der Gewichte ist ein Ansatz basierend auf dem Gradientenverfahren im Allgemeinen die beste Wahl, um die Richtung der Anpassung zu bestimmen.

Bezogen auf die Anpassung der Gewichte drückt der Gradient die Stärke des Einflusses der Gewichte auf die Loss-Funktion aus. Bei partieller, also individueller, Betrachtung jedes Gewichts bedeutet dies, dass ein Anpassen in entgegengesetzter Richtung die größtmögliche Verringerung des Verlusts erhoffen lässt. Wie sich die Kombination aller Veränderungen tatsächlich auswirkt, wird sich in der folgenden Iteration dann zeigen.

Entscheidend bei der Umsetzung des Gradientenabstiegs ist die konkrete Ausgestaltung des Anpassungsprozesses. Der wichtigste Aspekt ist dabei die Schrittgröße (engl. *step size*), auch *Lernrate* genannt. Sie gibt an, wie weit ein Gewicht entgegen der Richtung des Gradienten angepasst wird.

Um die Anpassung in ihrer einfachsten Form zu illustrieren, gehen wir von einer globalen Schrittgröße $\eta$ für alle Gewichte aus. Damit lässt sich die Anpassung durch Gradientenabstieg auf Basis des Gradienten der Loss-Funktion $\nabla_{\mathbf{w}} L$ zum Zeitpunkt $t$, also etwa nach Bearbeitung eines konkreten Lernbeispiels $i_t$ mit Merkmalsvektor $\mathbf{x}_{i_t}$ und Zielgrößenvektor $\mathbf{y}_{i_t}$, wie folgt formulieren:

$$\mathbf{w}_{t+1} \leftarrow \mathbf{w}_t - \eta \nabla_{\mathbf{w}} L(\mathbf{x}_{i_t}, \mathbf{y}_{i_t}, \mathbf{w}_t) \tag{4.15}$$

Der Gradient der Loss-Funktion $\nabla_{\mathbf{w}}$ ist ein Vektor, dessen Elemente alle partiellen Ableitungen der Loss-Funktion nach den Gewichten $\mathbf{w}_j$ sind:

$$\nabla_{\mathbf{w}} L = \begin{pmatrix} \frac{\partial L}{\partial w_1} \\ \vdots \\ \frac{\partial L}{\partial w_p} \end{pmatrix} \tag{4.16}$$

Für die Anpassung werden die Werte der einzelnen partiellen Ableitungen an genau der Stelle benötigt, die durch den Merkmalsvektor $\mathbf{x}_{i_t}$ und die Zielgröße $\mathbf{y}_{i_t}$ des Lernbeispiels $i_t$ sowie die Belegung der Gewichte zum Zeitpunkt $t$ vorgegeben ist. In Abschn. 4.2.5 führen wir die für die Gewichtsanpassung benötigten Berechnungen exemplarisch für ein kleines neuronales Netz und zwei Lernbeispiele durch.

Wie oben angedeutet, ist die Wahl der Schrittgröße sehr kritisch. Ist die Schrittgröße zu klein, kann es sehr lange dauern, bis ein lokales Minimum erreicht wird. Ist sie dagegen zu groß, kann es passieren, dass über das Ziel hinausgeschossen wird. Dann erfolgt im nächsten Schritt eine Anpassung in entgegengesetzter Richtung. Und wenn es ungünstig läuft, springt das Verfahren endlos zwischen zwei Werten hin und her. Dann würde das Verfahren nicht terminiert. Deshalb wird oft eine Obergrenze für die Anzahl ausgeführter Iterationen vorgegeben. Optimierungsverfahren haben daher ausgefeilte Strategien zur dynamischen Anpassung der Lernrate oder führen sogar unterschiedliche Lernraten für Gewichte ein.

Ein weiterer wichtiger Aspekt ist die Häufigkeit oder Frequenz, mit der der Gradientenabstieg durchgeführt wird. Im Extremfall werden die Gewichte nach jedem Lernbeispiel wie oben skizziert aktualisiert. Um den Einfluss einzelner Lernbeispiele, die aufgrund von Rauschen in den Daten auch zu ungünstigen Anpassungen führen können, einerseits und andererseits um den Aufwand der Berechnungen für die Anpassung zu reduzieren, werden diese teilweise gruppenweise in sogenannten *Batches*, bei kleiner Gruppengröße auch *Mini-Batches* genannt, durchgeführt. Ein über mehrere Lernbeispiele gemittelter Gradient führt in der Regel zu einem stabileren Anpassungsprozess.

Es gibt zahlreiche Ansätze, in der Praxis als *Optimierer* (engl. *optimizer*) bezeichnet, mit unterschiedlichen Möglichkeiten zur Ausgestaltung des Gradientenabstiegs [149]. In Deep-Learning-Frameworks stehen bei Umsetzung meist verschiedene Optimierer zur Auswahl. Im Sinne des *No-Free-Lunch-Theorems* (siehe Abschn. 3.4.1) wird kein Optimierer immer der beste sein. Ein zurzeit sehr populärer und oft als Standard eingesetzter Optimierer ist der adaptive Momentum-Schätzer *Adam,* der die Gewichtsanpassungen auf Basis von Momentum-basierten individuellen Lernraten durchführt [88].

Die Wahl kann die Lösung selbst und insbesondere auch die Geschwindigkeit entscheidend beeinflussen. Am grundlegenden Prinzip des Gradientenabstiegs ändern sie jedoch nichts – deswegen wird oft pauschal von der Anwendung des Gradientenverfahrens gesprochen. Wir können folglich auf die Verfügbarkeit etablierter Lösungen für das Anpassen der Gewichte im Gradientenabstieg setzen. Die entscheidende Frage ist daher, wie wir den Gradienten für die Gewichte in einem neuronalen Netz berechnen können. Eine Antwort liefert uns das Konzept der Back-Propagation.

**Back-Propagation der Fehler**

Für die Anpassung der Gewichte durch eine beliebige Umsetzung des Gradientenabstiegs benötigen wir den Gradienten der Loss-Funktion jeweils an der Stelle, die durch ein Lernbeispiel und die aktuellen Gewichte vorgegeben ist. Das bedeutet, dass die Werte der partiellen Ableitungsfunktionen der Loss-Funktion nach den Gewichten bei jedem Lernbeispiel berechnet werden müssen. In einem neuronalen Netz werden die funktionalen Zusammenhänge zwischen Eingabe und Ausgabe mit zunehmender Tiefe immer verschachtelter und komplexer. Wie lassen sich unter den Umständen die partiellen Ableitungen berechnen?

Der Kern der Back-Propagation der Fehler beschreibt, wie das möglich ist. Um einen Fehler zurück durch ein neuronales Netz zu schicken, um ihn dann dem Einfluss der Gewichte entsprechend aufzuschlüsseln, muss zunächst einmal ein Fehler für ein Lernbeispiel beobachtet werden. Dazu werden die Eingabedaten $\mathbf{x}_i$ eines Lernbeispiels $i$ in regulärer Richtung, also vorwärts, durch das neuronale Netz geleitet – man nennt diesen Vorgang deshalb auch *Forward-Propagation.* An der Ausgabe des Netzes werden Ergebnisse als Prognosewerte $\hat{\mathbf{y}}_i$ für das Lernbeispiel abgelesen. Faktisch wird das neuronale Netz so verwendet, wie vorgesehen. Da die wahren Zielwerte $\mathbf{y}_i$ während des Lernprozesses bekannt sind, können sie zusammen mit den Prognosewerten des Lernbeispiels für die Berechnung des Verlusts als Wert der Loss-Funktion bestimmt werden. Der Verlust ist der Fehler, der durch das Netz zurückgeführt werden soll.

**Ablauf des Trainings: Durchführung der Gewichtsanpassung**

Bei der Beschreibung des Prinzips der Back-Propagation haben wir gesehen, dass für ein Lernbeispiel eine Forward-Propagation und eine Back-Propagation durchgeführt werden muss, um die Gewichte mit den berechneten Gradienten anzupassen. Wenn dieser Vorgang für alle verfügbaren oder ausgewählten Trainingsdaten durchgeführt wurde, ist eine Iteration abgeschlossen. Üblicherweise sind viele Iterationen notwendig, bis der Verlust ein akzeptables Niveau erreicht hat. Algorithmus 1 fasst die Schritte des Trainingsprozesses in Pseudocode zusammen.

---

**Algorithm 1** Pseudocode zum Trainingsablauf eines neuronalen Netzes

---

   **procedure** TRAINING(Trainingsdaten)
       Initialisierung der Gewichte mit zufälligen Werten
       **repeat**
           **for all** Lernbeispiele in der Trainingsmenge **do**
               Führe Forward-Propagation aus
               Bestimme den Fehler mit der Loss-Funktion
               Führe Back-Propagation aus
               Passe Gewichte mittels Gradientenabstieg an
           **end for**
       **until** Lokales Minimum oder maximale Anzahl Iterationen erreicht
   **end procedure**

---

Die Beschreibung geht von einer Anpassung der Gewichte für jedes Lernbeispiel aus. Da die Reihenfolge der Lernbeispiele keinen signifikanten Einfluss auf das Ergebnis haben sollte und in der Regel sehr oft über die Trainingsdaten iteriert wird, ist es ratsam, die Lernbeispiele in einer zufälligen Reihenfolge dem neuronalen Netz zu präsentieren. Der Ansatz wird daher auch als *Stochastic Gradient Descent* bezeichnet. Wie oben bereits beschrieben ist ein Zusammenfassen der Lernbeispiele zu sogenannten *Batches* effizienter und führt zu mehr Stabilität, da Rauschen und Ausreißer durch die Berechnung eines mittleren Gradienten in einem Batch sich weniger stark auswirken können.

### Vermeidung von Overfitting

Sehr viele Parameter, die Gewichte des neuronalen Netzes, sollen auf Basis von Trainingsdaten angepasst werden, die oft nur in begrenztem Umfang verfügbar sind. Wie die Anpassung unabhängig von der Größe der Trainingsmenge mittels Back-Propagation und Gradientenabstieg funktioniert, haben wir im vorstehenden Abschnitt beschrieben.

Bei einem derartigen Lernszenario sollten sofort alle Alarmglocken läuten: Ist nicht Overfitting die zentrale Herausforderung beim Lernen aus Daten? Wie verhält es sich in diesem Fall? Die Antwort ist einfach und eindeutig: Ja, es ist ein großes Problem – und zwar ein umso gravierenderes, je tiefer und größer das verwendete neuronale Netz ist.

Daher sollte die Leistungsfähigkeit des Netzes unbedingt während des Trainingsprozesses, der in realen Anwendungsfällen meist sehr langwierig ist, regelmäßig auf Basis zusätzlicher Validierungsdaten überprüft werden, um einsetzendes Overfitting zu erkennen. Im Folgenden werden vier Kategorien von Ansätzen kurz skizziert, die helfen sollen, Overfitting von vornherein zu vermeiden. Modifikationen eines Lernverfahrens zur Vermeidung von Overfitting werden auch als *Regularisierung* bezeichnet [53].

**Shrinkage Penalty.** Ein bewährter Ansatz zur Vermeidung von Overfitting beruht auf der Bestrafung zu großer Gewichte. Große Gewichte erlauben es einem Modell, den Fokus auf Besonderheiten einzelner Merkmale zu legen. So können zwar die Trainingsdaten treffend beschrieben und erkannt werden, selten jedoch neue Daten. Größere Gewichte führen zu mehr Varianz in den Modellen und zu mangelnder Generalisierungsfähigkeit. Die Verwendung von Straftermen, die ein Modell dazu ermuntern soll, kleinere Gewichte zu bevorzugen, hilft dabei, die Gefahr des Overfittings zu reduzieren [78]. Es sei $L$ eine Loss-Funktion, die wie oben eingeführt nur die Fehler berücksichtigt. Eine mit quadrierten Gewichten, die sogenannte $L^2$-Norm, als Strafterm für die Regularisierung ergänzte Loss-Funktion $L_{\text{reg}}$ lautet entsprechend:

$$L_{\text{reg}} = L + \lambda \sum_{j=1}^{p} w_j^2 \qquad (4.17)$$

Der Parameter $\lambda$ steuert den Einfluss des Strafterms. Eine bekannte Alternative ist die Verwendung der Summe der absoluten Beträge der Gewichte, die sogenannte $L^1$-Norm.

**Weight Decay.** Eine andere Möglichkeit, kleinere Gewichte zu erhalten, ist ein als Gewichtsverfall (engl. *weight decay*) bekannter Ansatz. Die Grundidee ist dabei, dass der Gradient zu einem geringfügig reduzierten Gewicht hinzugefügt wird. In seiner Grundform kann der Gewichtsverfall bei der Gewichtsaktualisierung zum Zeitpunkt $t$ bezogen auf ein Lernbeispiel $i_t$ wie folgt formuliert werden: [194]

$$\mathbf{w_{t+1}} \leftarrow (1 - \eta\beta)\mathbf{w_t} - \eta\nabla_{\mathbf{w}}L(\mathbf{x}_{i_t}, \mathbf{y}_{i_t}, \mathbf{w}_t) \qquad (4.18)$$

**Early Stopping.** Es wird angenommen, dass ein neuronales Netz beim Lernen zunächst die grundlegenden Zusammenhänge erfasst, weil dies mit höherer Wahrscheinlichkeit beim Gradientenabstieg dem steilsten Abstieg entspricht. Erst danach wird ein neuronales Netz beginnen, vermehrt Besonderheiten in den Daten zu berücksichtigen. Diese führen zwar zur Verbesserung der Leistung bei den Trainingsdaten, nicht aber bei neuen Daten. Durch einen frühzeitigen Abbruch (engl. *early stopping*) des Lernprozesses, also insbesondere auch vor Erreichen eines lokalen Minimums, soll dieser Effekt vermieden werden. Da es ohnehin empfehlenswert ist, die Leistungsfähigkeit während des Trainings in regelmäßigen Abständen anhand von Validierungsdaten zu bewerten, kann ein vorzeitiger Abbruch etwa an das Erreichen eines Performance-Plateaus oder, etwas vorsichtiger, an einen signifikanten und anhaltenden Anstieg der Loss-Funktion bei den Validierungsdaten gekoppelt werden.

**Drop-Out.** Das Konzept des *Drop-Out* sieht vor, einen vorgegebenen Anteil der Neuronen einer Schicht zufällig bei der Berechnung auszublenden, sodass temporär von diesen Neuronen kein Ausgangssignal weitergegeben wird [170]. Auf diese Weise wird erreicht, dass ein neuronales Netz die Zusammenhänge, die es erlernen soll, stärker auf seine Neuronen verteilen muss, sodass der Ausfall einzelner Neuronen besser kompensiert werden kann. Da die Neuronen regelmäßig auch die Arbeit anderer Neuronen übernehmen müssen, sinkt die Gefahr, dass einzelne Neuronen Besonderheit einzelner Lernbeispiele repräsentierten, diese sozusagen auswendig lernen. Es handelt sich um ein sehr intuitives und einfach umzusetzendes Konzept, das sehr effektiv ist und seit seiner Veröffentlichung in den meisten Netzen angewendet wird.

## 4.2.5  Durchführung der Back-Propagation an einem Beispiel

Die Berechnungslogik der Back-Propagation soll anhand eines einfachen Beispiels für ein binäres Klassifikationsproblem auf Basis von zwei Merkmalen $x_1$ und $x_2$ illustriert werden. Es wird ein einfaches neuronales Netz mit nur zwei Neuronen in einer versteckten Schicht und zwei Ausgabeneuronen verwendet (siehe Abb. 4.11). Die beiden Klassen werden explizit mit je einem Ausgabeneuron repräsentiert, um insbesondere auch die Verwendung der Softmax-Funktion zu verdeutlichen. Wir verzichten auf die Verwendung einer zusätzlichen Ausgabefunktion wie beim allgemeinen Neuronenmodell, sodass hier der Aktivierungswert eines Neurons stets seinem Ausgangssignal entspricht. Insbesondere sind die Aktivierungswerte der Ausgabeneuronen 5 und 6 die Prognosewerte des Netzes, also $\hat{y}_1 = a_5$ und $\hat{y}_1 = a_6$. Durch Verwendung der Softmax-Funktion in der Ausgabeschicht stellen die Prognosewerte echte Wahrscheinlichkeiten für die assoziierten Klassen dar. Der Fehler des Netzes wird mittels allgemeiner Kreuzentropie berechnet, um den Einfluss der klassenspezifischen Wahrscheinlichkeiten zu verdeutlichen.

**Forward-Propagation-Schritt**
Tab. 4.1 zeigt exemplarisch berechnete Werte des Netzes von Eingabe über die Prognosewerte bis zum Loss-Wert für zwei Lernbeispiele auf Basis der in Abb. 4.11 vorgegebenen zufälligen Belegung der Gewichte.

Wir erinnern uns, dass bei den Eingabeneuronen die Aktivierung den Eingangssignalen entspricht. Daher ist $a_1 = x_1$ und $a_2 = x_2$. Entsprechend des einfachen Neuronenmodells (siehe Abb. 4.4) bezeichnet die Netzeingabe $z_j$ des Neurons $j$ die Summe der gewichteten Eingangssignale und die Aktivierungsfunktion verarbeitet die Netzeingabe zum Aktivierungssignal $a_j$, das zugleich der Ausgabewert des Neurons ist.

**Tab. 4.1** Berechnung der Werte im neuronalen Netz (Forward-Propagation)

| $i$ | $x_1$ | $x_2$ | $z_3$ | $a_3$ | $z_4$ | $a_4$ | $z_5$ | $z_6$ | $\hat{y}_1$ | $\hat{y}_2$ | $y_1$ | $y_2$ | Loss |
|---|---|---|---|---|---|---|---|---|---|---|---|---|---|
| 1 | 0,80 | 0,30 | 0,53 | 0,530 | 0,950 | 0,950 | 0,999 | 0,591 | 0,601 | 0,399 | 1 | 0 | 0,221 |
| 2 | 0,20 | 0,10 | 0,37 | 0,370 | 0,690 | 0,690 | 0,741 | 0,481 | 0,565 | 0,435 | 0 | 1 | 0,361 |

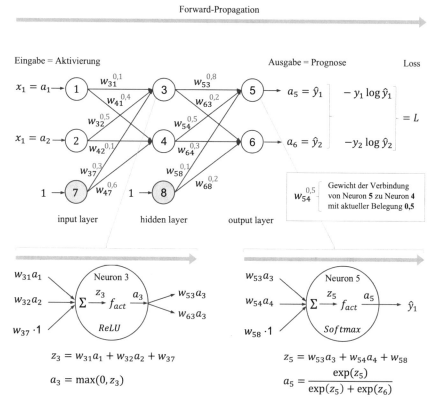

**Abb. 4.11** Einfaches neuronales Netz mit vereinfachter Index-Notation zur Illustration der Berechnungen. Um die Schichten nicht explizit angeben zu müssen, wurde hier eine durchgehende Modellierung der insgesamt 8 Knoten gewählt. Die ersten beiden Knoten sind Eingabeneuronen, die die Eingangssignale als Aktivierungswerte weitergeben. Knoten 3 und 4 sind Neuronen der versteckten Schicht und Knoten 5 und 6 sind Ausgabeneuronen. Ihre Aktivierungen sind die Ausgaben des Netzes und werden als Prognosewerte für ein Klassifikationsproblem mit $k = 2$ Klassen genutzt. Knoten 7 und 8 sind *Hilfsneuronen*, mit denen Bias-Werte wie reguläre Gewichte in die Berechnung einfließen. Alle *echten* Neuronen der versteckten Schicht und der Ausgangsschicht berechnen ihre Netzeingabe als gewichtete Summe der Eingangssignale, wie exemplarisch für Neuron 3 und 5 dargestellt. Bei der Forward-Propagation werden die Eingangswerte in regulärer Richtung durch das Netzwerk bis zur Ausgabe geleitet. Die Back-Propagation dreht die Richtung, um Fehleranteile auf die einzelnen Knoten zurückzuführen

Wir erläutern die Berechnung ausgewählter Werte anhand von Lernbeispiel 2 mit $x_1 = 0,2$ und $x_2 = 0,1$. Beispielsweise berechnet sich die Netzeingabe $z_3$ von Neuron 3 wie folgt:

$$z_3 = w_{31}a_1 + w_{32}a_2 + w_{37} = 0,1 \cdot 0,2 + 0,5 \cdot 0,1 + 0,3 = 0,37$$

Als Aktivierung mittels ReLU ergibt sich damit die Aktivierung des Neurons 3 als

$$a_3 = \max(0, z_3) = 0{,}37$$

Analog ist für das Neuron 4 und die Netzeingaben der Ausgabeneuronen vorzugehen.

Basierend auf den beiden Netzeingaben $z_5 = 0{,}741$ und $z_6 = 0{,}481$ der Ausgabeneuronen werden die Ausgabewerte mittels Softmax-Funktion berechnet:

$$\hat{y}_1 = \frac{e^{z_5}}{e^{z_5} + e^{z_6}} = 0{,}565 \quad \text{und} \quad \hat{y}_2 = \frac{e^{z_6}}{e^{z_5} + e^{z_6}} = 0{,}435$$

Durch Gegenüberstellung mit den wahren Werten $y_1 = 0$ und $y_2 = 1$ von Lernbeispiel 2 ist ersichtlich, dass auf Basis der berechneten Klassenwahrscheinlichkeiten die falsche Klasse vorhergesagt wird. Der Verlust unter Berücksichtigung der Wahrscheinlichkeitswerte berechnet sich als Kreuzentropie wie folgt:

$$\text{loss} = -y_1 \log \hat{y}_1 - y_2 \log \hat{y}_2 = -0 \cdot \log 0{,}565 - 1 \cdot \log 0{,}435 = 0{,}361$$

Wir sehen, dass sich die Werte Neuron für Neuron und Schicht um Schicht in Richtung des vorgesehenen Informationsflusses berechnen lassen. Die *Forward-Propagation* ist zwar manuell durchgeführt sehr mühsam, aber dennoch einfach, da sie sich lediglich aus vielen einfachen Rechenoperationen zusammensetzt. In einer realistischen Implementierung würden die Berechnungen für alle Neuronen einer Schicht parallel durch Matrixoperationen erfolgen. Dazu benötigen wir dann auch die bei der Einführung der Neuronenmodelle vorgestellte und im Normalfall verwendete Notation mit schichtweisem und somit gleichzeitigem Zugriff auf die Werte der Neuronen und die Gewichtsmatrizen.

**Back-Propagation-Schritt**

Für den Gradientenabstieg benötigen wir den Gradienten der Loss-Funktion, der aus den partiellen Ableitungen nach den Gewichten besteht:

$$\nabla_{\mathbf{w}} L(\mathbf{w}) = \left( \frac{\partial L}{\partial w_i} \right) = \left( \delta_{w_i} \right) \tag{4.19}$$

Diese ermitteln wir durch den Back-Propagation-Schritt. Dabei werden wiederholt diverse partielle Ableitungen aller an den Berechnungsprozessen beteiligten Funktionen in den Neuronen in Bezug auf die internen Werte wie Netzeingabe und Aktivierungssignale miteinander verkettet.

Die zusätzliche Notation $\delta_{w_i}$ für die partielle Ableitung der Loss-Funktion nach Gewicht $w_i$ und in gleicher Weise $\delta_{z_i}$ die partielle Ableitung der Loss-Funktion nach der Netzeingabe $z_i$ von Neuron $i$ wird gelegentlich verwendet, da sie die Beschreibung bei sehr vielen partiellen Ableitungen erleichtert – schließlich beziehen sich alle relevanten Ergebnisse am Ende auf die Loss-Funktion.

Bei den partiellen Ableitungen handelt es sich weiterhin um Funktionen. Zur Berechnung des Gradienten müssen wir die Funktionswerte der partiellen Ableitungen jeweils an den Stellen berechnen, die durch die Eingabewerte eines Lernbeispiels und per Forward-Propagation berechneten Netzeingabe- und Aktivierungswerte aller Neuronen bestimmt wird. Die Werte kennzeichnen wir durch Nennung des Lernbeispiels als in Klammern gesetzter oberer Index:

$$\delta_{z_i}^{(2)} = \delta_{z_i}(x_1^{(2)}, x_2^{(2)}, \ldots, y_1^{(2)}, y_2^{(2)}) = \delta_{z_i}(x_{21}, x_{22}, \ldots, y_{21}, y_{22}) \tag{4.20}$$

Die alternative Notation $x_{ij}$ bezieht sich auf die Matrixnotation mit Zeilenindex $i$ für das Lernbeispiel und Spaltenindex $j$ für das Merkmal (siehe Abschn. 3.2.1).

Wir illustrieren den Back-Propagation-Schritt anhand der Berechnung der partiellen Ableitungen der Loss-Funktion nach den Gewichten $w_{53}$ und $w_{31}$. Das Gewicht $w_{53}$ wurde dabei exemplarisch für ein Gewicht, das zu einem Ausgabeneuron führt, gewählt und das Gewicht $w_{31}$ ist repräsentativ für ein Gewicht, das zu einem versteckten Neuron führt.

Da die Fehler-Rückübermittlung bei der Ausgabe des neuronalen Netzes beginnt, genau dort, wo der Fehler beobachtet wird, beginnen wir mit Gewicht $w_{53}$. Anstatt den Zusammenhang zwischen den Gewichten und der Loss-Funktion in einer geschlossenen Funktion zum Ausdruck zu bringen, nutzen wir die durch den Aufbau eines neuronalen Netzes bekannte Verkettung der Funktionen aus und berechnen die gesuchten partiellen Ableitungen durch Verkettung aus partiellen Ableitungen, die sich jeweils auf die Teilstücke entlang der Berechnungspfade beziehen. Abb. 4.12 zeigt diese Berechnungskette für Gewicht $w_{53}$.

Ist der Einfluss der Netzeingabe eines Neurons bekannt, dann lässt sich die partielle Ableitung eines Gewichts einfach darauf beziehen, für Gewicht $w_{53}$ gilt daher:

$$\frac{\partial L}{\partial w_{53}} = \frac{\partial L}{\partial z_5} \frac{\partial z_5}{\partial w_{53}} \tag{4.21}$$

Wir betrachten zunächst die partielle Ableitung der Loss-Funktion nach der Netzeingabe genauer und erkennen anhand Abb. 4.12, dass sich diese über zwei Pfade auf die Loss-

**Abb. 4.12** Die partielle Ableitung der Loss-Funktion nach Gewicht $w_{53}$ ergibt sich durch Verkettung der partiellen Ableitungen entlang der Berechnungspfade, in denen das Gewicht $w_{53}$ verwendet wird

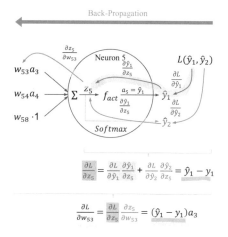

Funktion auswirkt. Das liegt an der Verwendung der Softmax-Funktion, die für die Normierung bei jedem Ausgangsneuron jeweils die Netzeingaben aller Ausgabeneuronen benötigt. Wir rollen die Berechnung von hinten auf, da sich dort die Pfade trennen. Die gesuchte partielle Ableitung wird sich dann als Summe der pfadspezifischen Berechnungen ergeben.

Ausgangspunkt der Fehler-Rückübermittlung ist die Loss-Funktion, die sich bei festen wahren Werten $y_1$ und $y_2$ in Abhängigkeit der Prognosewerte $\hat{y}_1$ und $\hat{y}_2$, also der Ausgabewerte der Ausgabeneuronen als unsere ausschlaggebenden Variablen berechnet. Zur Erinnerung:

$$L = L(\hat{y}_1, \hat{y}_2) = -y_1 \log y_1 - y_2 \log y_2 \tag{4.22}$$

Wir berechnen zunächst die partielle Ableitung unserer Verlustfunktion nach den Ausgabewerten $\hat{y}_1$ und $\hat{y}_2$ des Netzes:

$$\frac{\partial L}{\partial \hat{y}_1} = -\frac{y_1}{\hat{y}_1} \quad \text{und} \quad \frac{\partial L}{\partial \hat{y}_2} = -\frac{y_2}{\hat{y}_2} \tag{4.23}$$

Wir erinnern uns, dass die Ausgabewerte $\hat{y}_1$ und $\hat{y}_2$ des Netzes jeweils mittels Softmax-Funktion aus den beiden Netzeingaben $z_5$ und $z_6$ berechnet werden:

$$\hat{y}_1 = \frac{e^{z_5}}{e^{z_5} + e^{z_6}} \quad \text{und} \quad \hat{y}_2 = \frac{e^{z_6}}{e^{z_5} + e^{z_6}} \tag{4.24}$$

Wir bleiben bei der Betrachtung der Netzeingabe $z_5$ von Ausgabeneuron 5. Wie oben bereits erwähnt, müssen wir dennoch die partiellen Ableitungen beider Ausgabewerte nach $z_5$ berechnen, da $z_5$ durch die bei der Softmax-Funktion durchgeführte Normierung auf beide Ausgabewerte einen Einfluss hat.

Für die partielle Ableitung des Ausgabewertes $\hat{y}_1$ nach der Netzeingabe $z_5$ ergibt sich unter Verwendung der Quotientenregel:

$$\begin{aligned}
\frac{\partial \hat{y}_1}{\partial z_5} &= \frac{\partial}{\partial z_5}\left[\frac{e^{z_5}}{e^{z_5} + e^{z_6}}\right] = \frac{e^{z_5}(e^{z_5} + e^{z_6}) - (e^{z_5})^2}{(e^{z_5} + e^{z_6})^2} \\
&= \frac{e^{z_5}}{e^{z_5} + e^{z_6}} - \left(\frac{e^{z_5}}{e^{z_5} + e^{z_6}}\right)^2 = \hat{y}_1 - \hat{y}_1^2 = \hat{y}_1(1 - \hat{y}_1)
\end{aligned} \tag{4.25}$$

Da die Netzeingabe $z_5$ beim Ausgabewert $\hat{y}_2$ lediglich im Nenner steht, kann bei Berechnung der partiellen Ableitung die Reziprokenregel als Vereinfachung der Quotientenregel verwendet werden:

$$\begin{aligned}
\frac{\partial \hat{y}_2}{\partial z_5} &= \frac{\partial}{\partial z_5}\left[\frac{e^{z_6}}{e^{z_5} + e^{z_6}}\right] = e^{z_6}\frac{\partial}{\partial z_5}\left[\frac{1}{e^{z_5} + e^{z_6}}\right] \\
&= -\frac{e^{z_5}e^{z_6}}{(e^{z_5} + e^{z_6})^2} = -\frac{e^{z_5}}{e^{z_5} + e^{z_6}}\frac{e^{z_6}}{e^{z_5} + e^{z_6}} = -\hat{y}_1\hat{y}_2
\end{aligned} \tag{4.26}$$

Damit können wir durch Anwendung der Kettenregel und Addition der Einflüsse auf die beiden Ausgabewerte die Stärke des Einflusses der Netzeingabe $z_5$ auf die Loss-Funktion berechnen:

$$\frac{\partial L}{\partial z_5} = \frac{\partial L}{\partial \hat{y}_1} \frac{\partial \hat{y}_1}{\partial z_5} + \frac{\partial L}{\partial \hat{y}_2} \frac{\partial \hat{y}_2}{\partial z_5}$$

$$= -\frac{y_1}{\hat{y}_1} \hat{y}_1 (1 - \hat{y}_1) + \frac{y_2}{\hat{y}_2} \hat{y}_1 \hat{y}_2 \tag{4.27}$$

$$= (y_1 + y_2) \hat{y}_1 - y_1$$

Da beim One-Hot-Encoding genau eines der Merkmale 1 ist, also $y_1 + y_2 = 1$, vereinfacht sich der Ausdruck zu:

$$\delta_{z_5} = \frac{\partial L}{\partial z_5} = \hat{y}_1 - y_1 \tag{4.28}$$

Aus der Kreuzentropie mit den logarithmierten Wahrscheinlichkeiten kommt unter Berücksichtigung beider Ausgabewerte die Differenz zwischen Wahrscheinlichkeit der Klasse und wahrem Indikator für die Klasse heraus.

Analog lässt sie die partielle Ableitung der Loss-Funktion nach der Netzeingabe $z_6$ des zweiten Ausgabeneurons auch als Differenz zwischen der Wahrscheinlichkeit und dem wahren Indikator für die zweite Klasse berechnen:

$$\delta_{z_6} = \frac{\partial L}{\partial z_5} = \hat{y}_2 - y_2 \tag{4.29}$$

Damit haben wir die partiellen Ableitungen der Netzeingaben der Ausgabeneuronen bestimmt. Diese müssen wir uns merken, denn wir verwenden sie nicht nur für die Berechnung der partiellen Ableitung der Loss-Funktion der Gewichte für die Gewichtung der Eingangssignale, die in die Netzeingabe fließen, sondern benötigen sie auch für die Berechnungen der partiellen Ableitungen in der nächsten Schicht.

Die Netzeingaben berechnen sich wie in unserem Beispiel meistens als gewichtete Summe der Eingangssignale. Wir erinnern uns, dass das Eingangssignal eines Neurons dem entsprechenden Ausgangssignal des verbundenen Neurons der vorliegenden Schicht entspricht. Das Gewicht $w_{53}$ hängt an der Verbindung von Neuron 3 zu Neuron 5. Daher ist das Eingangssignal von Neuron 5 über die Verbindung entsprechend $a_3$ und für die partielle Ableitung der Netzeingabe nach Gewicht $w_{53}$ ergibt sich:

$$\frac{\partial z_5}{\partial w_{53}} = a_3 \tag{4.30}$$

Jetzt haben wir beide Kettenglieder, um die partielle Ableitung der Loss-Funktion nach Gewicht $w_{53}$ wie in Abb. 4.12 zu bestimmen:

$$\delta_{w_{53}} = \frac{\partial L}{\partial w_{53}} = \frac{\partial L}{\partial z_5} \frac{\partial z_5}{\partial w_{53}} = (\hat{y}_1 - y_1) a_3 \tag{4.31}$$

Analog lassen sich die partiellen Ableitungen nach den anderen Gewichten für Neuron 5 berechnen, dabei sollten wir zusätzlich berücksichtigen, dass Neuron 8 ein Hilfsneuron mit konstanter Aktivierung 1 ist:

**Tab. 4.2** Elemente der Gradienten $\nabla_{\mathbf{w}}L$ zu Gewichten zwischen versteckter Schicht und Ausgabeschicht (oben) und zwischen Eingabeschicht und versteckter Schicht (unten) sowie ausgewählte Gradiententerme $\delta_{z_j}$ für die beiden Lernbeispiele aus Tab. 4.1

| $i$ | $\delta_{w_{53}}$ | $\delta_{w_{54}}$ | $\delta_{w_{58}}$ | $\delta_{w_{63}}$ | $\delta_{w_{64}}$ | $\delta_{w_{68}}$ | $\delta_{z_5}$ | $\delta_{z_6}$ | $z_{\hat{y}_1}$ | $z_{\hat{y}_2}$ |
|---|---|---|---|---|---|---|---|---|---|---|
| 1 | $-0{,}212$ | $-0{,}379$ | $-0{,}399$ | $0{,}212$ | $0{,}379$ | $0{,}399$ | $-0{,}399$ | $0{,}399$ | $-1{,}665$ | $0{,}000$ |
| 2 | $0{,}209$ | $0{,}390$ | $0{,}565$ | $-0{,}209$ | $-0{,}390$ | $-0{,}565$ | $0{,}565$ | $-0{,}565$ | $0{,}000$ | $-2{,}297$ |

| $i$ | $\delta_{w_{31}}$ | $\delta_{w_{32}}$ | $\delta_{w_{37}}$ | $\delta_{w_{41}}$ | $\delta_{w_{42}}$ | $\delta_{w_{47}}$ | $\delta_{z_3}$ | $\delta_{z_4}$ | $\delta_{z_5}$ | $\delta_{z_6}$ |
|---|---|---|---|---|---|---|---|---|---|---|
| 1 | $-0{,}192$ | $-0{,}072$ | $-0{,}240$ | $-0{,}024$ | $-0{,}064$ | $-0{,}080$ | $-0{,}240$ | $-0{,}080$ | $-0{,}399$ | $0{,}399$ |
| 2 | $0{,}068$ | $0{,}034$ | $0{,}339$ | $0{,}023$ | $0{,}011$ | $0{,}113$ | $0{,}339$ | $0{,}113$ | $0{,}565$ | $-0{,}565$ |

$$\delta_{w_{54}} = \frac{\partial L}{\partial w_{54}} = (\hat{y}_1 - y_1)a_4 \tag{4.32}$$

und

$$\delta_{w_{58}} = \frac{\partial L}{\partial w_{58}} = (\hat{y}_1 - y_1)a_8 = \hat{y}_1 - y_1 \tag{4.33}$$

Auf gleiche Weise lassen sich die partiellen Ableitungen der Loss-Funktion zu den Gewichten zum zweiten Ausgabeneuron berechnen.

Für jedes Lernbeispiel lässt sich mittels der berechneten Funktionen, die Stärke des Einflusses, den ein Gewicht in der konkreten Situation hatte, bestimmen. Dazu müssen wir lediglich die Funktionswerte der partiellen Ableitungen an den Stellen, die durch die entsprechenden Werte des neuronalen Netzes aus der Forward-Propagation bekannt sind, einsetzen (siehe Tab. 4.2)

Der Wert Gradient für das Gewicht $w_{53}$ bei Lernbeispiel 2 ist daher:

$$\delta_{53}^{(2)} = (0{,}565 - 0) \cdot 0{,}370 = 0{,}209$$

Die Tabellen in Abb. 4.2 zeigen alle Werte des Gradienten $\nabla_{\mathbf{w}}L$ für die beiden Lernbeispiele und die Gradiententerme der Netzeingaben als Zwischenergebnisse. Diese werden beim Back-Propagation für die Berechnung der Gradientenwerte der jeweils nächsten Schicht benötigt.

Auf Basis dieser Werte wird die Anpassung der Gewichte vorgenommen. In einfachster Form, etwa mit Lernrate $\eta = 0{,}1$ ergibt sich bei Rückführung des bei Lernbeispiel 2 gemachten Fehlers:

$$w_{53} \leftarrow w_{53} - \eta\delta_{w_{53}}^{(2)} = 0{,}8 - 0{,}1 \cdot 0{,}209 = 0{,}78 \tag{4.34}$$

Das Gewicht würde also auf den neuen Wert 0,78 gesetzt.

Bislang haben wir nur die partiellen Ableitungen der Loss-Funktion für die Gewichte berechnet, die zu Neuronen der Ausgabeschicht führen, und gezeigt, wie mittels der Gradientenwerte an den entsprechenden Stellen bei gegebenen Lernbeispielen die Gewichte angepasst werden können. Das geht alles auch ohne das Konzept der Back-Propagation.

Im nächsten Schritt demonstrieren wir die Berechnungen exemplarisch für Neuron 3 aus der versteckten Schicht. Dabei kommt die Idee der Back-Propagation richtig zum Einsatz. Betrachten wir dazu das versteckte Neuron 3 und Gewicht $w_{31}$. Abb. 4.13 zeigt wieder die relevanten partiellen Ableitungen entlang der Berechnungspfade mit Beteiligung von Gewicht $w_{31}$. Die Zusammenhänge innerhalb des Neurons können wir wie folgt angeben:

$$\frac{\partial L}{\partial w_{31}} = \frac{\partial L}{\partial a_3} \frac{\partial a_3}{\partial z_3} \frac{\partial z_3}{\partial w_{31}} \tag{4.35}$$

Wir betrachten die beteiligten partiellen Ableitungen wieder nacheinander. Analog zur Beschreibung für Gewicht $w_{54}$ ist die partielle Ableitung der Netzeingabe $z_3$ nach dem Gewicht $w_{51}$ gleich dem Eingangssignal der entsprechenden Verbindung und folglich gleich der Aktivierung $a_1$ des verbundenen Neurons. Da es sich dabei um ein Eingabeneuron handelt, ist die partielle Ableitung gleich dem Merkmal $x_1$:

$$\delta_{w_{31}} = \frac{\partial z_3}{\partial w_{31}} = x_1 \tag{4.36}$$

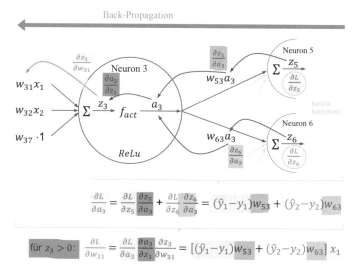

**Abb. 4.13** Die partielle Ableitung der Loss-Funktion nach Gewicht $w_{31}$ ergibt sich durch Verkettung der partiellen Ableitungen entlang der Berechnungspfade, in denen das Gewicht $w_{31}$ verwendet wird. Bei der Berechnung werden Zwischenergebnisse der vorher betrachten Schicht verwendet

Da Neuron 3 eine ReLU-Funktion für die Aktivierung verwendet, ergibt sich mit Vereinbarung, an der undefinierten Stelle 0 den Wert 0 zu verwenden:[8]

$$\frac{\partial a_3}{\partial z_3} = \begin{cases} 1 & \text{falls} \quad x > 0 \\ 0 & \text{sonst.} \end{cases} \tag{4.37}$$

Als entscheidende Komponente bleibt nun die Bestimmung der partiellen Ableitung der Loss-Funktion nach der Aktivierung $a_3$. Genau an dieser Stelle greift die Idee, die hinter der Rückübertragung des Fehlers liegt. Wir beobachten, dass die Ausgabe des Neurons auf verschiedenen Wegen, sogenannten Berechnungspfaden, die Loss-Funktion beeinflussen kann. Und zwar über jedes Neuron in der Folgeschicht, in dem das Ausgabesignal verwendet wird – in einem vollständig verbundenen vorwärts gerichteten Netzwerk sind das alle Neuronen der Folgeschicht. Die gesuchte Ableitung lässt sich daher als gewichtete Summe aller partiellen Ableitungen aller (relevanten) Neuronen der Folgeschicht berechnen.

Das klingt aufwendig, aber glücklicherweise ist ein Großteil der Arbeit während der schrittweisen Durchführung der Fehler-Rückübertragung bereits erledigt. Wir profitieren von der Vorarbeit und können die partiellen Ableitungen aus den Neuronen der nachfolgenden Schicht verwenden, die bei der Fehler-Rückführung bereits betrachtet wurden. Mit Verwendung der Kettenregel ergibt sich:

$$\frac{\partial L}{\partial a_3} = \frac{\partial L}{\partial \hat{y}_1} \frac{\partial \hat{y}_1}{\partial z_5} \frac{\partial z_5}{\partial a_3} + \frac{\partial L}{\partial \hat{y}_2} \frac{\partial \hat{y}_2}{\partial z_6} \frac{\partial z_6}{\partial a_3} \tag{4.38}$$

In Abwandlung der oben durchgeführten Berechnungen für die Gewichte der Ausgabeneuronen müssen wir als letzte Glieder der Ableitungskette nur die partiellen Ableitungen der Netzeingaben $z_5$ und $z_6$ nach der Aktivierung $a_3$ als ein Eingangssignal der beiden Ausgabeneuronen berechnen:

$$\frac{\partial L}{\partial a_3} = (\hat{y}_1 - y_1)w_{53} + (\hat{y}_2 - y_2)w_{63} \tag{4.39}$$

In dieser Schicht nicht viel kürzer, aber in allgemeiner Notation mit Verwendung der bereits berechneten Gradiententerme $\delta_{z_j}$ lässt sich dies auch schreiben als:

$$\frac{\partial L}{\partial a_3} = \delta_{z_5} w_{53} + \delta_{z_6} w_{63} \tag{4.40}$$

Damit haben wir alle Bestandteile der Kette und können die partielle Ableitung der Loss-Funktion nach dem Gewicht $w_{31}$ formulieren:

$$\frac{\partial L}{\partial w_{31}} = \begin{cases} ((\hat{y}_1 - y_1)w_{53} + (\hat{y}_2 - y_2)w_{63})x_1 & \text{falls} \quad z_3 > 0 \\ 0 & \text{sonst.} \end{cases} \tag{4.41}$$

---

[8] Die Ableitung der ReLU-Funktion ist an der Stelle 0 nicht definiert. In der Anwendung ist es sinnvoll, einen plausiblen Wert festzulegen. Wir verwenden hier den Wert 0 als natürliche Fortsetzung der Funktion von links.

Da die partielle Ableitung in Bereichen, in denen die Netzeingabe nicht positiv ist, gleich 0 ist, kann dies zu Problemen bei der Anpassung der Gewichte führen. Um das zu verhindern, wird oft die *Leaky Relu* verwendet, die einen Anteil $\alpha$ der negativen Netzeingänge durchlässt. Entsprechend wäre die partielle Ableitung der Aktivierungsfunktion in dem Bereich dann nicht 0, sondern $\alpha$, sodass derselbe Anteil auch bei der Rückübertragung der Fehler als Gradienten-Element *durchsickert*.

In $\delta$-Notation lautet die partielle Ableitung der Loss-Funktion nach Gewicht $w_{31}$:

$$\delta_{w_{31}} = \begin{cases} (\delta_{z_5} w_{53} + \delta_{z_6} w_{63})\, x_1 & \text{falls} \quad z_3 > 0 \\ 0 & \text{sonst.} \end{cases} \tag{4.42}$$

Es offenbart sich ein hervorragend zu interpretierender Zusammenhang: Die Fehleranteile der Nachfolgeschicht fließen mit den entsprechenden Gewichten der betroffenen Verbindungen gewichtet ein und werden mit dem anliegenden Eingangssignal multipliziert – also genau das, was in verbaler Form bei der Beschreibung der Idee der Back-Propagation skizziert wurde.

**Berechnung der Gradientenwerte**

Weil wir hier die vollständigen Formeln angegeben haben, wirkt die Berechnung aufwendiger, als sie in der Praxis tatsächlich ist. Denn bei der Rückübertragung der Fehler interessieren in der Regel nicht die Angabe der vollständigen Funktion, sondern deren Werte an den Stellen, die durch die Lernbeispiele und im Rahmen der Forward-Propagation berechneten Netzeingaben und Aktivierungswerte der Neuronen. Speichern wir diese und die im Rahmen der Back-Propagation bei einem Lernbeispiel $i$ für jedes Neuron $j$ ermittelten Gradiententerme $\delta_{z_j}^{(i)}$ entsprechend als Zwischenergebnisse, wie in den Tabellen in Abb. 4.2, dann lassen sich die Gradientenwerte einfach berechnen. Auch in tieferen Schichten müssen wir ausschließlich auf die Gradiententerme von Neuronen der Nachfolgeschicht zurückgreifen.

Wir schließen nun die Betrachtung der Fehler-Rückführung mit Berechnung der Gradientenwerte für das Gewicht $w_{31}$ auf Basis von Lernbeispiel 2 ab. Dabei verwenden wir folgende Zwischenergebnisse aus der bisherigen Betrachtung (siehe obere Tabelle aus Abb. 4.2):

$$\delta_{z_5}^{(2)} = 0{,}565 \quad \text{und} \quad \delta_{z_6}^{(2)} = -0{,}565 \tag{4.43}$$

Damit ergibt sich

$$\delta_{z_3}^{(2)} = \delta_{z_5}^{(2)} w_{53} + \delta_{z_6}^{(2)} w_{63} = 0{,}339 \tag{4.44}$$

und als Gradientenwert für das Gewicht $w_{31}$:

$$\delta_{w_{31}}^{(2)} = 0{,}068 \tag{4.45}$$

Passen wir das Gewicht $w_{31}$ wieder in einfacher Form mit Lernrate $\eta = 0{,}1$ an, erhalten wir:

$$w_{31} \leftarrow w_{31} - \eta \delta_{w_{31}}^{(2)} = 0,1 - 0,1 \cdot 0,068 = 0,093 \qquad (4.46)$$

Entsprechend gehen wir für alle Gewichte der Neuronen der versteckten Schicht vor und erhalten die in den Tabellen in Abb. 4.2 zusammengefassten Werte.

**Weiteres Vorgehen**

Führen wir die Anpassung der Gewichte für beide Lernbeispiele durch und wiederholen dann den gesamten Prozess, dann erhalten wir nach erneuter Forward-Propagation mit denselben beiden Lernbeispielen die Loss-Werte 0,265 und 0,313. Damit wurde zwar eine geringfügige Verbesserung bezüglich der Wahrscheinlichkeitswerte erreicht, aber die zweite Klassenentscheidung ist immer noch falsch. Erst dann ist die Wahrscheinlichkeit für die korrekte Klasse bei Lernbeispiel 2 knapp größer als 0,5. Die Loss-Werte liegen bei 0,229 und 0,296. Es wurde eine weitere Verbesserung erreicht, aber die Werte sind immer noch relativ hoch. Dies liegt daran, dass die prognostizierten Klassenwahrscheinlichkeiten für beide Lernbeispiele nahe 0,5 liegen. Die Loss-Funktion spiegelt daher wider, dass sich das neuronale Netz weiterhin unsicher ist und noch Verbesserungspotenzial hat.

## 4.2.6   Ankunft beim Deep Learning – Was ist neu?

Mit den Neuronen, die wir inzwischen häufiger als Knoten bezeichnen, und ihrer Funktionsweise sowie der Verbindung vieler Neuronen zu einem großen Netzwerk und mit Verfügbarkeit eines universell einsetzbaren Verfahrens zum Anpassen der Gewichte, sind wir bereits beim Deep Learning angekommen. Für aktuelle Probleme in der Praxis eingesetzte neuronale Netze sind meist so groß, dass eine Diskussion, ob es sich bereits um Deep Learning handelt, müßig wäre.

Diese Entwicklung ändert doch nichts daran, dass es beim Deep Learning im Kern doch *nur* um neuronale Netze geht – wenngleich aktuell um immer größere. Dabei ist die grundlegende Arbeitsweise funktional oder mathematisch betrachtet gleich. Beweise für die universelle Approximationseigenschaft neuronaler Netze wurden schon vor dem Deep-Learning-Zeitalter geführt. Sie beruhen typischerweise auf Netzen, die zur Erreichung einer beliebigen Genauigkeit entweder bei begrenzter Tiefe beliebig breit oder bei begrenzter Breite beliebig tief werden. Dabei handelt es sich offensichtlich um theoretische Konstrukte. Sie verdeutlichen jedoch, dass die Breite oder Tiefe eines Netzes für die Beschreibung der grundlegenden Funktionalität unerheblich ist.

Dennoch lässt sich nicht von der Hand weisen, dass Größe und Komplexität der Netze bei einer praktischen Umsetzung Herausforderungen mit sich bringen, die bei kleineren Netzen oder einer theoretischen Betrachtung nicht bestehen. Die Entwicklung von Lösungen für diese Herausforderungen kennzeichnet den Bereich Deep Learning ebenso wie die tiefen Netze selbst. Es sind einige, meist sogar nur kleine Entdeckungen und Veränderungen dabei, die große Auswirkungen auf die weitere Entwicklung hatten. Einige davon, sollen an dieser Stelle nochmals kurz genannt werden.

Als Beispiel dafür sei an die Verwendung der ReLU-Funktion oder ihrer Varianten zur Vermeidung des Problems der verschwindenden Gradienten (engl. *vanishing gradient problem*) im Rahmen des Gradientenabstiegs erinnert. Durch sogenannte *Skip Connections* werden Netzwerksignale an ausgewählten Schichten vorbei direkt zu entfernteren Schichten geleitet – auch ein Ansatz, um die Gradienten zu stabilisieren. Ferner löst das sogenannte *Gradient Clipping* das Problem von Gradienten, die zu groß werden (engl. *exploding gradient problem*). Bezeichnenderweise treten die Probleme oder Herausforderungen durch die Größe der Netze zutage und haben jeweils die Entwicklung von Lösungen gefördert. Die Lösungen selbst sind aber typischerweise prinzipiell auf Netze jeglicher Größe anwendbar.

Ein anderer Aspekt bezieht sich auf die Implementierung unter Berücksichtigung der verfügbaren Ressourcen, also vorrangig Speicher für die Netze mit ihren Gewichten und die Daten sowie Rechenleistung. Die Notwendigkeit der Verteilung auf viele Rechner oder Hardware-Komponenten entsteht durch die Größe der Netzwerke und die umfangreichen Berechnungen im Rahmen der Modellanpassung und auch Nutzung. Beispielsweise wird durch eine einheitliche Verwendung von Funktionen und eine vektorielle Darstellung der Berechnungslogik eine parallele und effiziente Berechnung durch Matrixoperationen auf spezieller Hardware wie GPUs möglich. Durch die Beschleunigung der Berechnung erklärt sich, dass viele Ideen, die teilweise schon vor langer Zeit entwickelt wurden, inzwischen im Rahmen von Deep-Learning-Ansätzen erfolgreich umgesetzt werden können. Die entwickelten Konzepte sind meist auch außerhalb des Deep-Learning-Kontexts nutzbar.

Wir erkennen, dass *durch* Deep Learning insbesondere methodische und technische Verbesserungen oder Weiterentwicklungen entstanden sind, die meist sogar allgemeine, universell nutzbare Lösungen darstellen. Die methodischen Fortschritte zusammen mit der Verfügbarkeit von Daten und Rechenleistung, wie wir bereits in der Einleitung angemerkt haben, erklären den Erfolg.

Durch diese rasante Entwicklung hat sich speziell auch die Art der Entwicklung neuronaler Netze verändert. In der Anfangszeit standen technische Neuronenmodelle in Analogie zum biologischen Neuron im Vordergrund. Auch bei der Verbindung zu neuronalen Netzen zeigte sich die neuronenzentrierte Betrachtungsweise, die wir auch in diesem Abschnitt zum Verständnis der Zusammenhänge gewählt haben.

Beim Aufbau großer Netze rücken die Neuronen als Knoten des Netzwerkes allerdings in den Hintergrund. Moderne neuronale Netzwerke sind in Schichten gleichartiger Neuronen mit identischen Funktionen für die Berechnungen, aber individuellen Gewichten aufgebaut. Stattdessen rücken beim Entwurf größerer Modelle einzelne Schichten als übliche kleinste Betrachtungseinheit oder sogar Blöcke von Schichten für spezifische Aufgaben in den Vordergrund. Diese Sichtweise werden wir im nächsten Abschnitt bei der Darstellung ausgewählter Deep-Learning-Architektur-Bausteine übernehmen.

Ein wichtiges Leitmotiv wird es sein, mit begrenzten Ressourcen Aufgaben besser zu lösen und neue Aufgaben so zu formulieren, dass sie mit bekannten Netzwerkarchitekturen gelöst werden können. Dazu zählt insbesondere das adäquate Formulieren einer Loss-Funktion und die geschickte Bereitstellung und Verwendung von Daten bei begrenztem menschlichen Einsatz für das Bereitstellen von Labels und für die Datenaufbereitung. Im folgenden Abschn. 4.3 werden wir einige gängige, stark funktionsorientierte Netzwerktypen oder Komponenten vorstellen, die diesem Leitmotiv folgen.

## 4.3    Deep-Learning-Architektur-Bausteine

Wenn wir an die Funktionsweise eines herkömmlichen neuronalen Netzes denken, stellen wir uns in der Regel ein vollständig verbundenes vorwärts gerichtetes Netz vor, bei dem jedes Neuron in einer Schicht mit jedem Neuron in der nächsten Schicht verbunden ist. Ein neuronales Netz dieser Art gilt als universeller Funktionsapproximator (siehe Abschn. 4.2.2). Wenn diese Netze so gut wie alles lernen können, warum sollten wir uns noch mit anderen Architekturen beschäftigen?

Diese Frage haben wir zum Ende des letzten Abschnitts gestellt. Der wesentliche Grund liegt in den Möglichkeiten, die sich durch spezialisierte, funktionsorientierte Netzwerktypen bieten. Ein klassisches vorwärts gerichtetes Netzwerk, auch wenn es tief ist, lässt sich eher als *Generalist* charakterisieren. Demgegenüber stellen die im Folgenden vorgestellten Netzwerktypen *Spezialisten* dar. Die Notwendigkeit und das Bestreben zur Spezialisierung ergeben sich vorrangig aus den Herausforderungen, die die Art der Daten als Eingabe eines neuronalen Netzes und die Aufgabe mit sich bringen. Während etwa die Merkmale in einem klassischen Lernszenario auf Basis einer Datenmatrix (siehe Abschn. 3.2.1) als unabhängig voneinander gelten, sollten zeitliche Abhängigkeiten bei Zeitreihen oder anderen Sequenzen wie natürliche Sprache oder räumliche Abhängigkeiten wie bei Bildern unbedingt berücksichtigt werden, um das volle Potenzial einer KI-basierten Lösung ausschöpfen zu können. Auch Aufgaben, die über die klassischen Aufgabentypen hinausgehen (siehe Abschn. 3.2.2), wie die Erzeugung natürlicher Sprache als Sequenz von Wörtern bei der Übersetzung oder Zusammenfassung (siehe Kap. 5) erfordern in der Regel eine besondere Berücksichtigung im Rahmen einer Netzwerkarchitektur.

Eine gewünschte Spezialisierung kann beispielsweise auch durch Beschränkung der Verbindungen zwischen den Neuronen zweier Schichten im Gegensatz zu den bekannten vollständig verbundenen Schichten oder durch das gemeinsame Nutzen spezieller Gewichte aller Neuronen einer Schicht (engl. *weight sharing*) und der Zuschreibung spezieller Berechnungslogiken erreicht werden. Durch diese Beschränkung der Ausdrucksfähigkeit ist es meist möglich, ein Netzwerk schneller die Zusammenhänge lernen zu lassen, die für eine Aufgabe von Bedeutung sind. Eine andere Spezialisierung besteht im Zulassen von Rückkopplungen im Netzwerk. Das Zurückleiten von Aktivierungssignalen zu Neuronen derselben oder vorgelagerten Schichten im Netzwerk stellt eine Erweiterung dar, die es neuronalen Netzen ermöglicht, die Abhängigkeiten zwischen den aufeinander folgenden Elementen einer Sequenz zu berücksichtigen. Anpassung und Auswahl der Netzwerkstrukturen und

Funktionalitäten können als Möglichkeit gedeutet werden, einem neuronalen Netz Vorwissen über eine Domäne mitzugeben. Das Vorwissen erlaubt es dem Netz, effizienter oder effektiver als generalistische Ansätze Aufgaben zu lösen. Es gibt auch Aufgabentypen, die bislang nur durch Verwendung spezieller Architekturen und Funktionalitäten in einer Weise gelöst wurden, die früher als nahezu unerreichbar galten und oft sogar schon die Leistungsfähigkeit der Menschen übersteigt. Diese Leistungsfähigkeit erklärt, warum die aktuelle rasante Entwicklung als *Deep-Learning-Revolution* deklariert wird. Es ist jedoch auch zu bedenken, dass die Leistungsfähigkeit für ausgewählte Domänen und Aufgabentypen typischerweise mit Schwächen in anderen Bereichen einhergeht.

Bei der folgenden Darstellung sollen die Charakteristika und Herausforderungen der jeweiligen Aufgabentypen und die grundlegende Funktionsweise der spezialisierten Netzwerktypen und den zugrundeliegenden Architekturen herausgestellt werden. Die angegebenen Referenzen dienen in der Regel als Beispiele und sind in Anbetracht der Entwicklungsgeschwindigkeit in diesem Bereich alles andere als vollständig.

Größere Architekturen lassen sich selten einem Netzwerktyp zuordnen, wie das beim generalistischen vollständig verbundenen vorwärts gerichteten Netzwerk noch möglich war. Vielmehr sind die Netzwerktypen als funktionsorientierte Architektur-Bausteine zu betrachten, von denen meist verschiedene zu einer komplexeren Lösung zusammengestellt werden. Folglich sind nur Gruppen verschiedener Schichten, auch also *Blöcke* bezeichnet, einem konkreten Netzwerktyp zuzuordnen.

### 4.3.1 Feed Forward Neural Networks (FNN)

Das vollständige verbundene vorwärts gerichtete Netzwerk (FNN) wurde in Abschn. 4.2.2 vorgestellt.[9] Wegen der Vollständigkeit der Verbindungen zwischen den Neuronen jeweils zweier aufeinander folgender Schichten und der allgemeinen Problemlösungsfähigkeit als universeller Funktionsapproximator zählen wir es als Generalist. Mit einer zunehmenden Anzahl versteckter Schichten wird aus dem klassischen FNN ein *Deep Feed-Forward Neural Network*.

Zum Einsatz kommt das FNN als Architektur-Baustein in einer größeren (tiefen) Architektur sehr häufig als letzter Block mit einer oder sehr wenigen Schichten, um den Anforderungen einer Aufgabe entsprechend Ausgabewerte zu erzeugen. Eine Schicht vom Netzwerktyp FNN wird meist als *Dense Layer* oder *Fully Connected Layer* bezeichnet. Die eigentliche Aufgabe, die dadurch erst gelöst wird, wird im Rahmen einer modularen Architektur auch als *Downstream Task* bezeichnet, weil sie oft erst am Ende des Verarbeitungsprozesses explizit adressiert wird. Die Verarbeitungsschritte davor dienen oft dem Erlernen einer geeigneten Repräsentation der Eingabedaten und wird daher auch als *Representation* oder *Feature Learning* bezeichnet. Diese Schritte werden oft auf Basis anderer Netzwerk-

---

[9] Die Abkürzung *FNN* ist weitaus weniger geläufig als die im Anschluss verwendeten Kürzel *CNN* für Convolutional Neural Networks und *RNN* für Recurrent Neural Networks.

typen gelöst. Die logische Trennung von Feature Learning und Erfüllung des Downstream Tasks hilft bei der Übertragung bestehender Lösungen auf andere Aufgaben, dem sogenannten Transfer Learning (siehe Abschn. 3.2.2.3). Gleichzeitig ist es dadurch möglich, das Feature Learning durch *Self-Supervised Learning* auf Daten zu lernen, für die keine Labels des Downstream Tasks verfügbar sind (siehe Abschn. 3.2.2.3).

Beispielsweise kann bei einer Klassifikation auf Basis einer internen Repräsentation, die mit Bausteinen anderer Architekturtypen erlernt wurden, eine Klassifikationsentscheidung vorbereitet werden. In dem Fall wird in der letzten Schicht meist die Softmax-Funktion verwendet, um eine formal korrekte Wahrscheinlichkeitsverteilung für die möglichen Klassen zu erzeugen.

### 4.3.2  Convolutional Neural Networks (CNNs)

Ein Convolutional Neural Network (CNN) ist ein tiefes neuronales Netz mit einer ganz speziellen Architektur wie in Abb. 4.14 skizziert. CNNs haben ihre Wurzeln im Bereich der Bilderkennung. Insbesondere die Erkennung handgeschriebener Ziffern stand anfangs oft im Vordergrund [49, 98]. Eine besondere Herausforderung bei der Bildverarbeitung, die CNNs gezielt löst, ist die Anforderung, dass die Erkennungsleistung von Objekten auf Bildern *translationsinvariant* sein soll, sie soll insbesondere unabhängig von der Position des Bildes erfolgreich möglich sein. CNNs sind dabei so erfolgreich, dass sie aus modernen Lösungen nicht mehr wegzudenken sind. Sie sind letztlich zu einem elementaren und universellen Baustein in Computer-Vision-Anwendungen geworden. Ferner werden sie inzwischen auch in anderen Bereichen eingesetzt. Immer dann, wenn sich aus lokal begrenzten Bereichen des Eingaberaums für eine Aufgabe relevante Merkmale extrahieren lassen, etwa bei Zeitreihen oder allgemein bei Sequenzen, können CNNs meist als Baustein einer größeren Architektur ihre Stärke ausspielen.

Im Folgenden beschreiben wir den Aufbau eines CNN und die grundlegende Funktionsweise zur Verarbeitung der Daten in unterschiedlichen Schichten. Dabei orientieren wir uns in Sprache und Darstellung an der Bildverarbeitung, gleichwohl können CNNs auch in Anwendungsbereichen mit anderen Arten von Daten angewendet werden.

**Aufbau und Funktionsweise**

Als Basis für den Aufbau eines CNN sollten wir ein Grundverständnis für die Form der Daten – also Bilder – haben. Ein Graustufenbild lässt sich als Matrix von Bildpunkten der Dimension *Breite* × *Höhe* auffassen. Ein Farbbild setzt sich typischerweise aus verschiedenen Farbkanälen zusammen, im RGB-Farbraum mit den Grundfarben Rot, Grün und Blau wären es drei Farbkanäle. Folglich haben wir mehrere gleichartige Bildpunkt-Matrizen, die in einem Objekt der Dimension *Breite* × *Höhe* × *Farbkanäle* zusammengefasst werden. Es handelt sich daher um die Verallgemeinerung einer Matrix, die allgemein als *Tensor* bezeichnet wird. Wollten wir diesen Tensor einem klassischen neuronalen Netz, wie wir

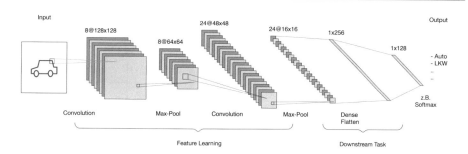

**Abb. 4.14** Grundaufbau eines Convolutional Neural Networks (CNN). Aus einem Bild werden durch meist wiederholte Anwendung von *Convolution* (Faltung) und *Max Pooling* relevante Merkmale extrahiert *(Feature Learning)*. Diese werden dann über vollständig verbundene Schichten *(Dense Layers)* für eine konkrete Aufgabe *(Downstream Task)* wie hier eine Klassifikation herangezogen. Die dafür benötigen Wahrscheinlichkeiten der möglichen Klassen werden in der Regel mit der Softmax-Aktivierung erzeugt

es im vorangegangenen Abschnitt kennengelernt haben, als Eingabedaten übergeben, dann müssten wir diesen Tensor durch Verkettung der Matrixzeilen zu einem Vektor linearisieren. Dieser Vorgang, auch als *Flattening* bezeichnet, ist zwar einfach durchzuführen, erschwert es aber dem Netz bei der Verarbeitung der Daten den Bezug der Bildpunkte zueinander zu berücksichtigen. Da ein Bild aber keine zufällige Menge unabhängiger, zusammenhangsloser Bildpunkte ist, ist dieses Vorgehen nicht ideal.

Ein CNN soll in der Lage sein, Bilder in ihrer originären Form zu verarbeiten. Während ein klassisches neuronales Netz nur einen Vektor als Eingabedaten aufnehmen kann, wird die Eingabeschicht eines CNN so aufgebaut, dass sie Bilder in Form von Tensoren mit der Dimension *Farbkanäle × Breite × Höhe* verarbeiten kann. Die nachfolgend beschriebenen Operatoren werden dabei in der Regel separat für die verschiedenen Farbkanäle durchgeführt. Daher können wir uns in der folgenden Darstellung auf die Beschreibung der Verarbeitung eines Farbkanals beschränken.

Die Verarbeitung der Daten zu aussagekräftigen Merkmalen, also dem *Feature Learning*, erfolgt pro Farbkanal in Matrizen durch mindestens eine Convolution-Schicht und optional durch eine Pooling-Schicht:

**Convolution-Schicht.** Eine diskrete *Convolution* (dt. *Faltung*) ist eine Operation zwischen zwei Matrizen. Dabei sei die erste Matrix die Eingabematrix und die zweite ein sogenannter Filter oder Kernel. Die Filter-Matrix ist in der Regel quadratisch und vergleichsweise klein, etwa $2 \times 2$ oder $3 \times 3$, allgemein $k \times k$ mit Filtergröße oder Kernel Size $k$, und beschreibt kleinere Muster, nach denen lokal in der Eingabematrix gesucht wird. Für die Suche wird der Filter zeilenweise von links nach rechts über die Eingabematrix geschoben, bis der rechte Rand erreicht wird. Die Schrittgröße (engl. *step size* oder *stride*) bestimmt, um wie viele Pixel der Filter bei jedem Schritt nach rechts und bei der nächsten Zeile nach unten geschoben wird. Auf jeder Position wird die Summe der elementweise

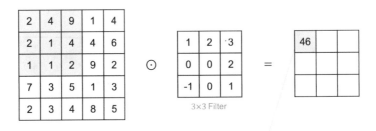

$$c_{11} = 2 \cdot 1 + 4 \cdot 2 + 9 \cdot 3 + 2 \cdot 0 + 1 \cdot 0 + 4 \cdot 2 + 1 \cdot (-1) + 1 \cdot 0 + 2 \cdot 1 = 46$$

**Abb. 4.15** Bei der Faltung (Convolution) berechnet sich ein Element der Ergebnismatrix $C$ als *Frobenius-Skalarprodukt* $\odot$ zwischen dem entsprechenden Ausschnitt der Eingangsmatrix (violett) und dem gleich großen Filter, also als Summe der elementweise berechneten Produkte wie für das obere rechte Element $c_{11}$ angegeben

berechneten Produkte zwischen dem Ausschnitt der Eingabematrix unter dem Filter und dem Filter selbst berechnet und als Wert für das entsprechende Element der Ergebnismatrix übernommen. Abb. 4.15 verdeutlicht die auch als *Frobenius-Skalarprodukte* bezeichnete Berechnung. Das Ergebnis der Faltung ist die Matrix, die durch Berechnung aller Elemente für jede mögliche Position des Filters über der Eingangsmatrix entsteht. Im Beispiel werden pro Zeile und pro Spalte jeweils drei Positionen angenommen, sodass eine $3 \times 3$ Ergebnismatrix entsteht. Je größer der Filter und je größer die Schrittgröße, desto kleiner ist die resultierende Matrix.[10] Abb. 4.15 zeigt die Berechnung der Faltung für eine Position.

Um etwa nach der Faltung die ursprüngliche Bildgröße zu erhalten und die inneren Randbereiche der Eingangsmatrix insbesondere auch bei größeren Schritten angemessen berücksichtigt werden, wird die Eingangsmatrix oft um eine oder mehrere Zeilen und Spalten erweitert. Dieser als *Padding* bezeichnete Vorgang ist in Abb. 4.16 illustriert. Meist werden die zusätzlichen Felder mit dem Wert 0 befüllt *(Zero Padding)*. Aber auch andere konstante Werte oder sogar zufällige Werte *(Random Padding)* sind möglich.

Durch die Faltung, also die Anwendung des Filters auf alle Bereiche der Ausgangsmatrix, werden lokale Merkmale extrahiert. Die Faltung ersetzt dabei die Berechnung der gewichteten Summe der Eingangssignale durch die Netzeingabefunktion, während beim klassischen FNN die Netzeingabe aus einem Signal besteht, das dann die Eingabe der Aktivierungsfunktion darstellt. Auch bei der Convolution-Schicht ist der Einsatz einer Aktivierungsfunktion vorgesehen. Oft kommt dabei eine Variante der ReLU zum Einsatz. Die Identitätsfunktion wird verwendet, wenn die Werte der Faltung unverändert beibehalten werden sollen. Die Ausgabe der Convolution-Schicht wird auch als *Feature Map* bezeichnet.

---

[10] Vincent Dumoulin und Francesco Visin geben eine kompakte Übersicht über die Berechnung der diskreten Faltung bei CNN und die Einflüsse der verschiedenen Parameter [42].

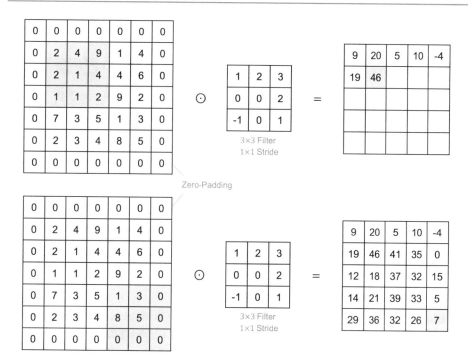

**Abb. 4.16** Padding bezeichnet das Erzeugen und Auffüllen von Elementen im äußeren Randbereich. Beim *Zero-Padding* werden die Elemente mit 0 befüllt. Einer Filtergröße von 3 × 3 und Schrittgröße 1 genügt jeweils ein zusätzliches Element an jeder Seite, dass die Ergebnismatrix so groß ist wie die Eingangsmatrix

**Pooling-Schicht.** Das *Pooling* hat das Ziel, die Matrizen zu verkleinern, und wird daher auch als *Sub-Sampling* oder *Down-Sampling* bezeichnet. Dazu wird die Matrix wieder mit oder ohne Überlappung in kleine Ausschnitte, dem Pooling-Filter, unterteilt und durch einen Wert zusammengefasst. Meist wird dabei das sogenannte *Max-Pooling* verwendet, das wie in Abb. 4.17 dargestellt das Maximum der Werte im betrachteten Ausschnitt verwendet. Das *Average Pooling* würde entsprechend das arithmetische Mittel der Werte innerhalb des Ausschnitts berechnen. Durch eine Filtergröße von 2 × 2 und Stride 2, also ohne Überlappung, würde das Pooling die Größe der Matrix in jeder Dimension um den Faktor 2 reduzieren, also insgesamt auf ein Viertel der Einträge. Insbesondere das Max-Pooling liefert einen Betrag dazu, dass das CNN translationsinvariant Objekte erkennen kann. Bei Verwendung vieler Convolution-Schichten mit jeweils mehreren Filtern steigt die Anzahl der Feature Maps schnell an. Da die Feature Maps eine Repräsentation der Eingangsobjekte darstellen, die meist nur in begrenzter Anzahl vorliegen, ist die Gefahr des Overfittings beim folgenden Downstream Task sehr hoch. Mit der Reduktion der Feature Maps leistet des Pooling folglich auch einen wichtigen Beitrag zur Vermeidung von Overfitting.

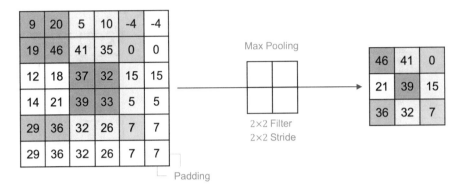

**Abb. 4.17** Dimensionreduktion mit *Max Pooling:* Ein Filter (Pooling-Fenster) der Größe 2 × 2 wird mit gleicher Schrittgröße (Stride) und daher ohne Überlappung über die Eingangsdaten geschoben und in jedem Bereich das Maximum übernommen. Damit die letzten Elemente verwendet werden können, bietet sich ein Padding am rechten und unteren Rand mit Werten der jeweils benachbarten Elemente an

**Flatting-Schicht.** Der Übergang vom Feature Learning zu Schichten, die eine vorgegebene Aufgabe (Downstream Task) lösen sollen, erfolgt üblicherweise durch eine sogenannte *Flattening-Schicht.* Das CNN bearbeitet die Eingangsdaten in den Convolution- und Pooling-Schichten ihrer ursprünglichen Form. Die resultierenden *Feature Maps* werden zwar immer kleiner, dafür vervielfacht sich ihre Anzahl durch jeden Faltungsschritt um die Anzahl der Filter einer Convolution-Schicht. Die folgenden Schichten erwarten meist Daten in klassischer Vektorform. Die Flattening-Schicht sorgt dafür, dass die Feature Maps durch Verkettung der einzelnen Werte linearisiert werden.

In einer Architektur werden oft mehrere Convolution-Schichten und Pooling-Schichten kombiniert. Oft werden die beiden Schichten im Wechsel angeordnet. Aber auch mehrere Convolution-Schichten direkt hintereinander sind möglich. Liegen mehrere Farbkanäle vor, können Filter entweder gemeinsam für alle Farben genutzt werden, oder es können individuelle Filter für eine Farbe zugelassen werden. Durch die Anwendung der beiden Schichten werden die verarbeiteten Matrizen in der Regel kleiner, gleichzeitig nimmt aber deren Anzahl zu, da in einer Convolution-Schicht meist mehrere Filter verwendet werden. Dadurch entsteht die für CNN-Architekturen typische Form (siehe Abb. 4.14). Das dort skizzierte einfache CNN zeigt die wesentlichen Abläufe und die bei der Berechnung relevanten Datenelemente mit ihren Dimensionen. Es kommen in dem Beispiel zwei Convolution-Schichten und zwei Pooling-Schichten bei der Verarbeitung eines Graustufenbildes mit einem Farbkanal zum Einsatz. Die erste Convolution-Schicht hat acht Filter. Die resultierenden *Bilder,* auch als Feature-Maps bezeichnet, werden durch die erste Pooling-Schicht durch Zusammenfassen von jeweils 2 × 2 Punkten auf ein Viertel der Datenpunkte reduziert. Die zweite Convolution-Schicht wendet drei Filter an, sodass insgesamt 24 Feature-Maps resultieren.

Die zweite Pooling-Schicht fasst jeweils $3 \times 3$ Punkte zusammen. Die 24 Feature-Maps mit je $16 \times 16$ Punkten werden am Ende durch eine Flattening-Schicht in einen Vektor überführt. Die interne Repräsentation hat folglich $24 \cdot 16 \cdot 16 = 6144$ Merkmale, die im Beispiel durch die erste vollständige verbundene Schicht auf 256 reduziert werden, bevor am Ende durch Anwendung der Softmax-Funktion Klassenwahrscheinlichkeiten entstehen.

Der anhand von zweidimensionalen Bilddaten beschriebene Aufbau mit seiner Grundfunktionalität lässt sich in der Form auf beliebige Daten anwenden, die in einer Matrix vorliegen. Dabei sollte die räumliche Nähe der Datenpunkte eine gewisse Bedeutung haben. Das Konzept lässt sich auf höherdimensionale Objekte als Eingabe erweitern [42], aber auch die Übertragung auf eindimensional strukturierte Daten wie Zeitreihen oder allgemeine Sequenzen wie natürliche Sprache ist einfach möglich.

Eine Sequenz lässt sich als entartete Matrix mit nur einer Zeile auffassen. Für eine sinnvolle Berechnung lokaler Muster in einer Sequenz kommt anstatt eines quadratischen $k \times k$ Filters entsprechend ein einzeiliger Filter mit Breite $k$ zum Einsatz wie in Abb. 4.18 dargestellt. Dies entspricht der Betrachtung der Merkmale durch ein sich verschiebendes Fenster (engl. *sliding window*), wie es in der klassischen Zeitreihenanalyse üblich ist. Im Unterschied dazu wird jedoch die Berechnung, das Skalarprodukt zwischen dem Ausschnitt der Sequenz und dem Filter, über dessen Gewichte erst noch erlernt. Eine Sequenz kann mit mehreren Merkmalen zu einem Zeitpunkt $t$ beschrieben werden, sodass die erfassten Daten über Zeit auch als Matrix erscheinen. Im Gegensatz zur Bildverarbeitung gibt es aber keinen speziellen räumlichen Bezug zwischen den Merkmalen, der eine Suche nach lokalen Mustern mit zweidimensionalen Filtern wie bei Bildern rechtfertigen würde. Um den Unterschied hervorzuheben und in Implementierungen adäquat zu berücksichtigen, werden die Convolution-Schichten entsprechend als ein- oder zweidimensional bezeichnet.

Auch wenn für komplexe Aufgaben der Sprachverarbeitung überwiegend rekurrente Netze und Transformer-Architekturen zum Einsatz kommen (siehe unten), so kann gerade für einfachere Aufgaben, bei denen eine globale Betrachtung der Zusammenhänge nicht essenziell für die erfolgreiche Lösung einer Aufgabe ist, wie bei der Textklassifikation, der Einsatz von CNN sinnvoll sein.

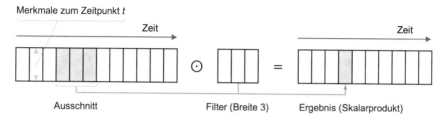

**Abb. 4.18** Eindimensionale Convolution: Die Anwendung des Filters entspricht einem Fenster, das zur Berechnung der Ausgabe als Skalarprodukte des Ausschnitts der Eingabedaten mit dem Filter über die Zeitreihe geschoben wird *(Sliding Window)*

**Training und Overfitting**

Für eine *Convolution-Schicht* werden meist deutlich weniger Gewichte als für eine vollständig verbundene Schicht benötigt. Für jedes Element eines Filters wird genau ein Gewicht benötigt, um einen Filter frei zu erlernen. Die Gewichte sitzen ausschließlich in den Filtern und nicht an den Eingangssignalen bei einem FNN. Bei einem Einsatz von acht Filtern der Dimension $3 \times 3$ wie in Abb. 4.14 würden entsprechend 72 Gewichte benötigt. Während ein neuronales Netz mit seiner verteilten Repräsentation von Wissen in seinen Neuronen oft schwer zu interpretieren ist und deshalb als *Black Box* gilt, lassen sich die Feature Maps sehr anschaulich darstellen und oft auch sinnvoll interpretieren.

Obwohl sich Aufbau und Funktionsweise eines CNN stark von einem FNN unterscheiden, lassen sich bei entsprechender Berücksichtigung der Funktionen und deren partiellen Ableitungen innerhalb der Schichten mittels Back-Propagation und Gradientenabstieg die Anpassungen der Gewichte durchführen [97]. Die Verwendung von ReLU-Varianten als Aktivierungsfunktionen hat die Anpassung größerer CNNs ermöglicht. Durch die Einführung sogenannter *Skip Connections,* die Eingangssignale unverändert späteren Schichten hinzufügen, wie in Abb. 4.19 zu sehen, hat zu einer weiteren Optimierung des Trainingsprozesses geführt [66]. Die Technik hat sich als so erfolgreich erwiesen, dass sie inzwischen in sehr vielen großen Architekturen als stützende Architekturkomponente verwendet wird.

Wie oben bereits erwähnt, werden CNNS sehr erfolgreich in der Bildverarbeitung eingesetzt. Mit einer großen Anzahl an Convolution-Schichten und sehr vielen Filtern pro Schicht werden zunächst einfache lokale Merkmale zu immer komplexeren Merkmalen kombiniert.

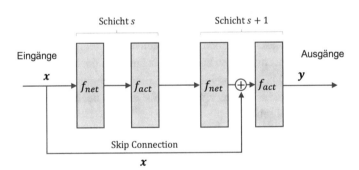

**Abb. 4.19** Das Weiterleiten der unveränderten Eingangssignale **x** und Hinfügen zu den Netzeingaben späterer Schichten, als sogenannte *Skip Connection* bekannt, stabilisiert den Trainingsprozess und vereinfacht dadurch das Anpassen der Gewichte in noch tieferen neuronalen Netzen [66]. Die Netzaktivierungsfunktion $f_{net}$ steht hier allgemein für die Komponente in den Neuronen, die die Eingangssignale mit anpassbaren Gewichten verknüpfen. Bei einem CNN entspricht das der Convolution und folglich entspricht die Netzeingabe zur Aktivierungsfunktion der Struktur der Eingänge. Die Anwendung ist jedoch nicht auf CNNs beschränkt. Skip Connections dienen inzwischen als stützende Komponente in vielen größeren Architekturen. Bei der Verwendung von Skip Connections muss darauf geachtet werden, dass die Dimensionen der Daten gleich sind, damit die Signale addiert werden können

Um die Gewichte sinnvoll zu erlernen und damit der Gefahr des Overfittings zu trotzen, werden sehr viele Daten benötigt. Im Bildbereich sind oft sogenannte *Data-Augmentation-Methoden* im Einsatz. Etwa durch Drehen, Spiegeln, Verzerren oder dem Hinzufügen von Rauschen können Trainingsdaten auf vergleichsweise einfache Art erweitert werden.

Ein völlig anderer Ansatz, sich dem Problem des Overfitting zu nähern und damit mit den verfügbaren Ressourcen auch noch sparsamer umzugehen, sind Ansätze aus dem Bereich Transfer Learning. Wenn ein CNN-basiertes Netzwerk auf Basis von Bildmaterial, das frei verfügbar ist, bereits trainiert wurde, dann soll die erlernte Fähigkeit zur Merkmalsextraktion, das Feature Learning, auch für andere Aufgaben genutzt werden können. Das in Abb. 4.14 dargestellte Feature Learning kann oft ohne weitere Anpassung in einer anderen, aber ähnlichen Aufgabe verwendet werden. Dazu muss nur der hintere Teil des Netzwerks (Downstream Task) angepasst werden. Es findet folglich ein *Transfer* eines bestehenden Modells auf eine neue Aufgabe statt. Die Anpassung wird in dem Kontext als *Fine Tuning* bezeichnet. Gerade bei begrenzter Verfügbarkeit von Daten aus der Zieldomäne werden die Gewichte der Convolution-Schichten eingefroren und nur die Gewichte der hinteren Schichten, die für die Lösung der eigentlichen Aufgabe zuständig sind, werden angepasst.

### 4.3.3   Recurrent Neural Networks (RNNs)

Bei einem rekurrenten neuronalen Netzwerk (engl. *recurrent neural network*), kurz RNN, können die Neuronen einer Schicht auch mit Neuronen derselben Schicht oder auch mit Neuronen aus Vorgängerschichten verbunden sein. Dies wird als *Rückkopplung* bezeichnet. Dadurch ist es möglich, auch zeitabhängige Zusammenhänge in aufeinander folgenden, gleichartigen Daten, sogenannten *Sequenzen,* zu entdecken und für die Bearbeitung einer Aufgabe zu nutzen. Neben klassischen Anwendungen in der Zeitreihenanalyse kommen RNNs deshalb auch bei der Verarbeitung natürlicher Sprache (NLP) vor.

Im Folgenden beschreiben wir den Aufbau einer Sequenz und gehen auf Aufgabentypen ein, bei denen Sequenzen eine Rolle spielen. Anschließend stellen wir mit einfachen RNNs und LSTM-Netzwerken zwei bekannte RNNs vor, die eine einfache Form der Rückkopplung von einer versteckten Schicht zu sich selbst ermöglichen.

### 4.3.3.1 Aufgabentypen mit Sequenzen

Eine Folge gleichartiger Datenobjekte mit bekannten, festen Strukturen wird als *Sequenz* bezeichnet. Die Datenobjekte werden auch als *Elemente* der Sequenz bezeichnet und häufig durch Merkmale beschrieben, die in Vektoren zusammengefasst sind. Es können aber auch komplexere Daten höherer Dimensionalität wie Bilder oder allgemein Tensoren verwendet werden. Entscheidend ist eine feste Datenstruktur, damit die Daten auf eine einheitliche Weise durch eine Funktion, die ein Modell letztlich umsetzt, verarbeitet werden können. Abb. 4.20 zeigt neben der klassischen Abbildung zwischen einfachen Objekten *(one-to-*

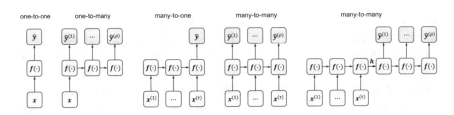

**Abb. 4.20** Klassifizierung von Aufgabentypen nach Art der Eingabe und Ausgabe in Anlehnung an [84]. Sequenzen als aufeinander folgende strukturell gleichartiger Datenobjekte, meist Vektoren, können bei Aufgabentypen sowohl bei der Eingabe als auch bei der Ausgabe eine Rolle spielen. Gelbe Kästen stehen für jeweils gleichartige Eingabewerte fester Struktur. Eine Abfolge dieser Eingabewerte ergibt eine Sequenz, hier $\mathbf{x}^{(t)}$ mit $t = 1, ..., \tau$, wobei die Länge $\tau$ einer Sequenz variabel sein kann. Gleiches gilt für die Ausgabewerte $\mathbf{y}^{(t)}$ mit $t = 1, ..., \rho$ in den grünen Kästen. Die Längen der Eingabe- und Ausgabesequenzen können voneinander abweichen. Geeignete Funktionen $f(\cdot)$, angedeutet durch die cyanfarbenen Kästen, transformieren die Eingaben zu Ausgaben. Eine Lernaufgabe besteht primär aus dem Erlernen dieser Funktionen basierend auf Daten. Gibt es nur eine Eingabe und eine Ausgabe *(one-to-one)* liegt ein klassischer Aufgabentyp wie eine einfache Regression oder die Klassifikation eines Objektes vor (siehe Abschn. 3.2.2). Es gibt Aufgaben, bei denen nur die Ausgabe eine Sequenz ist *(one-to-many)*, etwa die Erzeugung einer Beschreibung für ein Bild, oder nur die Ausgabe *(many-to-one)* wie bei der Sentimentanalyse, bei der ein Text variabler Länge etwa als *positiv* oder *negativ* klassifiziert wird. Wenn sowohl Eingaben also auch Ausgaben als Sequenzen vorliegen, handelt es sich um eine Aufgabe vom Typ *many-to-many*. Dabei wird in der Regel unterschieden, ob die Ausgabe schon mit der ersten Eingabe beginnt oder die Erzeugung der Ausgabe erst beginnt, wenn das letzte Element der Eingabe bekannt ist (rechts) [84]. Letzteres ist im NLP-Kontext etwa bei der Übersetzung oder Zusammenfassung von Texten üblich und wird auch als *Encoder-Decoder-Architketur* bezeichnet [174]. Dabei ist die linke Hälfte, die die Eingabeelemente verarbeitet, der sogenannte *Encoder*. Der letzte interne Zustand des Encoders $\mathbf{h}$, auch *Kontextvektor* (engl. *context vector*) genannt, dient als initialer Zustand der rechten Hälfe, dem sogenannten *Decoder*

*one)* verschiedene Aufgabentypen mit Beteiligung von Sequenzen. Ein einfaches Objekt lässt sich grundsätzlich auch als Sequenz der Länge 1 auffassen, sodass eine Aufgabe vom Typ *many-to-many* als Verallgemeinerung aller Aufgabentypen interpretiert werden kann. Die Notwendigkeit der Formulierung von Aufgaben ergibt sich allerdings nur aus der Anforderung, Zusammenhänge zwischen verschiedenen Elemente einer Sequenz und deren Reihenfolge berücksichtigen zu können, da die Elemente Sequenz nicht unabhängig voneinander sind. Bei klassischen Aufgabentypen wird dagegen angenommen, dass die Objekte grundsätzlich voneinander unabhängig sind und die Reihenfolge der Eingabe in ein Modell keine Rolle spielt.

Wir beschränken unsere Betrachtung auf Aufgabentypen mit Sequenzen als Eingaben und bezeichnen die Länge der Eingabesequenz mit $\tau$. Im allgemeinen Fall sei $\rho$ die Länge der Ausgabesequenz. Der Index $t$ steht für die Position eines Elements in einer Sequenz, die sich meist, aber nicht zwingend, auf eine zeitliche Abfolge bezieht. Der Einfachheit halber sprechen wir jedoch bei den Positionen auch von Zeitpunkten. Es ist daher $\mathbf{x}^{(t)}$ der

Merkmalsvektor, $\mathbf{y}^{(t)}$ die wahre Ausgabe und $\hat{\mathbf{y}}^{(t)}$ die Prognose eines Modells, in unserem Fall die eines RNN, zum Zeitpunkt $t$.

Bei Aufgaben des Typs *many-to-one* ist nur die eine Ausgabe $\hat{\mathbf{y}}$ relevant. Wenn ein Netz dennoch zu jedem Element der Eingabesequenz eine Ausgabe erzeugt, dann wird entsprechend nur die Ausgabe $\hat{\mathbf{y}}^{\tau}$ nach Verarbeitung der letzten Eingabe $\mathbf{x}^{\tau}$ als Lösung einer Aufgabe verwendet. Bei Aufgaben des Typs *(many-to-many)* stellt die komplette Abfolge aller Ausgabeelemente das Ergebnis dar. Im einfachsten Fall entspricht die Ausgabelänge der Eingabelänge, also $\rho = \tau$, und die nach jedem Verarbeitungsschritt erzeugte Ausgabe kann als Element der Ausgabesequenz direkt übernommen werden. In vielen praktischen Anwendungen weicht die Länge der Eingabesequenz allerdings von der Länge der Ausgabesequenz ab. Beispielsweise wird die Anzahl verwendeter Wörter für einen Satz bei der Übersetzung von einer Sprache in eine andere oft voneinander abweichen. Bei unbekannter und variabler Länge der Eingabesequenz und der Ausgabesequenz wird daher ein Mechanismus benötigt, der die Länge einer Sequenz bestimmt. Eine einfache praktische Umsetzung besteht in der Einführung und entsprechenden Codierung eines speziellen *Stop* oder *End of Sequence (EOS)* Symbols, das das Ende einer Sequenz markiert [53]. Das Symbol wird an das Ende einer Eingabesequenz gehängt und signalisiert dem RNN, dass keine weiteren Eingaben von außen mehr kommen. Die Erzeugung weiterer Elemente einer Ausgabesequenz erfolgt dann so lange, bis das spezielle Symbol oder ein anderes Abbruchkriterium wie eine maximal zu erzeugende Ausgabelänge erreicht wird. Bei der folgenden Darstellung des sogenannten *einfachen RNNs* und des *Long Short Term Memory (LTSM) Networks* legen wir den Fokus auf den Aufbau der Netze und die allgemeine Funktionsweise und betrachten ausschließlich den Fall mit Eingabesequenzen und Ausgabesequenzen gleicher Länge. In Abschn. 4.3.5 stellen wir mit der *Transformer-Architektur* einen Netzwerktyp vor, der insbesondere auch die Bearbeitung von *many-to-many* Aufgaben mit Eingabe- und Ausgabesequenzen unterschiedlicher Länge erlaubt.

### 4.3.3.2 Umgang mit Sequenzen fester Länge

Um Abhängigkeiten zwischen aktuellen Eingabewerten $\mathbf{x}^{(t)}$ zu einem Zeitpunkt $t$ und Werten aus der Vergangenheit zu berücksichtigen, könnte grundsätzlich auch eine Funktion $f$ berechnet werden, die neben den aktuellen Eingabewerten auch alle bisherigen Werte einer Sequenz berücksichtigt, etwa

$$\mathbf{y}^{(t)} = f(\mathbf{x}^{(t)}, \mathbf{x}^{(t-1)}, ..., \mathbf{x}^{(1)}) \tag{4.47}$$

Entsprechend müsste ein neuronales Netz Eingänge für die Merkmale aller Elemente einer Sequenz bis zum aktuellen Zeitpunkt $t$ vorsehen. Folglich würde für jede mögliche Länge gemäß der aktuellen Position in einer Sequenz eine eigene Funktion und entsprechend ein eigenes neuronales Netz benötigt. Die Anzahl der anpassbaren Gewichte würde linear mit der Länge einer Sequenz steigen und damit stiege auch der Bedarf an Trainingsdaten stark an.

Im letzten Abschnitt haben wir mit dem eindimensionalen CNN eine Architektur ken-nengelernt, die genau so vorgeht. Die Stärke des CNN liegt insbesondere in der Fähigkeit, Zusammenhänge unabhängig von der Position in einer Sequenz identifizieren und berück-sichtigen zu können. Aufgrund der Funktionsweise der Faltung mittels Filter, die eine meist sehr begrenzte Größe haben und daher nur lokale Muster identifizieren können, stellen Zusammenhänge zwischen weiter auseinander entfernt liegenden Elementen einer Sequenz jedoch eine große Herausforderung dar. Gerade bei Sprache sind derartige Abhängigkeiten stark verbreitet, beispielsweise zwischen Wörtern am Anfang und am Ende eines Satzes oder sogar zwischen Wörtern aus verschiedenen Sätzen. Ein weiterer Nachteil dieser Vorge-hensweise ist das Festlegen auf eine bestimmte Länge. In vielen Anwendungen, gerade im NLP-Bereich, haben Sequenzen sehr unterschiedliche Längen. Allerdings werden wir mit der Transformer-Architektur wieder zur Verarbeitung von Sequenzen fester Länge zurück-kehren, weil dadurch eine parallele Verarbeitung ermöglicht wird, durch die ein sehr großer Geschwindigkeitsvorteil erreicht werden kann (siehe Abschn. 4.3.5).

### 4.3.3.3 Einfache RNNs

Eine Besonderheit von RNN-Architekturen ist ihre Fähigkeit, mit Sequenzen beliebiger Länge umgehen zu können. Durch die Rückkopplung bereits berechneter Werte als soge-nannter interner oder versteckter Zustand kann das Netz auf Informationen aus vorherigen Elementen einer Sequenz zurückgreifen, ohne dass diese erneut von außen mitgegeben werden müssen. Damit dies möglich ist, müssen alle Elemente einer Sequenz nacheinander verarbeitet werden. Durch diese Form der Verarbeitung benötigt ein RNN lediglich Eingänge für die Merkmale eines Elements der Sequenz. Das Eingabeformat ist unabhängig von der Länge der Sequenz immer gleich. Die Verarbeitung zu verschiedenen Zeitpunkten erfolgt durch dieselbe Funktion auf Basis einer festen Menge *stationärer* Gewichte. Die Gewichte des neuronalen Netzes zu verschiedenen Zeitpunkten werden daher geteilt. Dieses Konzept ist allgemein auch als *Parameter Sharing* bekannt. Dadurch wird die Menge der verwendeten Parameter stark begrenzt und eine erfolgreiche Modellanpassung, die zu Modellen führt, die ein Generalisieren auf Sequenzen unterschiedlicher Längen mit Zusammenhängen an ver-schiedenen Positionen ermöglichen, ist mit deutlich weniger Trainingsdaten umsetzbar [53].

Der interne Zustand ist eine kompakte Codierung des Kontexts, der durch die Eingaben aller vorgelagerten Elemente einer Sequenz und deren Verarbeitung gegeben ist. Durch die begrenzte, feste Länge des internen Zustands, die durch die Architektur vorgegeben ist, stellt der Kontext im Vergleich zur gesamten bislang bekannten Sequenz mit beliebiger Länge eine Zusammenfassung dar, die in der Regel nicht verlustfrei ist [53]. Genau darin liegt jedoch auch eine große Chance, da das RNN lernen muss, auf welche Teile oder Aspekte einer Sequenz es für die zugrunde liegende Aufgabe achten muss [53]. Theoretisch kann ein RNN über den internen Zustand zeitliche Abhängigkeiten beliebiger Länge erlernen. Wie wir unten ausführen werden, sind dem durch die Art der Gewichtsanpassung praktisch jedoch enge Grenzen gesetzt, sodass insbesondere ein einfaches RNN nur mit Abhängigkeiten zu Elementen aus der unmittelbaren Vergangenheit gut zurechtkommt.

Das einfache RNN geht im Kern auf Konzepte von Michael Jordan [80] und Jeoffrey Elman [44] zurück. Das Netz besteht aus drei Schichten, wie in Abb. 4.21 dargestellt. Die Ausgangssignale der Neuronen in den versteckten Schichten werden ausschließlich zu sich selbst zurückgeführt, sodass der interne Zustand, der in diesem Kontext oft mit **h** bezeichnet und bei Neuronen ohne weitere Ausgangsfunktion den Aktivierungssignalen entspricht, also $\mathbf{h} = \mathbf{a}$, vom letzten Berechnungsschritt $(t-1)$ bei der Berechnung der Netzeingabe zusätzlich zu den Eingangssignalen **x** verwendet werden kann. Typischerweise haben alle Neuronen der versteckten Schicht Zugriff auf die internen Zustandswerte aller versteckten Neuronen und nicht nur auf den eigenen Zustandswert vom letzten Zeitpunkt. Daher berechnet sich die Netzeingabe $z^{(t)}$ zum Zeitpunkt $t$ für alle Neuronen in vektorieller Notation für Eingangssignale $\mathbf{x}^{(t)}$ wie folgt:

$$\mathbf{z}^{(t)} = f_{\mathrm{net}}(\mathbf{x}^{(t)}, \mathbf{h}^{(t-1)}; W, U) = W\,\mathbf{x}^{(t)} + U\,\mathbf{h}^{(t-1)} \tag{4.48}$$

mit Gewichtsmatrix $W$ für die Gewichte der Verbindungen zwischen Neuronen der Eingangsschicht und der versteckten Schicht und den Bias sowie Gewichtsmatrix $U$ für die Gewichte für die zurückgeführten Aktivierungssignale der versteckten Schicht zu sich selbst.

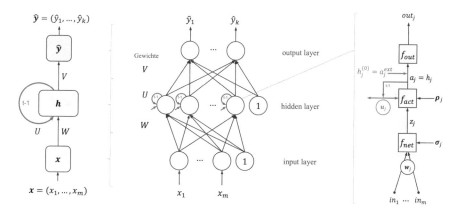

**Abb. 4.21** Architektur eines einfachen RNN mit einer versteckten Schicht. Die drei Kästen in der kompakten Darstellung (links) stehen jeweils für eine ganze Schicht mit potenziell mehreren Neuronen, wie in der detaillierten Darstellung des Netzwerks mit den einzelnen Neuronen in der Mitte zu sehen. Das allgemeine Neuronenmodell rechts (siehe auch Abb. 4.7) hebt insbesondere die Mechanismen im Neuron hervor, die für die Rückkopplung notwendig sind. Dazu zählen vorrangig die Rückkopplungen der Ausgangssignale der versteckten Neuronen zu sich selbst, die jeweils durch rote Pfeile markiert sind. Die Ausgangssignale von Neuronen der versteckten Schicht vom letzten Zeitpunkt $(t-1)$ werden mit den Gewichten der Matrix $U$ gewichtet zusätzlich zu den mit den Gewichten der Matrix $W$ gewichteten regulären Eingangssignalen verwendet. Die Matrix $V$ enthält die Gewichte für die Berechnung der Netzeingaben in der Ausgabeschicht

Um eine deterministische Berechnung zu garantieren, müssen Anfangswerte $\mathbf{h}^0$ geeignet festgelegt werden. Das im letzten Abschnitt eingeführte allgemeine Neuronenmodell (siehe Abb. 4.7) sieht für diesen Zweck eine externe Belegung der Aktivierung mit $a_j^{\text{ext}}$ vor. Entsprechend der Notation der internen Zustände ist diese initiale Belegung in Abb. 4.21 für Neuron $j$ mit $h_j^0$ gekennzeichnet. Der interne Zustand $\mathbf{h}^{(t)}$ zum Zeitpunkt $t$, der zur versteckten Schicht zurückgeführt wird und als Ausgabe $\mathbf{y}^{(t)}$ verwendet werden kann, wird mittels Aktivierungsfunktion $f_{\text{act}}$ aus der Netzeingabe $\mathbf{z}^{(t)}$ berechnet:

$$\mathbf{h}^{(t)} = f_{\text{act}}(\mathbf{z}^{(t)}) = f_{\text{act}}(W\,\mathbf{x}^{(t)} + U\,\mathbf{h}^{(t-1)}) \tag{4.49}$$

Als Aktivierungsfunktion kommt traditionell die *tanh*-Funktion zum Einsatz, aber auch andere Aktivierungsfunktionen wie die ReLU-Funktion sind möglich [96]. Es kann das Problem der verschwindenden Gradienten bei RNNs allerdings nur leicht mildern. Wie wir gleich sehen werden, gibt es gravierendere Gründe dafür.

Um eine Sequenz $(\mathbf{x}^1, ..., \mathbf{x}^\tau)$ der Länge $\tau$ zu verarbeiten, sind genau $\tau$ Berechnungsschritte notwendig. Die Elemente der Sequenz werden dem RNN nacheinander als Eingabe präsentiert. Die eigentliche Tiefe des Netzes ist deutlich erkennbar, wenn die vergleichsweise einfache Struktur über die Zeit *entfaltet* wird (engl. *unrolled*) wie in Abb. 4.22. Die Darstellung veranschaulicht sehr verständlich die Berechnungskette und den Datenfluss bei der Verarbeitung einer Sequenz. Es gilt dabei aber zu beachten, dass sich die Berechnung über die Zeit ergibt und das RNN selbst nur aus den Neuronen der drei Schichten wie in Abb. 4.21 dargestellt besteht. Das bedeutet insbesondere, dass es nur einen Satz an stationären Parametern gibt, die Gewichtsmatrizen $W$, $U$ und $V$, den sich die Neuronen in dem

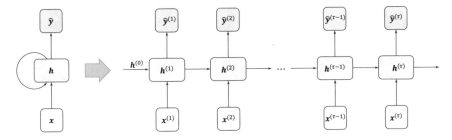

**Abb. 4.22** Die kompakte Darstellung eines RNN (links) lässt sich über die Zeit entfalten, um die Berechnungspfade und den Datenfluss zu verdeutlichen (rechte). Es wird durch diese Darstellung ersichtlich, dass sich die Tiefe eines RNN durch die Länge einer Zeitreihe und der damit verbundenen Verkettung von Berechnungsschritten ergibt. Es ist wichtig dabei zu berücksichtigen, dass die Schichten und Neuronen in der entfalteten Darstellung nicht wirklich existieren, sondern nur die Verwendung derselben Neuronen zu unterschiedlichen Zeitpunkten darstellen, die sich alle dieselben stationären Gewichtsmatrizen $W$, $U$ und $V$ teilen (siehe Abb. 4.21). Der initiale interne Zustand $\mathbf{h}^{(0)}$ muss vor der Verarbeitung einer neuen Sequenz stets gesetzt werden, um deterministisch und reproduzierbar Ausgaben des RNN zu erzeugen und keine Abhängigkeiten zwischen verschiedenen Sequenzen und der Reihenfolge der Präsentation einzuführen

über die Zeit entfalteten Netz teilen und die für die komplette Bearbeitung einer Sequenz unverändert sind. Den Kontext für die Bearbeitung einer gegebenen Sequenz zu einem Zeitpunkt $t$, auch als Gedächtnis des RNN bezeichnet, stellen ausschließlich die Werte der internen Zustände dar.

Die Berechnung erfolgt wie oben dargestellt in $\tau$ Schritten. Bei jedem Schritt $t$ lässt sich die Abweichung der aktuellen Ausgabe $\hat{\mathbf{y}}^{(t)}$ zur wahren Ausgabe $\mathbf{y}^{(t)}$ mittels einer problemadäquaten Loss-Funktion $L$ bestimmen. Wie auch in Abb. 4.23 dargestellt ergibt sich der gesamte Fehler als Summe der Einzelfehler:

$$L = \sum_{t=1}^{\tau} L^{(t)} = \sum_{t=1}^{\tau} L(\hat{\mathbf{y}}^{(t)}, \mathbf{y}^{(t)}) \tag{4.50}$$

Die Gewichtsanpassungen erfolgen über die einzelnen Zeitpunkte einer Sequenz hinweg mittels einer Variante der Fehler-Rückübermittlung, die entsprechend als *Back-Propagation durch die Zeit* (engl. *back-propagation through time*) bekannt ist. Genau genommen entspricht die Variante allerdings der Anwendung des klassischen Back-Propagation-Verfahrens auf die entfaltete Form eines RNN (siehe Abb. 4.23). Es müssen alle Berechnungspfade von einer Ausgabe $\hat{\mathbf{y}}^{(t)}$ zur aktuellen Eingabe $\mathbf{x}^{(t)}$ genauso wie zu allen vorgelagerten Berechnungen über alle internen Zustände $\mathbf{h}^{(j)}$ mit $j < t$ berücksichtigt werden. Der längste Berechnungspfad ergibt sich folglich beim letzten Zeitschritt $\tau$ bei Verkettung bis zum ersten Element. Aufgrund der Gleichartigkeit der entfalteten Netzstruktur ergibt sich für den inneren Teil der Ableitungskette zur *Reise durch die Zeit* etwa von $\mathbf{h}^{(t_2)}$ bis $\mathbf{h}^{(t_1)}$ in vektorieller Notation für alle internen Zustände:

$$\frac{\partial \mathbf{h}^{(t_2)}}{\partial \mathbf{h}^{(t_1)}} = \prod_{t_1 < t \leq t_2} \frac{\partial \mathbf{h}^{(t)}}{\partial \mathbf{h}^{(t-1)}} \tag{4.51}$$

Wie bei der ausführlichen Betrachtung des Back-Propagation-Beispiels in Abschn. 4.2.5 fließen beim Übergang von einem Neuron zum nächsten über eine gewichtete Summe der Eingangssignale die Gewichte als Linearfaktoren in die Ableitungskette ein. Folglich werden bei der Gradientenberechnung neben anderen Faktoren, etwa für die partiellen Ableitungen der Aktivierungsfunktionen, die einzelnen Gewichte der Gewichtsmatrix $U$ bis $\tau$-fach berücksichtigt, sodass Gewichte $u_{ij} < 1$ schnell zum *Vanishing Gradient Problem* und Gewichte $u_{ij} > 1$ schnell zum *Exploding Gradient Problem* führen. Dieser Effekt ist umso größer, je länger der Berechnungspfad ist, also je weiter ein Einflussfaktor zeitlich zurückliegt. Während eine Anpassung der Gewichte für Zeitpunkte, die nicht weit zurückliegen, noch problemlos funktionieren kann, ist eine Anpassung der Gewichte mit längerer Rückwirkung in der Zeit kaum möglich [10, 53, 71, 73]. Durch Einsatz eines sogenannten *Gradient Clippings* zur Begrenzung der Länge der Gradienten kann das Problem der sehr großen Gradientenwerte gelöst werden [54, 195]. Weiterhin können geeignete Belegungen des initialen internen Zustandsvektors $\mathbf{h}^{(0)}$ und die Verwendung der ReLU-Funktion zur Aktivierung der internen Zustände das Problem etwas lindern. Deutlich erfolgreicher ist dabei allerdings die

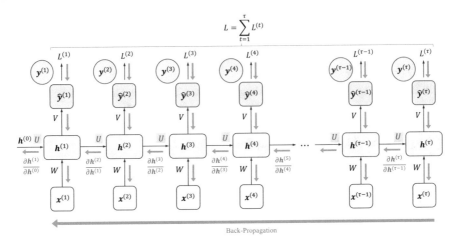

**Abb. 4.23** Anhand der Berechnungspfade eines über die Zeit entfalteten RNNs lässt sich die Rückübermittlung der Fehler anschaulich darstellen und läuft dort identisch zum regulären Back-Propagation-Ansatz (siehe Abschn. 4.2.4). Jede Ausgabe $\hat{\mathbf{y}}^{(t)}$ trägt ihren Anteil $L^{(t)}$ am Gesamtverlust bei. Der jeweilige Anteil wird über alle möglichen Berechnungspfade zu den Einflussfaktoren zurückübertragen (rote Pfeile). Da die Gewichte bei den Berechnungen der Netzeingaben stets als Faktoren mit den Eingangssignalen in eine Summe einfließen, stellen sie bei den partiellen Ableitungen einzelne Faktoren dar. Kritisch bei der Berechnung sind die langen Pfade über die Zeit, durch die die Gewichte der Matrix $U$ bis zu $\tau$-fach miteinander multipliziert werden. Dies führt bei langen Wegen für Gewichte $u_{ij} < 1$ zum *Vanshing Gradient Problem* und für Gewichte $u_{ij} > 1$ zum *Exploding Gradient Problem*. Zusammenhänge zwischen weit auseinanderliegenden Elementen könnten deshalb besonders schwer erlernt werden

Verwendung der im Folgenden vorgestellten LSTM-Zelle anstelle einfacher Neuronen in der versteckten Schicht.

### 4.3.3.4 Long Short-Term Memory (LSTM) Networks

Das *LSTM-Netzwerk,* kurz auch nur als *LSTM* bezeichnet, wurde in seiner Grundform von Josef Hochreiter und Jürgen Schmidhuber insbesondere mit dem Ziel entwickelt, die Auswirkungen der verschwindenden Gradienten durch die wiederholte Multiplikation mit denselben Gewichten bei deren Anpassung zu reduzieren und damit eine RNN-Variante zu schaffen, die sinnvoll auch mit längeren Sequenzen trainiert werden kann [72]. Inzwischen gibt es verschiedene Verfeinerungen und Erweiterungen der ursprünglichen Variante [56, 81]. Zur Erläuterung des grundlegenden Prinzips bleiben wir jedoch wie bei der Beschreibung des einfachen RNN bei der Basisvariante.

Durch seine besondere Architektur, die wir im Folgenden darstellen werden, ist ein LSTM besser als ein einfaches RNN für die Verarbeitung von Sequenzen geeignet, bei denen auch Abhängigkeiten zwischen weiter auseinanderliegenden Elementen, sogenannte *langfristige Abhängigkeiten* (engl. *long-term dependencies*) relevant sind. Bei einem neuronalen Netz wird allgemein die erlernte Belegung der Gewichte mit den damit kodierten Zusammenhängen als Langzeitgedächtnis interpretiert und bei einem einfachen RNN gilt der zum Zeitpunkt $t$ verwendete interne oder versteckte Zustand $\mathbf{h}^{(t-1)}$ als Kurzzeitgedächtnis [72]. Die Fähigkeit langfristige Abhängigkeiten über die klassischen Mechanismen des Kurzzeitgedächtnisses abbilden zu können, führt dazu, dass einem LSTM oft eine Art Langzeitgedächtnis zusätzlich zu den Gewichten zugeschrieben wird, auch wenn dies strukturell treffender als *langes Kurzzeitgedächtnis* zu deuten ist – daher auch der Name: *Long Short-Term Memory*.

Bei der Darstellung des einfachen RNN haben wir gesehen, dass sich ein RNN über die Zeit entfalten lässt und so aus einer Folge von identischen Verarbeitungseinheiten besteht, die so lang wie die zu verarbeitende Sequenz ist. Das einfache RNN berechnet den neuen internen Zustand $\mathbf{h}^{(t)}$ meist mittels *tanh*-Aktivierungsfunktion aus seiner Netzeingabe, die sich als gewichtete Summe aus der aktuellen Eingabe $\mathbf{x}^{(t)}$ und dem letzten internen Zustand $\mathbf{h}^{(t-1)}$ ergibt (siehe Abb. 4.24, links). Anstelle der einfachen Aktivierungsfunktion werden beim LSTM sogenannte Zellen verwendet, die verschiedene aufeinander abgestimmte Verarbeitungsschritte ausführen. Diese dienen dazu, den zusätzlich zum internen Zustand $\mathbf{h}^{(t)}$ eingeführten Zellzustand $\mathbf{c}^{(t)}$, der auch als Speicher bezeichnet wird, zu modifizieren oder auszulesen. Die Verarbeitung wird durch drei sogenannte *Gatter* (engl. *gates*) gesteuert, die jeweils durch sigmoide Aktivierungen gepaart mit einer elementweisen Multiplikation der Vektorelemente realisiert werden. Sie arbeiten wie Ventile, die bei Aktivierungswert 0 ein anliegendes Signal gar nicht und bei Aktivierungswert 1 ungehindert durchlassen (siehe Abb. 4.24, rechts). Die Verarbeitungsschritte sind im Detail wie folgt:[11]

1. **Konkatenation** Die aktuelle Eingabe $\mathbf{x}^{(t)}$ und der letzte interne Zustand $\mathbf{h}^{(t-1)}$ werden aneinandergehängt *(konkateniert)*. In Anlehnung an die einfachen RNN verwenden wir trotz der Konkatenation auch hier die Notation mit jeweils zwei Gewichtsmatrizen $W_g$ und $U_g$ mit $g \in \{c, f, i, o\}$ zum gezielten Erlernen der nachfolgend beschriebenen Aufgaben als Zellzustandskandidat (engl. *cell state candidate*) sowie als *Forget Gate, Input Gate* und *Output Gate*. Wie stark die Gates jeweils die anliegenden Signale durchlassen, wird durch die entsprechenden Aktivierungsfunktionen gesteuert, die in vektorieller Notation wie folgt berechnet werden:

$$\mathbf{g}_{\mathbf{f}}^{(t)} = \sigma\left(W_f\,\mathbf{x}^{(t)} + U_f\,\mathbf{h}^{(t-1)}\right) \tag{4.52}$$

$$\mathbf{g}_{\mathbf{i}}^{(t)} = \sigma\left(W_i\,\mathbf{x}^{(t)} + U_i\,\mathbf{h}^{(t-1)}\right) \tag{4.53}$$

$$\mathbf{g}_{\mathbf{o}}^{(t)} = \sigma\left(W_o\,\mathbf{x}^{(t)} + U_o\,\mathbf{h}^{(t-1)}\right) \tag{4.54}$$

Zur Vereinfachung der Formeln sei dabei dem Eingabevektor ein Element mit konstantem Wert 1 für die Berücksichtigung von Bias-Werten hinzugefügt und die Bias-Werte selbst in den Gewichtsmatrizen $W_g$ entsprechend enthalten. Aus den genannten vier Auf-

---

[11] Die Aufzählungsnummern entsprechen den Nummern in den blauen Kreisen in Abb. 4.24, rechts.

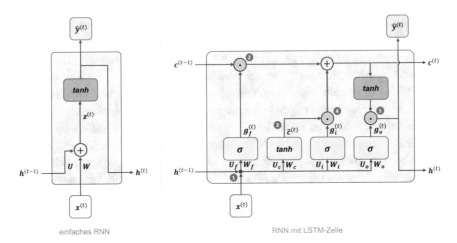

einfaches RNN                                          RNN mit LSTM-Zelle

**Abb. 4.24** Eine *LSTM-Zelle* wird in einem RNN (rechts) anstelle der versteckten Schicht aus Neuronen im einfachen RNN (links) verwendet. Das einfache RNN berechnet den neuen internen Zustand $\mathbf{h}^{(t)}$ meist mittels *tanh*-Aktivierungsfunktion aus seiner Netzeingabe, die sich als gewichtete Summe aus der aktuellen Eingabe $\mathbf{x}^{(t)}$ und dem letzten internen Zustand $\mathbf{h}^{(t-1)}$ ergibt. Beide RNN-Varianten geben den aktuellen internen Zustand sowohl über die Zeit für die Bearbeitung des nächsten Elements einer Sequenz als auch zur Ausgabeschicht $\mathbf{y}^{(t)}$ weiter. Die Darstellung verdeutlicht, dass die versteckte Schicht des einfachen RNN problemlos durch eine LSTM-Zelle ersetzt werden kann, obwohl diese selbst ein ganzes Netzwerk darstellt, das aus mehreren Schichten besteht. Die unteren vier zusätzlichen Kästen mit Aktivierungsfunktionen (farblich von der letzten tanh-Aktivierungsfunktion abgehoben), werden mit zusätzlichen Schichten umgesetzt und besitzen jeweils eigene Gewichtsmatrizen $W_g$ und $U_g$ mit $g \in \{c, f, i, o\}$ zum gezielten Erlernen ihrer jeweiligen Aufgabe als *Forget Gate* (2), *Input Gate* (4) und *Output Gate* (5) sowie zur Bereitstellung des sogenannten *Zellzustandskandidaten* $\tilde{\mathbf{c}}^{(t)}$ (3). Dieser wird für die Aktualisierung des Zellzustands $\mathbf{c}^{(t)}$ verwendet und tritt an die Stelle der in einfachen Neuronen verwendeten Netzeingabe $\mathbf{z}^{(t)}$. Das Forget Gate steuert, was wie stark vom letzten Zellzustand $\mathbf{c}^{(t-1)}$ beibehalten werden soll, während das Input Gate steuert, was wie stark vom Zellzustandskandidaten $\tilde{\mathbf{c}}^{(t)}$ zur Bestimmung des neuen Zellzustands $\mathbf{c}^{(t)}$ zu den einzelnen Signalen hinzugefügt werden soll. Mit dem Output Gate können Inhalte des Zellzustands, dessen Werte nur für diesen Zweck mittels tanh-Aktivierung das Intervall $[-1, 1]$ transformiert werden, als aktuell relevanter interner Zustand und für die Ausgabe gezielt ausgewählt werden. Der Zellzustand $\mathbf{c}^{(t)}$ wird zusätzlich zum internen Zustand $\mathbf{h}^{(t)}$ über die Zeit weitergegeben. Bei der Anwendung der Back-Propagation hilft dieser zusätzliche Informationsfluss bei der Berechnung stabiler Gradienten

gaben ergibt sich im Vergleich zum einfachen RNN insgesamt die vierfache Menge an Gewichten, die während des Lernprozesses angepasst werden müssen.

2. **Vergessen (Forget)** Das Forget Gate steuert mit den Aktivierungswerten $\mathbf{g}_{\mathbf{f}}^{(t)}$, was wie stark vom letzten Zellzustand $\mathbf{c}^{(t-1)}$ beibehalten werden soll. Auf diese Weise kann das LSTM durch Anpassung der Gewichte $W_f$ und $U_f$ lernen, gezielt ausgewählte Aspekte in Abhängigkeit der aktuellen Eingabe und des letzten internen Zustands zu vergessen.

3. **Zustandskandidat** Die aktuelle Eingabe und der letzte interne Zustand ergeben gewichtet mit $W_c$ und $U_c$ den sogenannten Zellzustandskandidaten $\tilde{\mathbf{c}}^{(t)}$, bei dem anders

als bei den sigmoiden Aktivierungen für die Steuerung durch die Gatter die *tanh*-Aktivierungsfunktion wie beim einfachen RNN verwendet wird:

$$\tilde{\mathbf{c}}^{(t)} = \tanh\left(W_c\,\mathbf{x}^{(t)} + U_c\,\mathbf{h}^{(t-1)}\right) \tag{4.55}$$

Der Zellzustandskandidat wird in den nächsten Schritten für die Aktualisierung des Zellzustands $\mathbf{c}^{(t)}$ verwendet und tritt an die Stelle der in einfachen Neuronen verwendeten Netzeingabe $\mathbf{z}^{(t)}$.

4. **Eingabe/Erinnern (Input)** Das Input Gate steuert mit seiner Aktivierung $\mathbf{g_f}_{(t)}$ welche Aspekte des Zellzustandskandidaten wie stark dem bereits durch das Forget Gate modifizierten Zellzustands hinzugefügt wird:

$$\mathbf{c}^{(t)} = \mathbf{g}_{\mathbf{f}}^{(t)} \odot \mathbf{c}^{(t-1)} + \mathbf{g}_{\mathbf{i}}^{(t)} \odot \tilde{\mathbf{c}}^{(t)} \tag{4.56}$$

5. **Ausgabe (Output)** Das Output Gate wählt mit seinen Aktivierungswerten $\mathbf{g_o}^{(t)}$ für den aktuellen internen Zustand und somit auch für die Ausgabe bestimmte Inhalte des Zellzustands, dessen Werte nur für diesen Zweck mittels *tanh*-Aktivierung in das Intervall $[-1, 1]$ transformiert werden, aus:

$$\mathbf{h}^{(t)} = \mathbf{g}_{\mathbf{o}}^{(t)} \odot \tanh\left(\mathbf{c}^{(t)}\right) \tag{4.57}$$

Die zusätzliche Anwendung der *tanh*-Funktion ist notwendig, da die einzelnen Zellzustandswerte durch wiederholtes Hinzufügen der jeweiligen Zellzustandskandidaten über die Zeit außerhalb des für den internen Zustand und die Ausgabe gewünschten Wertebereichs $[-1, 1]$ liegen können. Eine zusätzliche Gewichtung des transformierten Zellzustands findet dabei nicht statt – aus diesem Grund ist die Transformation nach Durchführung der internen Berechnungen wie beim einfachen RNN in Rot dargestellt.

Beide RNN-Varianten geben den aktuellen internen Zustand $\mathbf{h}^{(t)}$ sowohl über die Zeit für die Bearbeitung des nächsten Elements einer Sequenz als auch zur Ausgabeschicht $\mathbf{y}^{(t)}$ weiter. Beim LSTM wird zusätzlich der Zellzustand $\mathbf{c}^{(t)}$ über die Zeit weitergegeben. Da bei der Aktualisierung der Zellzustandswerte über die Zeit nur einfache elementweise Operationen durchgeführt werden, ist die Berechnung der Gradienten vergleichsweise einfach und umgeht das wiederholte Multiplizieren mit den Gewichtsmatrizen. Auf diese Weise werden die Probleme, die sich durch verschwindende oder explodierende Gradienten ergeben, stark reduziert, so dass eine erfolgreiche Anpassung der Gewichte und somit Anwendung rekurrenter Netze in der Praxis überhaupt erst ermöglicht wird. Über die Zeit betrachtet ähnelt die Funktionsweise nach dem Prinzip eines konstanten Fehlerflusses (engl. *constant error flow*) den in Abschn. 4.3.2 vorgestellten *Skip Connections* [66].

Das LSTM hat – zusammen mit seinen Weiterentwicklungen und Abwandlungen wie der stark vereinfachten *Gated Recurrent Unit (GRU)* [25] – zahlreiche erfolgreiche Anwendungen insbesondere im Bereich der automatischen Spracherkennung (engl. *automatic speech recognition, ASR*), z. B. [103], und der maschinellen Übersetzung, z. B. [193], in Produkten

hervorgebracht, die wir im Alltag oft nutzen. Besonders dabei hervorzuheben sind bidi-
rektinale LSTM-Netzwerke, kurz *BiLSTM,* da sie Informationen auch aus beiden Richtungen einer Sequenz berücksichtigen können, indem letztlich ein vorwärtsgerichtetes und ein
rückwärtsgerichtetes LSTM kombiniert werden [55]. Die Berücksichtigung von Informationen sowohl aus der Vergangenheit als auch der Zukunft spielt insbesondere bei NLP-
Anwendungen eine große Rolle, z. B. [24, 76, 83], denn auch der Mensch baut sein Text-
verständnis mitunter durch Kenntnis des gesamten Kontextes bestehend aus vorstehenden
und auch nachfolgenden Wörtern auf.

So erfolgreich rekurrente Netz auch in realen Anwendungen zum Einsatz gebracht wurden, muss auch ein kritischer Nachteil genannt werden. Die Architektur erzwingt eine
sequenzielle Verarbeitung der Daten und kann nicht parallelisiert werden. Für sehr lange
Sequenzen kann das ein gravierender Nachteil sein. Zusätzlich erschwert der eingeschränkte
Zugriff auf die Informationen in einer Sequenz das kontextspezifische Erlernen von Zusammenhängen, die weit auseinander liegen. Lösungen auf Basis der Transformer-Architektur,
die wir in Abschn. 4.3.5 vorstellen, haben dieses Problem nicht, sodass diese die LSTM-
basierten Ansätze inzwischen stark verdrängen.

### 4.3.4  Encoder-Decoder-Architekturen

Mit den allgemeinen vollständig verbundenen vorwärtsgerichteten Netzen (FNNs), den Convolutional Networks (CNNs) und rekurrierten Netzen (RNNs) haben wir einige spezielle
Netzwerktypen kennengelernt, die stark an der Art der Eingangsdaten und der Verarbeitung
und Ausnutzung der darin enthalten Zusammenhängen orientiert sind – so kann etwa ein
CNN besonders gut mit festen räumlichen Strukturen und lokal begrenzten Mustern umgehen, während ein RNN ideal für die Verarbeitung von Sequenzen geeignet ist. Ergänzend
werden in Abschn. 4.3.5 im Kontext der Transformer-Architektur sogenannte *Aufmerksam-
keitsmechanismen* (engl. *attention mechansims*) vorgestellt, die es erlauben, Zusammenhänge beliebiger Art in Sequenzen oder anderen Strukturen zu entdecken und dabei nicht an
die starre sequenzielle Verarbeitung gebunden sind, die einer Beschleunigung der Berechnung durch Parallelisierung im Wege steht.

Im Folgenden wird zunächst das Konzept der *Encoder-Decoder-Architektur* in allgemeiner Art vorgestellt und ein Einblick in seine vielfältigen Ausprägungen gegeben. Die
Architektur hat im Bereich des Deep Learnings eine ganz besondere Stellung erlangt, da sie
aktuell Grundlage zahlreicher erfolgreicher Deep-Learning-Lösungen ist. Sie unterscheidet sich von den bislang vorgestellten Netzwerktypen, da sie auf einer höheren Abstrakti-
onsebene eine flexible Lösung verschiedenster Aufgaben ermöglicht. Sie ist dabei an der
zugrundeliegenden Aufgabe ausgerichtet und baut auf einer tieferen Ebene auf den oben
genannten Netzwerktypen auf. So können Eigenarten der Eingabedaten und die inhärenten
Zusammenhänge jeweils angemessen berücksichtigt werden. Es ergibt sich dadurch letztlich
eine Vielzahl an Architekturvarianten mit zahlreichen Anwendungsmöglichkeiten. In die-

sem Zusammenhang sollen insbesondere zwei Arten von Encoder-Decoder-Architekturen unterschieden werden: Zum einen die sogenannten Autoencoder-Architekturen mit gleicher und meist fester Eingabe- und Ausgabegröße sowie Architekturen für Sequenzen oder Strukturen mit variabler und potenziell unterschiedlicher Eingabe- und Ausgabegröße, wie sie insbesondere bei NLP-Aufgaben häufig anzutreffen sind. Für die folgenden Kapitel und die Anwendung im Bereich der Informationsextraktion aus Texten sind letzte daher besonders relevant. Erstere ergänzen das Grundverständnis, da sie frühe Umsetzungen des selbstüberwachten Lernszenarios mit verschiedenen Konzepten für Verwendung und Erweiterung der verfügbaren Daten darstellen [70].

### 4.3.4.1 Encoder und Decoder als Komponenten

Das zentrale Konzept der Encoder-Decoder-Architektur besteht in der Zerlegung der zugrundeliegenden Aufgabe in zwei Teilaufgaben. Diese werden mit zwei Komponenten, die oft als eigenständige neuronale Netze auffasst werden, umgesetzt, wie in Abb. 4.25 dargestellt:

**Encoder.** Die erste Komponente wird als *Encoder* bezeichnet. In einem ersten Schritt erzeugt der Encoder aus der Eingabe eine interne Repräsentation fester Größe, die oft auch als Kontext- oder Code-Vektor bezeichnet wird. Es handelt sich in der Regel um eine komprimierte Repräsentation der Eingabe, die als Eingabe für den Decoder dient. Es gibt jedoch auch Anwendungen, die nach der Trainingsphase ausschließlich den Encoder nutzen – insbesondere für die Merkmalsextraktion.

**Decoder.** Die zweite Komponente, der sogenannte *Decoder,* nimmt die interne Repräsentation als Eingabe und erzeugt daraus die gewünschte Ausgabe als Lösung der zugrundeliegenden Aufgabe. Der Decoder kann daher als generatives Modell bezeichnet werden, das in bestimmten Fällen nach der Trainingsphase auch ohne den Encoder verwendet werden kann, etwa um Daten zu erzeugen, die in ihrer Verteilung den gegebenen Trainingsdaten ähneln.

Gemeinsam kommen die beiden Komponenten als Encoder-Decoder-Netzwerk beispielsweise bei der Rauschunterdrückung in Bildern oder Audiosequenzen vor – in dem Fall handelt es sich um eine spezielle Variante der Autoencoder-Architektur – oder als Realisie-

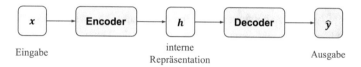

**Abb. 4.25** Die Encoder-Decoder-Architektur besteht aus zwei Komponenten, die jeweils als eigene Netzwerke aufgefasst werden können: Der *Encoder* überführt die Eingabe zunächst in eine interne Repräsentation fester Länge. Diese wird schließlich durch den *Decoder* in die gewünschte Ausgabe überführt

rung des Sequence-to-Sequence-Learnings bei der Abbildung einer Sequenz in eine andere zur Anwendung.

### 4.3.4.2 Autoencoder-Architekturen

Ein Autoencoder ist eine spezielle Form der Encoder-Decoder-Architektur für Eingaben und Ausgaben mit gleicher Größe, bei der je nach Variante und Anwendung die Eingabe bzw. die originären Beobachtungen und die geforderte Ausgabe identisch sind. Die wesentliche Aufgabe besteht daran, den Autoencoder so zu trainieren, dass bei Anwendung der beiden Transformationsschritte durch den Encoder und den Decoder der *Rekonstruktionsfehler* minimiert wird. Durch eine entsprechend niedrigdimensionale interne Repräsentation oder geeignete Regularisierungstechniken erlernt der Autoencoder die wichtigsten Merkmale und deren Zusammenhänge in den Eingangsdaten [53]. Sie eignen sich daher insbesondere für eine Dimensionsreduktion oder eine Merkmalsextraktion im Rahmen einer übergeordneten Aufgabe [53]. Dabei wird nach der Trainingsphase der Encoder oft isoliert ohne den Decoder verwendet. Einzelne Autoencoder-Varianten sind aber auch für die Rauschunterdrückung und die Erzeugung neuer Daten geeignet. Auch Anwendungen im Bereich der Anomalieerkennung bieten sich an, da ein Autoencoder typischerweise Schwierigkeiten hat, Ausprägungen zu rekonstruieren, die nicht normal sind, und daher der Rekonstruktionsfehler für Anomalien tendenziell größer ist [197].

**Standard-Autoencoder.** In seiner ursprünglichen Form ist der Autoencoder ein vollständig verbundenes neuronales Netz (FNN) mit drei Schichten: der Eingangsschicht, einer versteckten Schicht und der Ausgangsschicht [1, 151]. Die Aktivierungen bzw. Ausgabewerte der versteckten Schicht stellen die interne Repräsentation dar. Die Abbildung zwischen der Eingangsschicht und der versteckten Schicht, die durch die Gewichte parametriert ist, stellt den Encoder dar. Der Decoder wird entsprechend durch die Abbildung von der versteckten Schicht zur Ausgangsschicht realisiert. Beim Standard-Autoencoder sind Eingaben und Ausgaben gleich und das Ziel besteht darin, dass der Decoder die vom Encoder aus der Eingabe erstellte interne Repräsentation so genau wie möglich rekonstruiert. Die Aufgabe wäre trivial, wenn die Eingaben unverändert durch Encoder und Decoder geleitet werden könnten. Um dies zu verhindern, wird die Größe der versteckten Schicht deutlich kleiner als die der Eingangs- und Ausgangsschicht gewählt [1, 7] (siehe Abb. 4.26). Diese Variante wird daher auch als unvollständige (engl. *under-complete*) bezeichnet [179]. Der so entstehende Engpass im Datenfluss wird als Flaschenhals (engl. bottleneck) bezeichnet und erzwingt, dass das Netz die Daten komprimiert und dadurch wesentliche Zusammenhänge in den Daten erlernt. Der Standard-Autoencoder eignet sich insbesondere für die Dimensionsreduktion und Merkmalsextraktion [69]. Dabei wird in der Anwendungsphase dann lediglich der Encoder verwendet.

**Sparse Autoencoder.** Der Sparse Autoencoder verwendet eine Regularisierungstechnik, um das einfache Durchleiten der Signale vom Eingang zum Ausgang zu verhindern.

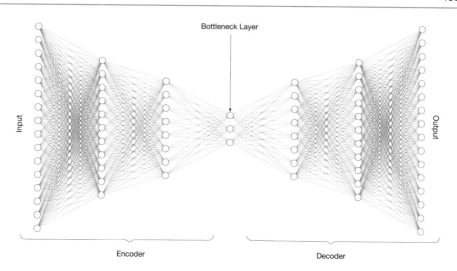

**Abb. 4.26** Charakteristische Architektur eines Standard-Autoencoders mit mehreren Schichten beim Encoder und entsprechend beim Decoder. Durch die *Bottleneck Layer* in der Mitte entsteht ein Engpass, der das Netz dazu zwingt, Zusammenhänge in den Daten zu erlernen, anstatt diese direkt durch das Netz durchzuleiten, damit es diese angemessen rekonstruieren kann

Die Summe der absoluten Gewichte wird der Loss-Funktion hinzugefügt, sodass spärliche Gewichtsmatrizen bevorzugt werden [141]. Sparse Autoencoder enthalten oft eine höherdimensionale Repräsentationsschicht, sie sind also *over-complete* [179]. Durch den Regularisierungsterm wird dabei ein Overfitting unterbunden.

**Denoising Autoencoder.** Bei einer weiteren speziellen Variante, dem sogenannten *Denoising Autoencoder,* werden die originären Beobachtungswerte durch Hinzufügen kleiner zufälliger Werte verrauscht [178, 179]. Ziel ist es, dass die gegebenen unverrauschten Beobachtungswerte rekonstruiert werden. Auf diese Weise lernt der Denoising Autoencoder, Rauschen aus Eingangssignalen zu entfernen. Diese Variante kommt deshalb insbesondere zur Rauschunterdrückung im Bildbereich [52, 179] und im Audiobereich [109, 110] zum Einsatz. Es gibt aber auch Ansätze, die die Rauschunterdrückung in Texten adressieren, beispielsweise als Pre-Training-Aufgabe im Rahmen der maschinellen Übersetzung [108].

**Variational Autoencoder.** Bei einer anderen weit verbreiteten Variante, den sogenannten *Variational Autoencoder (VAE)* wird verlangt, dass die Werte innerhalb der Repräsentation gewissen Bedingungen hinsichtlich ihrer Verteilung genügen [89]. Diese Forderung wird erreicht, indem als Regularisierungsterm die Abweichung der Wahrscheinlichkeitsverteilung der internen Repräsentation zu einer vorgegebenen Verteilungsform verwendet wird, um so schließlich eine geeignete Parametrierung der vorgegebenen Wahrscheinlichkeitsverteilung zu erlernen. Das Erzwingen einer bestimmten Form der Wahrscheinlichkeitsverteilung hat Vorteile bei der Erzeugung neuer Daten: Der Decoder kann auch ohne den Encoder genutzt werden, um neue Daten zu erzeugen, die der Verteilung der Eingangsdaten folgen.

Das Grundprinzip der verschiedenen Autoencoder-Varianten bleibt erhalten, auch wenn die Anzahl der Schichten vor und nach der versteckten Schicht erhöht wird, sodass Encoder und Decoder selbst mehrschichtige Netzwerke darstellen. Auf diese Weise ergibt sich ein Deep Autoencoder [69]. Typischerweise entspricht oder ähnelt die Struktur des Decoders der des Encoders in umgekehrter Reihenfolge, um aus der internen Repräsentation wieder Daten zu erzeugen, die der Dimension der Eingabe entsprechen. Eine Interpretation als aufeinander gestapelte einfache Autoencoder, sogenannte *Stacked Autoencoder,* erlaubt ein schichtweises Vortrainieren des gesamten Netzwerks, um aussagekräftigere Ergebnisse zu erzielen [11, 69].

Bei einem mehrschichtigen Encoder und Decoder können neben FNN-Schichten genau so auch andere funktionsorientierte Architekturen wie CNN oder sogar RNN zum Einsatz kommen. In Abhängigkeit der vorliegenden Daten werden Encoder und Decoder der vorgestellten Architekturvarianten häufig entweder mit FNN-, CNN- oder sogar RNN-Schichten aufgebaut. Bei Verwendung von CNN-Schichten im Encoder kommen bei der Umkehrung allerdings transponierte CNN-Schichten zum Einsatz, um im Gegensatz zum Down-Sampling bei den regulären CNN-Schichten durch geeignetes Up-Sampling wieder die ursprüngliche Größe der Eingangsdaten zu erreichen [42]. Ein Autoencoder auf Basis von CNN-Schichten ist als Convolutional Autoencoder bekannt. Bei Verwendung von RNN-Schichten spricht man auch von einem Sequence-to-Sequence Autoencoder [29]. Mit identischer Größe (Sequenzlänge) für die Eingabe und Ausgabe ist dieser von der sehr weit verbreiteten Encoder-Decoder-Architektur für Sequenzen mit potenziell unterschiedlichen Größen bei Eingabe und Ausgabe zu unterscheiden. Letztere werden im folgenden Abschnitt vorgestellt.

Unabhängig vom Aufbau der Schichten und von der Art der Einschränkung oder Regularisierung lässt sich zusammenfassen, dass zum Erlernen eines Autoencoders ungelabelte Daten genügen, da die Zielwerte den ursprünglich gegebenen Beobachtungswerten entsprechen und somit stets bekannt sind. Aus dieser Perspektive handelt sich um ein *unüberwachtes Lernszenario.* Die Durchführung mit den bekannten Beobachtungswerten als Zielgröße und der Minimierung des Rekonstruktionsfehlers als Summe der absoluten Abweichungen zwischen den originären Beobachtungswerten und deren Rekonstruktion entspricht jedoch einem überwachten Lernszenario. Deshalb wurde dieses spezielle Lernszenario auch schon früher treffend als *selbstüberwachtes Lernen* (engl. *self-supervised learning*) bezeichnet [70], aber erst deutlich später durch den Erfolg aktueller Deep-Learning-Lösungen an Bekanntheit gewonnen hat.

### 4.3.4.3 Architekturen für Sequenzen mit unterschiedlichen Längen

Sequenz-zu-Sequenz-Modelle (engl. *sequence-to-sequence* oder kurz *seq2seq models*) bilden eine Eingangssequenz auf eine Ausgangssequenz ab, wie bereits in Abschn. 4.3.3.1 eingeführt und in Abb. 4.20 dargestellt. In der allgemeinsten Form handelt es sich um die Variante *many-to-many* mit variablen und potenziell unterschiedlich langen Eingabe- und Ausgabesequenzen. Insbesondere im NLP-Bereich lassen sich viele Aufgaben wie das maschinelle Übersetzen von einer Sprache in eine andere (engl. *maschine translation, MT*), die Textzusammenfassung, die Umwandlung zwischen gesprochener und geschriebener Sprache (engl. *automatic speech recognition, ASR*) oder von geschriebener in gesprochene Sprache (engl. *text to speech, TTS*) und auch die Überführung einer Bildeingabe in eine Textausgabe wie das Erzeugen treffender Bildunterschriften (engl. *image captioning*) diesem Lernszenario zuordnen.

Anfangs wurden zur Umsetzung der allgemeinen Form des Sequence-to-Sequence Learnings insbesondere rekurrente Encoder-Decoder-Architekturen basierend auf LSTM-Zellen oder GRUs verwendet (siehe Abschn. 4.3.3) [25, 174]. Eingabesequenzen werden dabei durch den Encoder vollständig Element für Element – bei Texten etwa Wort für Wort – eingelesen und in eine interne Repräsentation fester Größe, den sogenannten Kontextvektor, komprimiert. Der Decoder generiert daraus *autoregressiv* Element für Element die Ausgabesequenz, wie in Abb. 4.27 stark vereinfacht dargestellt.

Damit natürliche Sprache von einem neuronalen Netz verarbeitet werden kann, müssen die Wörter oder auch ihre Bestandteile (engl. *sub-words*) wie einzelne Silben – abstrahiert und neutral meist als *Token* bezeichnet – in geeignete numerische Repräsentationen überführt werden. Diese werden als *Word* oder exakter als *Token Embeddings* bezeichnet (siehe auch Abschn. 4.3.5.3 und Kap. 5). Um mit Sequenzen beliebiger Länge umgehen zu können, werden spezielle Token eingeführt, die das Ende einer Sequenz markieren und somit beim Erreichen bei der Eingabesequenz die Erzeugung der Ausgabesequenz auslösen und bei der Erzeugung als Abbruchkriterium verwendet werden [25, 174].

Bei längeren Sätzen erweist sich der Kontextvektor fester Größe als nicht ausreichend, um den Kontext in angemessener Weise zu erfassen [6]. Ein verbesserter Ansatz lässt deshalb eine Menge von Kontextvektoren zu und wählt diese auf Basis eines Attention-Mechanismus aus, sodass sich der Decoder auf ausgewählte Elemente der Eingabesequenz fokussieren kann [6]. Da dieser Mechanismus zwischen Encoder und Decoder verortet ist, kann er als *Encoder-Decoder-Attention* oder auch *Cross-Attention* bezeichnet werden (siehe auch

**Abb. 4.27** Bei der maschinellen Übersetzung wird ein Satz als Eingangssequenz durch den Encoder in einen Kontextvektor überführt. Aus diesem erzeugt der Decoder die Ausgangssequenz als Übersetzung in eine andere Sprache

Abschn. 4.3.5.1). Dieser Ansatz ist zum Beispiel ab 2016 erfolgreich bei *Google Translate* zum Einsatz gekommen [193].

Durch die Verwendung von LSTM- oder GRU-Netzen können zwar Zusammenhänge zwischen weiter entfernt liegenden Elementen einer Sequenz besser erfasst werden, als dies mit einfachen RNNs möglich ist. Diese haben jedoch immer noch Schwierigkeiten, Abhängigkeiten über größere Entfernung zu modellieren. Gerade bei natürlicher Sprache gibt es jedoch Verbindungen zwischen Wörtern, die in einem Satz oder Textabschnitt weit entfernt stehen. Das Risiko des Informationsverlusts über den Kontext steigt daher mit zunehmender Länge einer Eingabesequenz. Wenn also eine Eingabesequenz zu lang ist, verlieren auch LSTM- oder GRU-Netze den Kontext.

Ein weiterer gravierender Nachteil ist die Tatsache, dass ein Modell auf Basis RNN-Schichten bedingt durch seinen strukturellen Aufbau und seine Funktionsweise Sequenzen stets Element für Element bearbeitet. Dies hat zwar den Vorteil, dass eine Eingabesequenz beliebig lang sein kann – die Länge muss zu Beginn der Verarbeitung auch nicht bekannt sein, sondern wird mit einem speziellen Token markiert. Der Preis dafür ist jedoch sehr hoch: Ein RNN benötigt sowohl für die Trainingsphase als auch für die Anwendung sehr viel Rechenleistung, die sich kaum parallelisieren lässt. Eine Optimierung mit entsprechender Hardware sind daher nur begrenzt möglich.

Die Probleme werden durch den als *Transformer* bekannten Ansatz behoben, der das Konzept der Attention-Mechanismen erweitert und ganz ohne RNN-Schichten auskommt [177]. Um der großen Bedeutung für die weitere Entwicklung im Bereich des Deep Learnings gerecht zu werden, wird der Ansatz im Folgenden ausführlich in einem eigenen Abschnitt vorgestellt.

## 4.3.5   Transformer-Modelle und Attention-Mechanismen

Der erste *Transformer* wurde im Jahr 2017 von einem Team um den Google-Forscher Ashish Vaswani entwickelt [177]. Das vorgestellte Modell wurde so erfolgreich, dass sich daraus eine eigene Architekturvariante mit diesem Namen entwickelt hat. In seiner ursprünglichen Form handelt sich um eine spezielle Encoder-Decoder-Architektur mit maschineller Übersetzung als Anwendung im Fokus. Die zugrundeliegende Architektur ist jedoch ganz allgemein für alle Sequenz-zu-Sequenz-Lernszenarien anwendbar. So dominiert die Transformer-Architektur zurzeit zahlreiche NLP-Anwendungsbereiche, aber zum Beispiel sind auch Anwendungen im Bereich Computer Vision sehr erfolgreich [40].

Für die Transformation von Sequenzen wurden vor Einführung der Transformer-Architektur insbesondere rekurrente Encoder-Decoder-Architekturen verwendet. Wie in Abschn. 4.3.4.3 erläutert, haben diese jedoch Schwierigkeiten bei der Erfassung und Modellierung von Abhängigkeiten zwischen Elementen einer Sequenz, die weiter voneinander entfernt sind. Zudem sind sie bezüglich der Durchführung der notwendigen Berechnungen nicht sehr effizient, da sie konstruktionsbedingt kaum parallelisiert werden können. Die

Transformer-Architektur adressiert genau diese Punkte, indem sie die RNN-Komponenten für die Verarbeitung der Sequenzen komplett weglässt und ausschließlich auf leicht parallelisierbare Attention-Mechanismen zurückgreift – der charakteristische Titel der Veröffentlichung weist eindrucksvoll darauf hin: „Attention is All you Need." [177]

In der folgenden Darstellung wird allerdings deutlich, dass viele moderne Transformer-Modelle keine vollständigen Encoder-Decoder-Modelle sind. Vielmehr bestehen sie oft entweder nur aus einem Encoder oder nur aus einem Decoder. Die Bezeichnung der Netze als Encoder oder Decoder wird in diesen Fällen daher eher aus historischen, denn aus funktionalen Gründen verwendet.

Wenn es nicht die Encoder-Decoder-Architektur ist, welche Eigenschaft ist dann wesentlich für einen Transformer? Sieht man davon ab, dass jedes Machine-Learning-Modell eine Eingabe in eine Ausgabe transformiert und daher als Transformer bezeichnet werden könnte, dann zeigt die aktuelle Entwicklung, dass primär die Verwendung von Attention-Mechanismen ein kennzeichnendes Merkmal einer Transformer-Architektur ist.

Auch wenn bis heute sehr viele bahnbrechende Verfahren und Anwendungen auf Basis der Transformer-Architektur und den entsprechenden Attention-Mechanismen entwickelt wurden [183, 184], kann beobachtet werden, dass es seit 2017 keine grundlegenden Anpassungen der Architektur und ihrer Komponenten mehr gegeben hat. Vor diesem Hintergrund lässt sich der Titel der Veröffentlichung „Attention is All you Need" auch sehr visionär interpretieren und ist unter Berücksichtigung des aktuellen Stands der Forschung und Entwicklung in diesem Bereich keinesfalls eine Übertreibung.

Aufgrund ihrer zentralen Bedeutung stellen wir im Folgenden zunächst die Funktionsweisen verschiedener Attention-Mechanismen vor. Anschließend gehen wir auf die weiteren Bausteine der Architektur, die originäre Architektur nach Vaswani et al. selbst und schließlich auf weitere Varianten ein. Aufgrund ihrer Wurzeln im NLP-Kontext erfolgt die Darstellung der Architektur und ihrer Komponenten meist mit Bezug auf Text. Daher werden die Elemente einer Sequenz oft als Token bezeichnet. Token stellen bei der Verarbeitung natürlicher Sprache meist einzelne Wörter oder Wortbestandteile wie Silben dar. Für ein erstes Verständnis der Funktionsweise genügt es meist, Token wie Wörter zu betrachten. Es soll dennoch betont werden, dass die Verfahren auch für Anwendungen außerhalb des NLP-Kontextes zum Einsatz kommen und die Funktionsweise auf allgemeine Sequenzen bestehend jeweils aus Elementen unterschiedlichster Datentypen direkt übertragbar ist.

### 4.3.5.1 Funktionsweise der Attention-Mechanismen

Die Attention-Mechanismen bilden den Kern einer Transformer-Architektur. Sie ermöglichen es, insbesondere die ineffizienten RNN-basierten Schichten früherer Encoder-Decoder-Architekturen abzulösen und Abhängigkeiten zwischen Elementen einer Sequenz zu erfassen, die beliebig weit voneinander entfernt sein können.

In aktuellen Transformer-Architekturen werden bis zu drei verschiedene Attention-Arten verwendet: *Self-Attention, Masked Self-Attention* und *Encoder-Decoder-Attention,* auch als

*Cross-Attention* bezeichnet, die in einer Encoder-Decoder-Architektur den Encoder mit dem Decoder verbindet.

Wir orientieren uns bei der Darstellung der Attention-Mechanismen an deren Anwendung für Text – also für Sequenzen aus Token, die zusammen meist einen oder mehrere Sätze oder einen Teilsatz darstellen. Den Self-Attention-Mechanismen liegt dabei die Idee zugrunde, dass jedes Token in einem Text in einem bestimmten Kontext steht, der durch alle anderen Token einer Sequenz unterschiedlich beeinflusst und somit geprägt wird. Um diesen Kontext zu erfassen, wird mittels Self-Attention-Mechanismen die Stärke der Beziehung zwischen einem Token und allen anderen Token in einem Text berechnet und den Eingaben als Kontext mit auf den Weg gegeben.

Die hier vorgestellten Attention-Mechanismen können auch als Kommunikation zwischen den Token oder Elementen einer Sequenz interpretiert werden. Dabei lässt sich die Kommunikation durch einen gerichteten und gewichteten Graphen darstellen, in dem jedes Token einer Sequenz durch einen Knoten repräsentiert ist. Zwischen einem Knoten $i$ und Knoten $j$ besteht eine gerichtete Kante, wenn Knoten $i$ mit Knoten $j$ kommunizieren darf. In der regulären (vollständigen) Variante der Self-Attention kommuniziert jedes Token mit jedem anderen Token einer Sequenz. Bei der im später vorgestellten *Masked Self-Attention* werden die zulässigen Kommunikationswege eingeschränkt. Das Gewicht einer Kante zwischen zwei Token gibt an, wie stark die beiden Token im Kontext stehen und wie stark daher die Aufmerksamkeit sein sollte, die ein Token auf den anderen legen sollte. Je höher das Gewicht, desto stärker ist die Beziehung zwischen diesen Token. Die Gewichtungen bilden somit den Kontext ab [177].

Die Attention-Varianten kommen außerdem meist mehrfach parallel zum Einsatz. Die Umsetzung eines einzelnen Attention-Mechanismus wird auch als *Attention Head* bezeichnet und der Zusammenschluss mehrerer Attention Heads entsprechend als *Multi-Head Attention*. Auf diese Weise wird es ermöglicht, in einer Sequenz die Aufmerksamkeit parallel auf verschiedene Aspekte einer Sequenz zu lenken.

Im Folgenden werden die einzelnen Attention-Mechanismen beschrieben. Zunächst wird anhand einer vereinfachten Self-Attention-Variante die Funktionsweise und die Berechnung anschaulich erklärt. Die bekannten Attention-Varianten gängiger Transformer-Architekturen ergeben sich daraus durch Anpassung oder Ergänzung weniger Details.

**Vereinfachte Self-Attention**

Die Berechnung der Self-Attention ist mathematisch betrachtet sehr einfach. Zu jedem Eingabevektor $\mathbf{x}^{(i)}$, der ein Element der Eingabesequenz repräsentiert, wird ein Ausgabevektor $\mathbf{y}^{(i)}$ als gewichtete Summe aller Eingabevektoren der gegebenen Sequenz erzeugt:

$$\mathbf{y}^{(i)} = \sum_j a_{ij}\mathbf{x}^{(j)} \tag{4.58}$$

Aus der Berechnungslogik ergibt sich, dass Eingabe- und Ausgabevektoren stets dieselbe Größe haben. Die Gewichte $a_{ij}$ werden als *Attention Scores* bezeichnet. Sie stellen keine Parameter dar, die während des Trainingsprozesses angepasst werden, sondern werden auf Basis der Eingabevektoren berechnet.

Die vereinfachte Form der Self-Attention beruht auf den Skalarprodukten der Eingabevektoren untereinander:

$$a'_{ij} = \mathbf{x}^{(i)T} \mathbf{x}^{(j)} \tag{4.59}$$

Aus den Skalarprodukten $a'_{ij}$, als Zwischenergebnisse auch als *Roh-Attention-Scores* bezeichnet, ergeben sich durch Normierung mittels Softmax-Funktion die Attention Scores:

$$a_{ij} = \text{softmax}\left(a'_{ij}\right) = \frac{e^{a'_{ij}}}{\sum_t e^{a'_{it}}} \tag{4.60}$$

Durch die Normierung liegen alle Attention Scores zwischen 0 und 1 und außerdem stellen alle für einen Eingabevektor $\mathbf{x}^{(i)}$ berechneten Attention Scores $a_{ij}$ eine Wahrscheinlichkeitsverteilung dar, d. h. es gilt $\sum_j a_{ij} = 1$. Dadurch wird erreicht, dass die Ausgabevektoren nicht beliebig groß werden. Dies ist insbesondere auch bei Verkettung mehrerer Attention-Mechanismen wichtig (siehe Abschn. 4.3.5.2).

Da die Skalarprodukte $a'_{ii}$ zwischen einem Eingabevektor $\mathbf{x}^{(i)}$ und sich selbst am größten sind, werden sie typischerweise die entsprechenden Attention Scores $a_{ii}$ dominieren. Dennoch können den Eingabevektoren auf diese Weise Aspekte aus ihrem jeweiligen Kontext mitgegeben werden – und zwar umso mehr, je größer die durch die Skalarprodukte bestimmte Ähnlichkeit zwischen den Eingabevektoren ist. Im Englischen werden die Ausgabevektoren der Self-Attention auch kurz als *self-attended* bezeichnet.

Die Skalarprodukte $a'_{ij}$ und folglich die Attention Scores $a_{ij}$ werden individuell für jeden Eingabevektor $\mathbf{x}^{(i)}$ berechnet und unterscheiden sich für unterschiedliche Eingabevektoren. Die Berechnungen sind unabhängig von der Position der Eingabevektoren in der Sequenz. Dies ermöglicht zwar die Berücksichtigung von Zusammenhängen zwischen Elementen einer Sequenz, die beliebig weit entfernt sein können, vernachlässigt jedoch relevante Informationen, die sich aus der Anordnung der Elemente ergeben. Dieser Schwachpunkt wird mittels *Positional Encoding* bei der Repräsentation der Eingabesequenzen entschärft (siehe Abschn. 4.3.5.3).

Abb. 4.28 zeigt die vereinfachte Self-Attention-Berechnung exemplarisch für den Eingabevektor $\mathbf{x}^{(3)}$. Die Berechnungen werden parallel für alle Eingabevektoren durchgeführt und lassen sich einfach für alle Elemente einer Sequenz mit dreifacher Verwendung der Eingangsmatrix $X = \left[\mathbf{x}^{(i)}\right]$ in Matrix-Notation zusammenfassen:

$$Y = \text{softmax}\left(X X^T\right) X \tag{4.61}$$

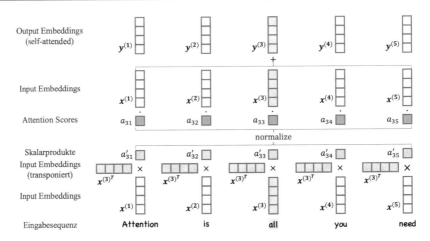

**Abb. 4.28** *Vereinfachter* Self-Attention-Mechanismus in Anlehnung an [14]. Für jedes Input Embedding $\mathbf{x}^{(t)}$ als Eingabe wird ein Output Embedding $\mathbf{y}^{(t)}$ als gewichtete Summe *aller* Eingaben berechnet. Die Gewichte ergeben sich bei Self-Attention individuell nur in Abhängigkeit der Eingaben selbst. Die Abbildung zeigt exemplarisch die Berechnung der Gewichte für Input Embedding $\mathbf{x}^{(3)}$ als normalisierte Skalarprodukte von $\mathbf{x}^{(3)}$ mit allen Eingaben, einschließlich sich selbst

Die Matrix-Notation der vereinfachten Self-Attention offenbart eindrucksvoll, wie die Bezeichnung *Self-Attention* zustande gekommen ist.

### Reguläre Self-Attention

Die Self-Attention-Variante, die etwa im originalen Transformer erfolgreich zum Einsatz kommt [177], enthält ein paar Zusätze, ohne dabei das oben beschriebene Grundprinzip zu verändern. Der für eine präzise Erfassung und Beschreibung des Kontexts der Token wesentliche Unterschied ist die Anwendung erlernbarer linearer Transformationen der Eingabevektoren vor deren Verwendung im Rahmen der eingeführten Self-Attention-Berechnungslogik. Die andere wichtige Veränderung, die sich vorrangig bei der Durchführung der Gewichtsanpassungen während des Trainingsprozesses auswirkt, ist eine zusätzliche Skalierung vor Anwendung der Softmax-Funktion. Auf beide Veränderungen gehen wir im Folgenden ein.

Wie lässt sich die Aufmerksamkeit präziser auf die Beziehungen innerhalb einer Sequenz richten, die eine hohe Relevanz für das Verständnis des vorliegenden Textes und seines Kontextes haben? Der bei der Self-Attention sehr erfolgreich eingeschlagene Weg liegt in der Einführung verschiedener linearer Transformationen für die drei Verwendungen der Eingabevektoren bei der vereinfachten Self-Attention. Die daraus resultierenden Vektoren werden als *Query-Vektoren*, *Key-Vektoren* und *Value-Vektoren* bezeichnet. Unter einer Query versteht der Transformer die Frage, nach welcher Beziehung zu einem gegebenen Token gesucht wird. Der Key-Vektor beinhaltet die Information, für die ein Token steht und der

Value-Vektor repräsentiert die Information, die ein Token den anderen Token von sich mitgeben möchte.

Die Namensgebung dieser Vektoren lässt sich anhand der Interpretation der Berechnung der Ausgabevektoren der Self-Attention als *Soft-Dictionary-Loop-up* erklären. Ein normales *Dictionary* enthält Schlüssel-Werte-Paare mit eindeutigen Schlüsseln und bei einer Anfrage (Query) wird der Wert (Value) zurückgegeben, dessen Schlüssel (Key) mit der Anfrage exakt übereinstimmt. Beim Soft-Dictionary wird stattdessen die Summe der mit dem Grad der Übereinstimmung zwischen der Query und den Keys gewichteten Values zurückgegeben. Dabei entspricht der Grad der Übereinstimmung zwischen der Query und den Keys den bereits bekannten Attention Scores.

Die Query-, Key- und Value-Vektoren werden durch Multiplikation mit dedizierten Gewichtsmatrizen $W_Q$, $W_K$ und $W_V$ aus den Eingangsvektoren berechnet:

$$\mathbf{q}^{(i)} = W_Q\,\mathbf{x}^{(i)} \qquad \mathbf{k}^{(i)} = W_K\,\mathbf{x}^{(i)} \qquad \mathbf{v}^{(i)} = W_V\,\mathbf{x}^{(i)} \tag{4.62}$$

Die Elemente der drei Gewichtsmatrizen sind Parameter, die während des Trainingsprozesses angepasst werden. Damit kann der Transformer lernen, wonach für einen Eingabevektor bei der Berechnung eines Ausgabevektors gesucht wird (Query), wofür ein Eingabevektor steht (Key) und was er anderen mitgeben möchte (Value). Die Gewichtsmatrizen werden zu Beginn des Trainingsprozesses zufällig initialisiert. Bei Verwendung mehrerer Self-Attention Head hat dies den Vorteil, dass unterschiedliche Zusammenhänge zur Repräsentation des Kontexts eines Elements in einer Sequenz genutzt werden können. Dies wird ein wichtiger Faktor bei der unten beschriebenen Multi-Head Attention.

Wie oben angedeutet berechnet sich der Ausgabevektor nun als Summe der mit den Attention Scores gewichteten Value-Vektoren:

$$\mathbf{y}^{(i)} = \sum_j a_{ij}\mathbf{v}^{(j)} \tag{4.63}$$

Die Skalarprodukte werden aus den Query- und Key-Vektoren berechnet:

$$a'_{ij} = \mathbf{q}^{(i)^T}\mathbf{k}^{(j)} \tag{4.64}$$

Als weitere Ergänzung werden die Skalarprodukte (Roh-Attention-Scores) vor der Anwendung der Softmax-Funktion mittels Division durch $\sqrt{d}$ skaliert:

$$a_{ij} = \text{softmax}\left(\frac{a'_{ij}}{\sqrt{d}}\right) \tag{4.65}$$

wobei $d$ die Dimension (Größe) der Eingangsvektoren ist. Das Ergebnis dieser Berechnung sind die Attention Scores, die wie oben beschrieben für die Gewichtung der Values verwendet werden [177].

Die Skalierung der Skalarprodukte sorgt für kleinere Werte während der Berechnung und somit dafür, dass die Anpassung der Gewichte durch Backpropagation der Fehler stabiler durchgeführt werden kann. Abb. 4.29 zeigt die angepassten Berechnungen für die reguläre Self-Attention wie zuvor am Beispiel des Eingabevektors $\mathbf{x}^{(3)}$. Wegen der charakteristischen Verwendung der Skalarprodukte mit anschließender Skalierung wird diese Form der Self-Attention auch als *Scaled Dot-Product Attention* bezeichnet.

Die parallel für alle Eingabevektoren durchgeführten Berechnungen lassen sich in Matrix-Notation wie folgt kompakt formulieren:

$$Q = W_Q\, X \qquad K = W_K\, X \qquad V = W_V\, X \tag{4.66}$$

$$Y = \mathrm{softmax}\left(\frac{Q K^T}{\sqrt{d}}\right) V \tag{4.67}$$

Wegen der Verwendung der linear transformierten Eingabe ist der Selbstbezug der Self-Attention in dieser Notation etwas weniger offensichtlich als bei der vereinfachten Variante.

Abb. 4.30 (links) zeigt die Schritte für die Berechnung der Ausgabematrix $Y$ aus der Eingabematrix $X$ in Form funktionaler Schichten innerhalb eines neuronalen Netzes. Nach Berechnung der Query-, Key- und Value-Matrizen durch Multiplikation mit den entsprechenden Gewichtsmatrizen (hier nicht dargestellt), folgt im ersten Schritt die Multiplika-

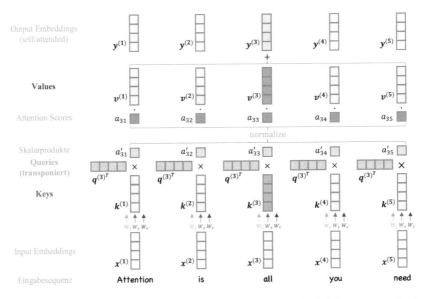

**Abb. 4.29** Darstellung des *regulären* Self-Attention-Mechanismus in Anlehnung an [14] mit Verwendung sogenannter *Queries, Keys* und *Values* anstelle der direkten Eingaben. Die neuen Vektoren $\mathbf{q}^{(t)}$, $\mathbf{k}^{(t)}$ und $\mathbf{v}^{(t)}$ werden jeweils durch lineare Transformation der Input Embeddings $\mathbf{x}^{(t)}$ mit den anpassbaren Gewichtsmatrizen $W_Q$, $W_K$ und $W_V$ berechnet

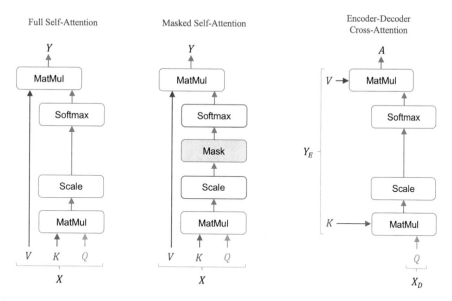

**Abb. 4.30** Gegenüberstellung der vollständigen (engl. *full*) Self-Attention (links) und der maskierten (engl. *masked*) *Self-Attention* (Mitte) sowie der *Encoder-Decoder Cross-Attention* (rechts)

tion der Query-Matrix mit der Key-Matrix. Dies entspricht der parallelen Berechnung aller notwendigen Skalarprodukte. Durch die entsprechende Skalierung und Anwendung der Softmax-Funktion wird die Matrix der Attention Scores parallel berechnet. Diese wird schließlich mit der Value-Matrix multipliziert, um die Ausgabematrix als mittels Self-Attention kontextualisierte Variante der Eingangsmatrix (engl. *self-attended input matrix*) zu erzeugen.

**Masked Self-Attention**

Der Unterschied zwischen der oben eingeführten Self-Attention der Masked Self-Attention liegt lediglich in der Festlegung, welche Informationen ein Token der Eingabesequenz sehen kann und somit verwendbar sind. Wenn alle Token jeweils mit allen anderen Token einer Sequenz kommunizieren, dann sprechen wir von der klassischen Form der Self-Attention, die wir zur eindeutigen Kennzeichnung auch als *vollständig* bezeichnen. Wenn ein Token nur rückwärts mit bereits bekannten Token der Sequenz und sich selbst kommunizieren kann, dann sprechen wir von sogenannter *Masked Self-Attention*.

Der Charakterisierung dieser Attention-Variante als *maskiert* ist technisch begründet. Die Sichtbarkeit wird durch Einführung einer Maskierung gesteuert, die zwischen Skalierung und Softmax-Funktion eingefügt wird, wie in Abb. 4.30 (Mitte) zu sehen. Alle Roh-Attention-Scores von Token, die nach einem gegebenen Token in der Sequenz folgen, werden mit unendlich kleinen Werten überschrieben. In Matrix-Notation sind das genau die Token in der oberen rechten Dreiecksmatrix (siehe Abb. 4.31). Das Maskieren kann durch Addition einer geeigneten Maskierungsmatrix erfolgen, bei der die Elemente für die sichtbaren Token auf den neutralen Wert Null gesetzt werden, sodass entsprechende Attention Scores nicht verändert werden. Tatsächlich werden bei der folgenden Berechnung der Softmax-Funktion keine Elemente ausgeschlossen. Vielmehr leisten die unendlich kleinen Werte durch Anwendung der Exponentialfunktion lediglich keinen Beitrag und die entsprechenden Attention Scores werden Null. Durch diesen Trick kann mit optionaler Maskierung dieselbe Umsetzung wie bei der vollständigen Self-Attention verwendet werden.

Die vollständige Self-Attention kommt insbesondere dann zum Einsatz, wenn Aufgaben gelöst werden sollen, die Kenntnis oder Verständnis einer gesamten gegebenen Sequenz erfordern, etwa die Übersetzung eines Satzes. Modelle dieser Art werden auch als *nicht-kausal* bezeichnet. Ein Maskieren oder Verdecken zukünftiger Tokens ist insbesondere bei generativen Modellen notwendig, wenn für jedes Token einer Sequenz das jeweils folgende Token vorhergesagt werden soll (engl. *next token prediction*). Modelle dieser Art werden auch als *kausal* bezeichnet. Bei der Anwendung derartiger Modelle zur Erzeugung von Text besteht keine Gefahr, dass zukünftige Tokens verwendet werden, da diese noch nicht existieren. Während des Trainings eines generativen Modells erfolgt die Prognose des jeweils folgenden Tokens aus Gründen der Effizienz allerdings parallel für alle Token einer Sequenz und jeweils die gesamte Sequenz ist als Zielsequenz während des Trainings bekannt. Sie werden allerdings nicht nur zu Berechnung der Loss-Funktion benötigt, sondern dienen zugleich für jede Position der Sequenz als Ausgangspunkt für die Prognose, so dass beim Lernprozess eine große Ähnlichkeit zu den bekannten Zielsequenzen erzwungen wird. Bei diesem als *Teacher Forcing* bekannten Vorgehen [190] ist ein Blick auf die folgenden Tokens unbedingt zu unterbinden, wenn ein echter Lerneffekt erzielt werden soll, da es sonst eine unzulässige Nutzung von Informationen darstellte (engl. *information leak*).

**Cross-Attention**

Die Cross-Attention, auch als Encoder-Decoder-Attention bekannt, kommt in einer vollständigen Encoder-Decoder-Architektur als Möglichkeit zum Einsatz, um im Decoder auf die Ausgabe des Encoders zurückzugreifen. Dieser Mechanismus stellt insbesondere die Verknüpfung bei Übersetzungsanwendungen zwischen der Eingangssequenz in einer Quellsprache, zum Beispiel Englisch, hin zur gewünschten Ausgabesequenz einer anderen Sprache dar, etwa Deutsch.

Während bei einfachen RNN-basierten Encoder-Decoder-Architekturen noch ein einfacher Vektor für die Repräsentation des gesamten Kontextes einer Sequenz verwendet und bei langen Sequenzen als unzureichend erkannt wurde (siehe Abschn. 4.3.4.3), ermöglicht die Cross-Attention Zugriff auf alle durch Self-Attention angereicherten Eingabevektoren.

Wie in Abb. 4.30 (rechts) zu sehen, wird dies durch einen klassischen Attention-Mechanismus erreicht, bei dem der Query-Vektor aus der Eingabe des Dekoders stammt und die Key- und Value-Vektoren aus der Ausgabe des Encoders. Auf diese Weise können

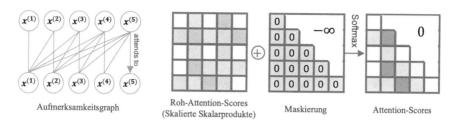

Aufmerksamkeitsgraph  Roh-Attention-Scores (Skalierte Skalarprodukte)  Maskierung  Attention-Scores

**Abb. 4.31** Durch das Masking werden alle Roh-Attention-Scores (Skalarprodukte zwischen Elementen der Eingangssequenz) auf $-\infty$ gesetzt, wenn sie bei einer aktuell betrachteten Position in der Sequenz noch nicht bekannt sein können. Bei der anschließenden Anwendung der Softmax-Funktion ergibt sich für die entsprechenden Attention Scores der Wert 0, sodass diesen Elementen keine Aufmerksamkeit zuteilwerden kann

für jeden Eingabevektor des Decoders die relevanten Aspekte aus der Encoder-Ausgabe genutzt werden.

**Multi-Head Attention**

Die Darstellung verschiedener Attention-Mechanismen bezog sich bislang auf genau eine Berechnung der Aufmerksamkeiten, d. h. einen sogenannten *Attention Head*. In gängigen Transformer-Architekturen werden typischerweise mehrere Heads parallel berechnet und zu einer *Multi-Head Attention* verbunden. Im Ursprungsartikel von Vaswani et al. werden acht derartige Heads definiert [177].

Multi-Head Attention ist nur sinnvoll, wenn die Aufmerksamkeit auf unterschiedliche Aspekte einer Sequenz gelenkt werden kann. Genau das wird durch die zufällig initialisierten Gewichtsmatrizen $W_Q$, $W_K$ und $W_V$ und den daraus resultierenden unterschiedlichen Query-, Key- und Value-Vektoren pro Attention Head ermöglicht. Allerdings kann auf diese Weise nicht im Vorfeld festgelegt werden, welche Aspekte das sind – das ergibt sich automatisch und nicht-deterministisch während des Trainingsprozesses.

Abb. 4.32 zeigt das Prinzip der Multi-Head Attention mit $h = 2$ Attention Heads zusammengefasst als ein Architekturblock, der später als Komponente in übergeordneten Architekturen verwendet wird. Die Ausgaben der einzelnen Attention Heads werden einfach aneinandergehängt (konkateniert). Abschließend werden die konkatenierten Werte in vielen Transformer-Architekturen durch eine lineare Transformation mit einer zusätzlichen Gewichtsmatrix $W_O$ in die Ausgabe des Multi-Head-Attention-Blocks überführt. Dabei wird gefordert, dass die Ausgabevektoren dieselbe Größe haben wie die Eingabevektoren, um ein einfaches hintereinander Ausführen (engl. *stacking*) identischer Architekturblöcke zu ermöglichen. Üblicherweise wird dies erreicht, indem die interne Größe $d_h$ der Query-, Key- und Value-Vektoren nicht als Hyperparameter frei wählbar ist, sondern fest aus der Eingangsgröße $d$ durch Division durch die Anzahl $h$ der Attention Heads berechnet wird. Bei einer Eingangsgröße von $d = 512$ und $h = 8$ Heads ergibt sich eine interne Größe von $d_h = 64$ [177]. Prinzipiell ist es möglich, die Matrix $W_O$ für die abschließende Trans-

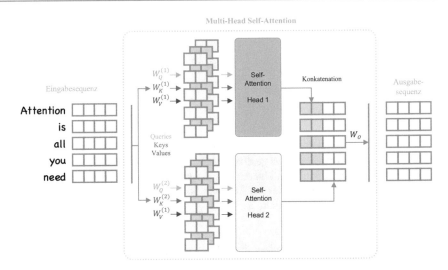

**Abb. 4.32** Multi-Head Self-Attention mit h = 2 Attention Heads in Anlehnung an [14]. Die Eingabe-und Ausgabesequenz sind hier und bei einigen folgenden Darstellungen um 90° gedreht, um deren parallele Verarbeitung hervorzuheben. Für jeden Attention Head $k$ gibt es individuelle, trainierbare Gewichtsmatrizen, mit denen die Key-, Query- und Value-Vektoren erzeugt werden: $W_Q^{(k)}$, $W_K^{(k)}$ und $W_V^{(k)}$. Bei nur zwei Köpfen wird hier die Eingabegröße auf die Hälfte reduziert, sodass nach dem Self-Attention-Berechnungsschritt durch Konkatenation der Zwischenergebnisse die ursprüngliche Größe wieder erreicht wird. Abschließend wird meist eine lineare Transformation mit einer Gewichtsmatrix $W_O$ durchgeführt

formation so zu wählen, dass die Ausgabematrix dieselbe Größe wie die Eingangsmatrix aufweist, üblich ist jedoch, dass bei der Berechnung der internen Größe $d_h$ eine ganzzahlige Teilbarkeit ohne Rest erzwungen wird.

### 4.3.5.2 Aufbau eines Transformer-Blocks

Der Transformer-Block stellt die zentrale Komponente dar, die meist mehrfach kombiniert in einer Transformer-Architektur in unterschiedlichen Ausprägungen zum Einsatz kommt. Charakteristisch ist, dass die Eingabe- und die Ausgabesequenzen dieselbe Länge und deren Elemente dieselbe Größe haben, um insbesondere das Hintereinanderschalten gleichartiger Transformer-Blöcke zu ermöglichen. Wie in Abb. 4.33 dargestellt enthält ein Transformer-Block einen Multi-Head-Self-Attention-Block, der die Eingabesequenz mittels Attention-Mechanismen kontextualisiert, sowie einen Feed-Forward-Block, durch den der Transformer lernen kann, die kontextualisierten Daten elementweise zu verknüpfen und dadurch eine noch aussagekräftigere Kontextualisierung zu erzeugen. Bei Vaswani et al. und vielen anderen Modellen kommt dafür zum Beispiel ein Netzwerk mit einer versteckten

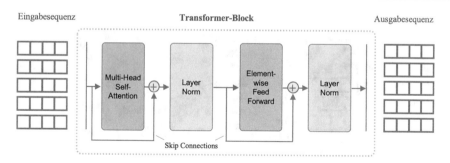

**Abb. 4.33** Transformer-Block mit Multi-Head Self-Attention und Feed-Forward-Netzwerk sowie zwischengeschalteter Layer Normalization und den beiden Skip Connections. (In Anlehnung an [14])

Schicht, die viermal so breit ist wie die Eingabe und Ausgabe in Verbindung mit ReLU-Aktivierungsfunktionen zum Einsatz [177].

Entscheidend für den erfolgreichen Einsatz des Transformers ist das Einführen von Schichten für die *Layer Normalization* üblicherweise nach der Self-Attention-Schicht und der Feed-Forward-Schicht sowie die Verwendung von *Skip Connections*. Beides dient insbesondere der Unterstützung des Lernprozesses, der bei tiefen neuronalen Netzen in der Regel eine große Herausforderung darstellt.

Durch Skip Connections werden Signale an ein oder mehreren Schichten vorbeigeleitet und unverändert den verarbeiteten Signalen hinzugefügt [66] (siehe auch Abschn. 4.3.2). Im Transformer-Block werden auf diese Weise die Eingangssignale für die Self-Attention und das Feed-Forward-Netz zu deren Ausgaben addiert, bevor anschließend die Layer Normalization erfolgt. Das sorgt für stabilere Gradienten für die Gewichtsanpassung durch Backpropagation (siehe Abschn. 4.2.4). Insbesondere zu Beginn des Trainingsprozesses ist dies hilfreich, bevor die Berechnungen der Self-Attention-Schicht und der Feed-Forward-Schicht verlässlicher und deren Signale dominanter werden.

Die Normierung, die in einer Schicht (Layer) jeweils für eine verarbeitete Sequenz ausgeführt wird, dient insbesondere dazu, die Trainingszeit in den Netzen sowie die Generalisierungsfähigkeit zu erhöhen [5].

### 4.3.5.3 Repräsentation der Eingabe

Ein wesentlicher Unterschied zu den rekurrenten Encoder-Decoder-Modellen ist die parallele Verarbeitung einer Sequenz auf Basis von Attention-Mechanismen. RNN-basierte Netzwerke können mit unterschiedlich langen Sequenzen umgehen. Damit eine Sequenz als Ganzes verarbeitet werden kann, muss eine maximale Länge vorgegeben sein, die eine Eingabesequenz oder Ausgabesequenz nicht überschreiten darf. Das tatsächliche Ende einer Sequenz wird mit einem speziellen Token markiert. Nicht benötigte Positionen werden durch das sogenannte *Padding* mit definierten Werten, etwa der Null, aufgefüllt.

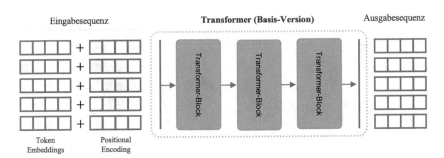

**Abb. 4.34**  Basis-Version eines Transformers mit $N = 3$ hintereinandergehängten Transformer-Blöcken ohne aufgabenspezifische Weiterverarbeitung der Ausgabe (in Anlehnung an [14]). Als Eingangssequenz für einen Transformer werden die *Token Embeddings* zusätzlich mittels *Positional Encoding* mit Informationen über die Reihenfolge der Token in einer Sequenz angereichert, damit diese bei der Berechnung der Attention Scores berücksichtigt werden können

Wie Abb. 4.34 zeigt, setzt sich die Repräsentation der Elemente einer Eingabesequenz $\mathbf{x}^{(t)}$ aus dem *Token Embedding* $\mathbf{x}_{\text{emb}}^{(t)}$ für die semantische Repräsentation der einzelnen Token in der Sequenz sowie einer Codierung der Positionen eines Tokens in der Sequenz, dem sogenannten *Positional Encoding* $\mathbf{x}_{\text{pos}}^{(t)}$ zusammen:

$$\mathbf{x}^{(t)} = \mathbf{x}_{\text{emb}}^{(t)} + \mathbf{x}_{\text{pos}}^{(t)} \tag{4.68}$$

**Token Embedding**

Bevor ein Transformer oder eine Komponente eines Transformers die Arbeit aufnehmen kann, muss die Eingangssequenz durch ein geeignetes *Token Embedding* in einen mehrdimensionalen Vektor umgewandelt werden. Ein Token Embedding ist eine numerische Repräsentation einzelner Token, also einzelner Wörter oder Teilwörter. Die Token werden in einen Vektor umgewandelt, der die semantische und syntaktische Information des jeweiligen Tokens in einer gegebenen Text-Sequenz, etwa einem Satz, widerspiegelt. Durch diese Umwandlung wird jedes Token in einem Vektorraum angeordnet. Token, die sich semantisch ähneln, werden in einem solchen Vektorraum räumlich nahe beieinander angeordnet. Vaswani et al. verwenden in ihrer originären Transformer-Architektur Token Embeddings mit einer Dimension (Größe) von $d = 512$ [177].

Die Zuordnung von einem Token zu seiner Vektorrepräsentation erfolgt durch Multiplikation der One-Hot-Repräsentation eines Tokens

$$\mathbf{x}_{\text{1hot}}^{(t)}$$

mit einer zu erlernenden Gewichtsmatrix $W_{\text{emb}}$:

$$\mathbf{x}_{\text{emb}}^{(t)} = W_{\text{emb}}\,\mathbf{x}_{\text{1hot}}^{(t)} \tag{4.69}$$

Die One-Hot-Repräsentation ist ein Vektor, bei dem alle bis auf einen Eintrag Null sind. Nur an der Position, die im sogenannten Vokabular für das entsprechende Token steht, ist eine Eins. Die One-Hot-Repräsentation hat notwendigerweise so viele Einträge, wie es verschiedene Tokens gibt. Die Menge der verschiedenen Token, die verarbeitet werden können, wird auch als Vokabular $V$ bezeichnet und muss vor der Verarbeitung festgelegt sein. Die Gewichtsmatrix $W_{emb}$ hat folglich die Dimension $|V| \times d$. Insbesondere die Zerlegung langer Wörter in Teilwörter ist hilfreich, um das Vokabular nicht zu groß werden zu lassen und das Problem der Verarbeitung von neuen Wörtern, die nicht im Vokabular sind, zu umgehen. Dennoch ist ein Vokabular üblicherweise sehr groß, so dass die Gewichtsmatrix $W_{emb}$ extrem breit ist.

Dieser Schritt ist absolut notwendig, da Computer mit Wörtern oder Token nicht direkt sinnvoll rechnen können, sie benötigen Zahlen dafür. Die so erstellten Embeddings sind ein sehr leistungsstarkes Verfahren, das nicht nur die Existenz eines Tokens ausdrückt wie die One-Hot-Repräsentation, sondern durch eine verteilte Semantik Zusammenhänge zwischen einzelnen Token im zugrundeliegenden Textkorpus darstellt.

**Positional Encoding**
Da der Transformer die Elemente einer Eingabesequenz nicht wie ein RNN sequenziell, sondern parallel verarbeitet und die Berechnungen der verwendeten Attention-Mechanismen unabhängig von der Positionen der Elemente einer Sequenz sind, geht die Information über die Reihenfolge und somit über den strukturellen Kontext einzelner Elemente verloren, wenn diese nicht explizit in der Repräsentation der Eingaben verankert und so dem Transformer mitgegeben wird. Eine weitverbreitete Möglichkeit, die Positionsinformationen zu modellieren, ist die Verwendung eines sogenannten *Positional Encodings* [51, 163, 177], das etwa im Gegensatz zu flexibleren *Position Embeddings* keine erlernbaren Parameter enthält und deshalb sehr effizient umgesetzt werden kann.

Für das Positional Encoding werden spezielle Vektoren erzeugt, die abhängig von der Position $t$ eines Elements in der Sequenz und vom Index $i$ im Eingabevektor sind. Dabei wird auf oft auf trigonometrische Funktionen zur Beschreibung von Schwingungen zurückgegriffen, um eindeutige Vektoren zu erzeugen. Durch die geringen graduellen Veränderungen dieser Funktionen haben jeweils benachbarte Positionen in einer Sequenz ähnliche Werte, sodass der Transformer später bei Bedarf eine strukturelle Nähe daraus ableiten kann.

Häufig wird für die Berechnung bei geraden Indexwerten $2i$ der Sinus und für die ungeraden Indexwerte $2i + 1$ der Cosinus verwendet. Wenn man die Schwingung des Sinus und des Cosinus für jede mögliche Position berechnet, erhält man einen eindeutigen Vektor für jede Position, der die relative Position des Wortes im Text kodiert. Die Vektoren der Token Embeddings und der Positional Encodings haben dieselbe Größe, sodass sie für die Eingabe eines Transformers einfach addiert werden können (siehe Abb. 4.34).

Die einzelnen Werte $p_i^{(t)}$ des Positional Encodings $\mathbf{x}_{pos}^{(t)} = \left( p_i^{(t)} \right)$ für Element $t$ einer Sequenz und Index $i$ können beispielsweise wie folgt berechnet werden:

$$p_{2i}^{(t)} = \sin t\omega^{-\frac{2i}{d}} \quad \text{und} \quad p_{2i+1}^{(t)} = \cos t\omega^{-\frac{2i}{d}} \tag{4.70}$$

wobei die Konstante $\omega$ bei Vaswani et al. auf 10.000 gesetzt wird [177].

Neben der effizienten Berechnung ist ein Vorteil des Positional Encodings gegenüber anderen Repräsentationen wie die Codierung der absoluten Position eine größere Flexibilität, die aufgrund der Unabhängigkeit von der maximalen Länge einer Sequenz gegeben ist.

### 4.3.5.4 Der originäre Transformer

Die originäre Transformer-Architektur von Vaswani et al. ist für den Anwendungsfall der Übersetzung in Abb. 4.35 dargestellt. Anstatt die Eingaben für Encoder und Decoder allgemein als Sequenzen zu benennen, wird hier der Bezug zu Texten als Eingabesequenz und erwarteter Ausgabe (Zielsequenz) deutlich [177]. Die linke Seite der Architektur bildet den Encoder, während sich der Decoder auf der rechten Seite befindet. Die Aufgabe des Encoders ist es, die Eingabesequenz auf eine kontextualisierte Sequenz derselben Länge abzubilden. Diese wird vom Decoder verarbeitet, um ausgehend von einem Starttoken die gewünschte Ausgabesequenz zu erzeugen, etwa eine Übersetzung in eine andere Sprache. Die Eingabe der vollständigen Zielsequenz in den Decoder erfolgt nur während der Trainingsphase und wird wie in Abschn. 4.3.5.1 erläutert für das sogenannte *Teacher Forcing* verwendet [190]. In der Anwendungsphase arbeitet der Transformer *autoregressiv* und erzeugt die Ausgabesequenz sequenziell Token für Token jeweils auf Basis der bereits erzeugten Sequenz.

Der Transformer kann beliebig komplex gestaltet werden. In der Abbildung ist schematisch jeweils nur ein Encoder-Block und ein Decoder-Block dargestellt. Sowohl der Encoder als auch der Decoder bestehen jedoch tatsächlich aus $N$ geschichteten (gestackten) jeweils gleichartigen Blöcken. Die Transformer-Grundvariante von Vaswani et al. verwendet jeweils $N = 6$ Encoder- und Decoder-Blöcke [177].

Als Eingabe des ersten Encoder-Blocks und des ersten Decoder-Blocks dient dieselbe Tokenisierung des Eingabetexts (hier nicht dargestellt) und dieselbe Berechnung der Token Embeddings, die durch ein gemeinsames Erlernen und Verwenden der entsprechenden Gewichtsmatrix, dem sogenannten *Parameter Sharing*, sichergestellt wird sowie dem Hinzufügen der Vektoren für die Positional Encodings wie in Abschn. 4.3.5.3 beschrieben.

Sowohl die Encoder-Blöcke als auch die Decoder-Blöcke orientieren sich an dem zuvor in Abschn. 4.3.5.2 eingeführten allgemeinen Transformer-Block. Der wesentliche Unterschied ist die Verwendung der geeigneten Attention-Mechanismen (siehe Abschn. 4.3.5.1), wie in Abb. 4.35 dargestellt und durch die rot markierten Ziffern hervorgehoben.

Die Encoder-Blöcke verwenden Multi-Head Attention auf Basis vollständiger Self-Attention (1), denn beim Aufbau des Verständnisses einer gegebenen Sequenz, darf sowohl nach hinten als auch nach vorn geschaut werden. In der Transformer-Grundvariante werden $h = 8$ Attention Heads verwendet. Bei einer Eingabe mit einer Größe von $d = 512$ ergibt sich für die Multi-Head-Attention-Blöcke eine interne Größe $d_h = 64$ für die Query-, Key-

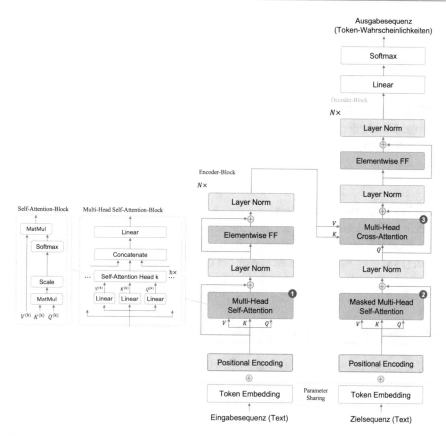

**Abb. 4.35** Architektur des originären Transformers als Encoder-Decoder-Modell in Anlehnung an [177]. Der modulare, komponentenbasierte Aufbau der Encoder- und Decoder-Blöcke (farbig dargestellt) verdeckt einen Großteil der Komplexität, die auf der linken Seite beispielhaft für die Multi-Head Attention angedeutet ist. Es zeigt sich eine große Ähnlichkeit im Aufbau der Blöcke, sodass als wesentlicher Unterschied die Attentionmechanismen (1–3) identifiziert werden können

und Value-Vektoren. Diese werden auf Basis der $h$ unterschiedlichen Gewichtsmatrizen $W_Q^{(k)}$, $W_K^{(k)}$ und $W_V^{(k)}$ für $k \in \{1, ..., h\}$ erlernt.

Der Decoder-Block nutzt Multi-Head Attention auf Basis von Masked-Self-Attention (2), da bei der Textgenerierung nur die zurückliegenden Token sichtbar sind. Da es sich um eine echte Encoder-Decoder-Architektur handelt, wird nach dem ersten Multi-Head-Attention-Block und anschließender Normierung ein zweiter Multi-Head-Attention-Block auf Basis von Cross-Attention (3) eingeführt, um die mittels Self-Attention kontextualisierte Eingabe des Encoder-Blocks bei der Textgenerierung zu berücksichtigen. Analog zum Encoder-Block kommen für die Berechnung Query-, Key- und Value-Vektoren für die Masked Self-Attention Heads und die Cross-Attention Heads weitere zu erlernende Gewichtsmatrizen dazu. Diese Gewichtsmatrizen und die aus den Encoder-Blöcken stellen einen sehr großen Anteil der anpassbaren Parameter des Modells dar.

Die lineare Schicht und die Softmax-Schicht im Anschluss an den letzten Decoder-Block dienen der aufgabenspezifischen Umwandlung der Sequenz, die dieser als Embeddings ausgibt. Die lineare Schicht transformiert die Ausgabe mit der Embedding-Größe $d = 512$ auf die Größe des Vokabulars, das die Basis für die Berechnung der Embeddings verwendet wurde. Mittels der Softmax-Schicht werden aus diesen Werten Wahrscheinlichkeiten erzeugt, mit denen ermittelt wird, welches Token als nächstens am wahrscheinlichsten für die Ausgabe ist.

### 4.3.5.5 Transformer-Varianten

Transformer-Architekturen sind der aktuelle Stand der Technik in vielen Anwendungsbereichen. Es gibt inzwischen zahlreiche Varianten, Weiterentwicklungen und auch Vereinfachungen [183, 184]. Zu beachten ist gerade bei den Vereinfachungen, dass sie oft gar nicht als klassische Encoder-Decoder-Architektur verwendet werden, sondern je nach Aufgabe und Präferenz entweder als reine Encoder-basierte oder als reine Decoder-basierte Modelle.

**Encoder-basierte Modelle.** Encoder-Modelle werden vorrangig dann eingesetzt, wenn es darum geht, eine Bedeutung oder einen Kontext aus einem Text zu extrahieren und zu repräsentieren. Dazu zählen etwa Aufgaben wie die Textklassifikation oder die Sentimentanalyse, bei denen der Encoder verwendet wird, um die Texte in einen Kontextvektor zu transformieren und diesen dann z. B. mit anderen Verfahren wie Feed-Forward-Netze oder Support-Vector-Maschinen eine Klassifikation vornehmen zu lassen. Die bekanntesten Vertreter dieser Art sind sicherlich die auf *BERT (Bidirectional Encoder Representations from Transformers)* [36] basierenden Modelle. Deep-Learning-Lösungen basierend auf BERT sind ein typisches Beispiel für Transfer Learning, bei dem die durch Selbstüberwachung auf ungelabelten Daten vortrainierten Modelle durch Fine-Tuning mit einer kleinen Menge aufgabenspezifischer gelabelter Daten effizient angepasst werden.

**Decoder-basierte Modelle.** Reine Decoder-basierte Modelle wie OpenAIs GPT-Familie eignen sich hervorragend zur Textgenerierung [18, 129, 139, 140]. Es handelt sich um kausale Modelle, für die ausschließlich Multi-Head Attention auf Basis des vergangenheitsorientierten Masked-Self-Attention-Mechanismus verwendet wird. Die Modelle arbeiten autoregressiv und führen Texte Wort für Wort oder genauer Token für Token fort. Die Prognose des jeweils nächsten Tokens erfolgt dabei unter Berücksichtigung der Wahrscheinlichkeiten, dass ein Token beobachtet wird, gegeben die bisher erzeugten Token (siehe Abb. 4.36). Diese Aufgaben erledigen sie allerdings so überzeugend, dass die aktuellen Modelle erfolgreich für scheinbar beliebige Aufgaben verwendet werden können. Dazu muss eine Aufgabe möglichst genau als Anweisung (engl. *prompt*) formuliert werden, die dann vom Modell als Startsequenz verwendet und entsprechend fortgeführt

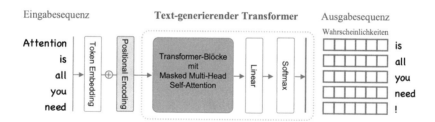

**Abb. 4.36** Architektur eines Decoder-basierten Transformers für die Textgenerierung. (In Anlehnung an [14])

wird.[12] Weil das teilweise gänzlich ohne oder mit nur wenigen Beispielen erfolgt, die über den Prompt mitgegeben werden, liegen hier tatsächlich echte Zero-Shot- oder Few-Shot-Lösungen vor. Die Modelle werden sogar als *emergent* bezeichnet, da sie Aufgaben lösen können, für die sie nicht explizit trainiert wurden, und bisweilen sogar überraschend mit neuen Fähigkeiten auftrumpfen.

Die Verwendung von Attention-Mechanismen ermöglicht eine parallele und deshalb effiziente Verarbeitung der Eingabedaten. Im Vergleich zu herkömmlichen RNN-basierten Encoder-Decoder-Modellen können Transformer-Modelle problemlos Abhängigkeiten zwischen Elementen einer Sequenz berücksichtigen, die beliebig weit auseinanderliegen. Beides zählt zu den Hauptgründen für den Erfolg von Transformer-Modellen. Dabei sollte jedoch nicht verschwiegen werden, dass die Möglichkeit der parallelen Verarbeitung mit der Vorgabe einer maximalen Sequenzlänge erkauft wird. Zwar lässt sich ein starker Anstieg der Obergrenze beobachten [129], dabei ist allerdings zu berücksichtigen, dass die Berechnung der vorgestellten Attention-Mechanismen einen quadratischen Aufwand bezüglich der Länge einer Sequenz hat. Dies führt bei langen Eingabesequenzen schnell zu großen Herausforderungen. Um diese zu vermeiden, wurden Attention-Mechanismen mit geringerer, zum Teil sogar linearer Berechnungskomplexität entwickelt [166, 180].

### 4.3.6  Lösungen aus dem Baukasten

Besondere Anforderungen ergeben sich primär durch Besonderheiten der Lernszenarien: Wie sehen die Eingaben und wie die Ausgaben aus? Im vorangegangenen Kapitel über das maschinelle Lernen haben wir die bekannten kanonischen Aufgabentypen thematisiert und uns darauf beschränkt, dass Eingabedaten strukturiert in Form einer Datenmatrix vorliegen

---

[12] Die Nutzung großer Sprachmodelle (engl. *large language models, LLMs*), die nach dem Pre-Training meist direkt ohne weiteres Fine-Tuning über Prompts angesprochen werden, um eine Aufgabe zu lösen, führte in den vergangenen Jahren sogar zu einem neuen Machine-Learning-Paradigma, dem sogenannten *Prompt-based Learning* [107].

und die Ausgabegröße ein skalarer Wert wie bei der Klassifikation oder Regression. Wir haben aber auch angesprochen, dass es viele Anwendungen mit komplexeren Eingaben und Ausgaben gibt. Es kann insbesondere Abhängigkeiten zwischen einzelnen Merkmalen mit räumlicher oder zeitlicher Struktur geben. Letzte sind als Sequenzen bekannt, die je nach Anwendung auch noch unterschiedliche Längen aufweisen können. So haben wir mit dem *Seq2Seq (Sequence to Sequence) Learning* ein im NLP-Kontext besonders wichtiges Lernszenario kennengelernt, bei dem eine Sequenz als Eingabe auf eine andere Sequenz als Ausgabe abgebildet wird.

Es haben sich im Laufe der Zeit verschiedene funktionsorientierte Architekturen entwickelt, die aufgrund ihres Aufbaus und Verknüpfung der Knoten sowie der verwendeten Aktivierungsfunktionen bei dedizierten Aufgaben entweder effizienter und deshalb einfacher aus Daten lernen oder deren Lösung überhaupt erst ermöglichen, etwa durch Ergänzungen zur Standardverknüpfung wie das Rückkoppeln von Signalen von einer Schicht zu vorgelagerten Schichten oder durch das gezielte und mühelose Zusammenführen von abhängigen Elementen innerhalb einer Struktur oder Sequenz oder zwischen zwei Strukturen oder Sequenzen über die sogenannten Attention-Mechanismen. Diese funktionsorientierten Architekturen werden in größere Architekturen meist vielfach miteinander kombiniert und erreichen dadurch eine noch größere Leistungsfähigkeit. Der einfache modulare Aufbau geeigneter Architekturen aus Blöcken, die für sich eigene Netzwerke aus ausgewählten Schichten bilden, ist wichtig für sogenannte Ende-zu-Ende-Lösungen, die sich zwar meist verbunden mit hohem Aufwand an Daten und Rechenleistung, aber dennoch methodisch elegant basierend auf Backpropagation, also der Rückübermittlung von Fehlertermen durch das gesamte Netzwerk, trainieren lassen.

Bei der Umsetzung helfen gängige Frameworks wie *PyTorch* und *Tensorflow,* die insbesondere voll automatisiert die Berechnung der Gradiententerme und die Durchführung der Backpropagation übernehmen können. Auch wenn die konkrete Umsetzung von Deep-Learning-Architekturen mittels dieser Frameworks hier nicht im Fokus steht, so wird man bei der Umsetzung unabhängig vom Framework feststellen, dass bezüglich der genannten Parameter und Funktionen Festlegungen getroffen und Implementierungen bereitgestellt werden müssen. Wir haben diese ausführliche Darstellung gewählt, weil sie hilft, die Ausprägungen einzelner Komponenten und deren Zusammenwirken innerhalb der Schichten und deren Knoten, also Neuronen, besser zu verstehen. Bei all den beeindruckenden Begriffen und Strukturen ist es auch interessant festzuhalten, dass ein neuronales Netz – ist es auch noch so groß oder noch so *tief* – letztlich doch nur die Verkettung vieler vergleichsweise einfacher Funktionen ist. Auf der Berechnungsebene bedeutet dies, dass es sich um Berechnungsgraphen mit einer sehr großen Anzahl an Matrixoperationen handelt. Für die konkrete Durchführung müssen neuronale Netze mit ihren vielen Neuronen gar nicht wirklich als Objekte einer Programmiersprache instanziiert werden. Stattdessen werden die bloßen Matrixoperationen meist sehr effizient in geeigneter Hardware wie GPUs durchgeführt. Wie im menschlichen Gehirn können die Berechnungen meist massiv parallel erfolgen.

## 4.4 Herausforderungen und Erfolgsfaktoren

Das Kapitel zu den Grundlagen des maschinellen Lernens haben wir mit einer sehr ausführlichen Betrachtung der Herausforderungen und Erfolgsfaktoren beendet. Genau so werden wir auch für das Deep Learning vorgehen und dabei einige der zuvor genannten Aspekte aufgreifen, denn Deep Learning ist eine spezielle Form des maschinellen Lernens. Wir sollten daher von den Erkenntnissen profitieren und herausstellen, worin etwaige Unterschiede zu traditionellen Verfahren des maschinellen Lernens liegen und wie sie sich auswirken.

### 4.4.1 Wie lässt sich der Datenhunger stillen?

Insbesondere mithilfe von Deep Learning lassen sich in sehr vielen Anwendungsbereichen herausragende Ergebnisse erzielen. Damit das funktioniert, werden typischerweise sehr viele Daten und sehr viel Rechenleistung benötigt. Während letzteres zumindest ein Kostenfaktor und eine Umweltbelastung wegen des hohen Energiebedarfs darstellt, stehen oft nicht genügend Daten für einen Anwendungsbereich zur Verfügung.

Während das klassische maschinelle Lernen noch sehr stark von überwachten Lernverfahren geprägt ist, stößt man mit dem Weg beim Deep Learning schnell an Grenzen. Der Bedarf an gelabelten Daten ist sehr hoch und die Bereitstellung der Labels ist in den meisten Anwendungsfällen aufwendig und teuer. Sie kommt daher in der Regel nicht infrage. Auch das in einigen Fällen sehr nützliche Reinforcement Learning kann Probleme verursachen, da ein Lernprozess viele Versuche benötigt, um den Raum der Handlungsalternativen hinreichend erschöpfend zu durchsuchen.

Das selbstüberwachte Lernen hat sich aktuell als der effektivste und effizienteste Weg etabliert und hat einen maßgeblichen Anteil am Erfolg aktueller Deep-Learning-Ansätze, beispielsweise bei großen Sprachmodellen. Ungelabelte Daten stehen in den meisten Anwendungsfällen in sehr großen Mengen zur Verfügung. Durch automatisierte Erzeugung künstlicher Labels aus den zur Verfügung stehenden Daten selbst, lassen sich Modelle erstellen, die ohne menschlichen Aufwand die Zusammenhänge in der zugrundeliegenden Domäne erfassen können. Etwa durch Rekonstruktion der Daten nach einer erzwungenen Kompression oder durch Hinzufügen von Rauschen zu den Beobachtungen oder anderen Formen der Data Augmentation wie bei Autoencoder-Architekturen oder durch Prognose einzelner maskierter, aber bekannter Werte kann ein Modell die wesentlichen Zusammenhänge einer Domäne erlernen.

Dennoch ist festzuhalten, dass wir Menschen bestimmte Aufgaben oft mit deutlich weniger Aufwand erlernen können. Auch ist es für Menschen müheloser möglich, sich kontinuierlich an neue Erfahrungen anzupassen. Wir haben zudem ein Hintergrundwissen und Allgemeinwissen, das uns in vielen Situationen hilft, insbesondere wenn die verfügbare Datenmenge sonst unzureichend ist. Um dies zu erlangen, müsste durch permanentes Beobachten der Umwelt ein umfassendes Modell konstruiert werden, das bei Bedarf hilfreiche Zusammenhänge beitragen kann.

### 4.4.2   Wie ist das Trainieren tiefer neuronaler Netze möglich?

In den ersten Jahrzehnten der Entwicklung neuronaler Netze war das Trainieren selbst einfachster Modelle bereits eine große Herausforderung. Und zwar einerseits die Bereitstellung der erforderlichen Rechenleistung betreffend und andererseits die Methodik zum Adressieren des Problems der verschwindenden Gradienten (engl. *vanishing gradients*) betreffend.

Durch die Verfügbarkeit geeigneter Hardware wie GPUs, die in hoher Geschwindigkeit die notwendigen Matrixoperationen parallel durchführen können, und Fokus auf Architekturen, die sich entsprechend parallelisieren lassen, konnte der Trainingsprozess immer stärker beschleunigt werden. Etwa haben Transformer-Modelle rekurrente Encoder-Decoder-Modelle sehr stark verdrängt.

Methodisch sind Techniken hervorzuheben, die das Trainieren tiefer Netze ermöglichen und nicht den verschwindenden Gradienten zum Opfer fallen. An dieser Stelle seien stellvertretend zwei Aspekte genannt. Zum einen die Verwendung von Aktivierungsfunktionen wie die *Rectified Linear Unit (ReLU)*, die aufgrund ihres stückweise linearen Verlaufs enorme Vorteile bei der Durchführung der Backpropagation hat. Zum anderen spielen die sogenannten *Skip Connections* eine essenzielle Rolle. Diese führen die Eingangssignale, die an einer beliebigen Schicht anliegen, direkt an ein oder mehreren Folgeschichten vorbei, um dort wieder den verarbeiteten Signalen hinzuzufügen. Sein Potenzial entfaltet diese Verbindung bei der Backpropagation, denn sie lässt den Fehlerterm dort unverändert vorbei. Gerade dies erleichtert das Trainieren tiefer neuronaler Netze sehr.

### 4.4.3   Was ist erreicht und was lässt sich verbessern?

Durch die in diesem Kapitel vorgestellten Deep-Learning-Ansätze ist es möglich geworden, viele Aufgaben mittels durchgängiger, sogenannter *Ende-zu-Ende-Modelle* zu lösen. Zudem fallen durch das meist inhärente Feature Learning oftmals langwierige Feature-Engineering-Schritte weg. Leider ist es nicht so, dass die eingesparte Zeit frei verfügbar für andere Aufgaben ist. Der Aufwand hat sich stattdessen verschoben: Mindestens die eingesparte Zeit wird benötigt für das Einsammeln und Kuratieren hochwertiger Datenbestände – und das auch ohne ein aufwendiges, manuelles Labeln der Daten.

Durch die großen Sprachmodelle ist ein Paradigmenwechsel innerhalb des maschinellen Lernens vom überwachten Lernen mit hohem Aufwand für das Feature Engineering, über Transfer Learning durch Pre-Training und Fine-Tuning mit geeigneter Wahl der Zielfunktion zu Prompt-based Learning, bei dem ein vortrainiertes Modell auf Basis einer geeigneten formulierten Anfrage entsprechende Prognosen für die Beantwortung erstellt [107].

Ansätze dieser Art haben oftmals sogenannte emergente Fähigkeiten und können auf beeindruckende Art und Weise einige Aufgaben lösen, für die sie nicht vorbereitet wurden. Allerdings bergen die Ansätze auch noch große Schwächen: Sie neigen zum Halluzinieren, d. h. die erzeugten Antworten müssen nicht stimmen, und die Ansätze können noch nicht zufriedenstellend mit Situationen umgehen, in denen Unsicherheit vorliegt oder eine echte Planung für die Konstruktion der Antwort notwendig ist.

# Informationsextraktion aus Texten

**5**

**Zusammenfassung**

Informationsextraktion aus Texten ist ein Teilgebiet, in dem es darum geht, Fakten und Informationen aus unstrukturierten Texten zu extrahieren. Die so gewonnenen strukturierten Informationen können anschließend als Merkmale für verschiedene weitere Lernverfahren verwendet werden. In diesem Kapitel geben wir einen Einblick in die wichtigsten Verfahren der Informationsextraktion. Wir gehen insbesondere auf die Information-Extraction-Pipeline und deren Komponenten ein und erläutern Schwierigkeiten und Lösungen bei der Bearbeitung unstrukturierter Texte für Knowledge-Science-Anwendungen.

## 5.1 Einleitung

Die *Informationsextraktion* (engl. *information extraction, IE*) ist eines der wichtigsten Gebiete in der Verarbeitung natürlicher Sprache, da die strukturierte Trennung von verwertbaren Informationen und sogenanntem Rauschen (engl. *noise*), also nicht verwertbaren Wörtern eines Textes, eine Verbesserung des Sprachverständnisses durch Maschinen ermöglicht. Informationsextraktion ist somit ein wesentliches Verfahren, um Wissen zu extrahieren und strukturiert anwendbar zu speichern.

Im Unternehmenskontext können IE-Verfahren dafür verwendet werden, eine Wissensbasis aufzubauen und diese automatisiert aktuell zu halten. Sie sind somit Teil des Wissensmanagements einer Organisation. Aber auch, wenn man im Bereich von Produkt-Tracking oder News-Tracking einen Überblick über Produkte oder das Unternehmen z. B. im Social-Media-Bereich automatisiert anwenden will, kommt man an der Informationsextraktion nicht vorbei. Ein weiterer Bereich im Unternehmenskontext kann das Service Management sein. Viele Anfragen und Supportfälle, die über den Customer Service behandelt werden, kommen per E-Mail oder Ticket in Form von unstrukturierten Daten an. Die Extraktion von

C. Lanquillon und S. Schacht, *Knowledge Science – Grundlagen*,
https://doi.org/10.1007/978-3-658-41689-8_5

Wissen aus diesen Mails, also welches Produkt oder welcher Kunde (Subjekt) hat (Relation) welches Problem (Objekt) und die Verknüpfung mit Lösungen in einer Support-Solution-Datenbank helfen dabei, diesen Prozess effektiver und mit mehr Fokus auf den Kunden bearbeiten zu können [156]. Mit dem Aufbau einer Wissensdatenbank in Form von Triples, kann man auch die Suche im Intranet verbessern, sodass Suchanfragen an ein Wiki nicht nur den Hinweis auf ein Dokument oder eine Stelle, wo die Antwort stehen könnte, zurücklie-fern, sondern gegebenenfalls die Zusammenhänge und auch schon explizite Lösungen auf Basis der gespeicherten Triples generieren. Oft sind aber auch Zusammenhänge und deren Kontext essenziell. Mittels Wissenskonstruktion kann durch den Aufbau und die Verwen-dung von *Wissensgraphen* (siehe Kap. 6) Verbindungen aufgezeigt werden, die vielleicht nicht direkt in den extrahierten Informationen vorhanden sind. Es ist ersichtlich, dass Infor-mationsextraktion eine wesentliche Komponente ist, sobald Computern ermöglicht werden soll, intelligent mit uns oder in unserer Domäne zu interagieren.

Aber warum hat das Arbeiten mit unstrukturierten Daten, und insbesondere mit Text, eine derart große Bedeutung erlangt? Dies liegt primär daran, dass durch die explosive Entwicklung und Nutzung des Internets sehr große Mengen unstrukturierter Daten etwa in Form von Texten, Blog-Beiträgen und Social Media Content vorliegen. Diese Daten enthalten wiederum sehr wertvolle Informationen.

Eine Auswertung und automatisierte Verwendung dieser Informationen ist jedoch nur möglich, wenn sie mittels Verfahren der Informationsextraktion aus den unstrukturierten Daten extrahiert und in eine strukturierte Form überführt werden. Die Informationsextraktion ermöglicht, aus einem maschinenlesbaren Fließtext eine tabellenartige Struktur zu schaffen, die einfacher oder sogar automatisiert ausgewertet und in verschiedenen nachfolgenden Auf-gaben, sogenannten *Downstream Tasks*, wie die Textzusammenfassung verwertet werden kann (siehe Abb. 5.1)

Als Basis für die Struktur dient meist eine Metasprache wie das *Resource Description Framework (RDF)*. Dabei stellt ein sogenanntes RDF-Triple eine Beziehung oder Relation (engl. *relationship* oder *relation*) zwischen zwei Objekten, im Rahmen der Informationsex-traktion als *Entitäten* (engl. *entities*) bezeichnet, dar:

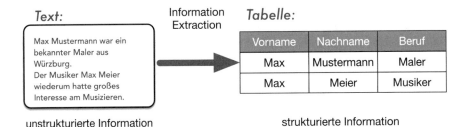

**Abb. 5.1** Die Informationsextraktion aus Text überführt unstrukturierten Fließtext in strukturierte Informationen

$$(entity_1, relation, entity_2)$$

Im Rahmen des KI-basierten Wissenserwerbs bezeichnen wir ein RDF-Triple als kleinste atomare Wissenseinheit auch oft als Wissensfragment (siehe auch die Anwendungsfälle zu *Lernen wie ein Mensch* und *Smart Expert Debriefings* im zweiten Band dieser Buchreihe).

Bei der Durchführung der Informationsextraktion sind verschiedenste Teilaufgaben involviert: [167]

- Named Entity Recognition (NER)
- Named Entity Linking (NEL)
- Coreference Resolution (CR)
- Temporal Information Extraction
- Event Extraction
- Relation Extraction
- Knowledge Base Construction and Reasoning
- Template Filling

Zur Unterstützung und effizienten Ausführung werden viele dieser Teilaufgaben um weitere Unteraufgaben, sogenannte *Low-level NLP-Tasks,* ergänzt, etwa das *Part-of-Speech (POS) Tagging.*

## 5.2   Welche Typen von Daten werden extrahiert

Bei der Informationsextraktion aus unstrukturierten Texten lassen sich vier verschiedene Kategorien von Datentypen identifizieren. Es handelt sich um *Entitäten, Beziehungen, Adjektiven* zur Beschreibung von Entitäten sowie *ergänzende Informationen* oft in Form von Listen, Tabellen oder auch Ontologien [156].

### Entitäten

Entitäten sind vorwiegend die Subjekte und Objekte in dem zu bearbeitenden Text. In der Regel sind dies aus ontologischer Sicht die Substantive (engl. *noun phrases*) und sie bestehen meistens aus einem oder mehreren Wörtern. Die wohl bekanntesten Entitäten sind die sogenannten *Named Entities,* wie Personen, Orte, Firmen, Medikamente und viele andere. Alle Subjekte, die namentlich bezeichnet werden können. Sie sind Gegenstand der Akteure in unserem Text. Es ist aber zu beachten, dass abhängig von der Domäne und des Anwendungsfalls auch Subjekte, wie Krankheiten, Medikamente, Proteinnamen, Veröffentlichungen und viele andere Aspekte als Entitäten bezeichnet werden können [156]. Nachstehenden Tab. 5.1 zeigt einen Beispieltext und die daraus abgeleiteten Entitäten:

**Tab. 5.1**  Beispiel von Entitäten in unstrukturiertem Text

| **Unstrukturierter Text** |
| --- |
| Nach Aussage von Hans Hintermüller, Vorsitzender des Unternehmens Airflock, war die Gewerkschaft Pilotenvereinigung, am Verhandlungstisch in Frankfurt nicht sehr kooperativ |
| **Annotated Entities im Text** |
| Nach Aussage von **Hans Hintermüller** <**PER**>, Vorsitzender des Unternehmens **Airflock** <**ORG**>, war die Gewerkschaft **Pilotenvereinigung** <**ORG**>, in der **Lohnverhandlung** <**Task**> in **Frankfurt** <**LOC**> nicht sehr kooperativ |
| **Extrahierte Entitäten** |
| Hans Hintermüller – Person |
| Airflock – Organisation bzw. Unternehmen |
| Pilotenvereinigung – Organisation bzw. Gewerkschaft |
| Lohnverhandlung – Task bzw. Aktivität |
| Frankfurt – Location bzw. Ort |

Im Beispiel aus Tab. 5.1 wurden die Entitäten als Elemente in einem Text extrahiert. Technisch betrachtet müssen die Stellen im Text identifiziert werden, an der die Entität beginnt und auch wieder endet (sogenannte Spans), und klassifiziert werden, um welche mögliche Entität es sich handelt. In bestimmten Textkonstellationen ist es aber auch möglich, die Identifizierung und Extraktion von Entitäten als Segmentierungsproblem zu sehen. Eine gegebene Adresse z. B. muss in ihre Bestandteile zerlegt werden und kann so identifiziert und extrahiert werden. Siehe hierzu auch Abb. 5.2.

**Beziehungen**

Neben den Entitäten kommt den *Beziehungen* große Bedeutung zu, da sie die Verbindung zwischen den Entitäten und somit die Interaktion definieren. In der Regel werden diese Beziehungen generalistisch geschrieben. Beispiele für Beziehungen zwischen Personen sind „ist Chef von" oder „ist Mitarbeiter von". Beispiele für Beziehungen zwischen Personen und Organisationen sind „ist angestellt bei" oder „kauft ein bei". Beziehungen zwischen Organisationen können beispielhaft „wird übernommen von" usw. sein. Aber auch andere Beziehungen je nach Anwendungsfall können definiert werden. So kann man auch die Bezie-

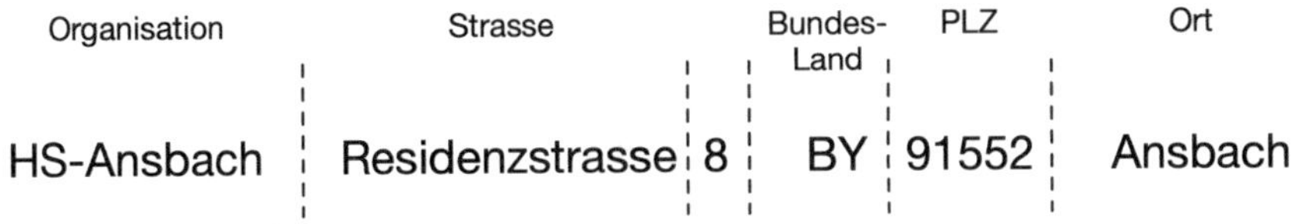

| Organisation | Strasse | Bundes-Land | PLZ | Ort |
| --- | --- | --- | --- | --- |
| HS-Ansbach | Residenzstrasse 8 | BY | 91552 | Ansbach |

**Abb. 5.2** *Entity Identification* als Segmentierungsproblem. (In Anlehnung an [156])

**Tab. 5.2** Beispiel von Relations und Entities im Text

| **Annotated Entities im Text** |
| --- |
| Nach Aussage von Hans Hintermüller <PER>, Vorsitzender des Unternehmens Airflock <ORG>, war die Gewerkschaft Pilotenvereinigung <ORG>, in der Lohnverhandlung in Frankfurt <LOC> nicht sehr kooperativ |
| **Extrahierte Entities** |
| Hans Hintermüller – Person |
| Airflock – Organisation bzw. Unternehmen |
| Pilotenvereinigung – Organisation bzw. Gewerkschaft |
| Frankfurt – Location bzw. Ort |
| **Extrahierte Relations** |
| Hans Hintermüller < **Vorsitzender von** > Airflock |
| Airflock < **in Verhandlung mit** > Pilotenvereinigung |
| Lohnverhandlung < **durchgführt in** > Frankfurt |

hung zwischen einem Produkt und dem Preis in einem Shop („hat Preis") als Beziehung definieren. Beziehungen sind häufig die Verben in einem Text und können so z. B. mit regelbasierten Verfahren identifiziert werden. Werden verschiedene Beziehungen einer Entität zu einer oder mehreren anderen Entitäten identifiziert, wird von *Multi-Way Relation Extraction* gesprochen. Hier bietet es sich an, anhand einer definierten Beziehung die notwendigen ergänzenden Entitäten im Text zu finden. Ein Beispiel hierfür wäre die *Event Extraction.* Wird im Text z. B. von der Beziehung „Eine Krankheit ist ausgebrochen" gesprochen, dann wäre eine *Multi-way Extraction* sinnvoll, da gleich unterschiedliche Beziehungen gesucht und extrahiert werden, z. B. Krankheitsname, Ort des Ausbruchs, Anzahl der betroffenen Personen, Anzahl der Verstorbenen und Tag des Ausbruches.

Tab. 5.2. zeigt mögliche Beziehungen, die aus dem unstrukturiertem Text vom Beispiel in Tab. 5.1 mit den beschriebenen Verfahren extrahiert werden können.

Ein weiteres Verfahren, um Multi-way Relations herauszufiltern, ist das *Semantic Role Labeling,* das auch als *Slot Filling* oder *Shallow Semantic Parsing* bezeichnet wird. Es hat zum Ziel, Beziehungen zwischen den Entitäten und dem Prädikat dahin gehend zu erkennen, dass bei einem gegebenen Prädikat die Rollen der Wörter bzw. Phrasen in einem Satz in Bezug auf das Prädikat identifiziert werden können. Nimmt man einen Beispielsatz wie *„Er akzeptierte die Note von seinem Professor",* würden bei gegebenem Prädikat *akzeptieren* die Bestandteile des Satzes dahin gehend untersucht werden, dass die Fragen, *wer* ist die Person, die akzeptiert, *was* wird von den Beteiligten akzeptiert und von *wem* wird akzeptiert, beantwortet werden können. *Semantic Role Labeling* fokussiert sich somit auf die Beantwortung der bekannten W-Fragen in einem Satz: wer, was, wo, wann, womit und warum [82].

**Adjektive zur Beschreibung von Entitäten**

Neben den Entitäten und den Relationen ist es oft wichtig, die Adjektive, die das Verb bzw. die Relation beschreiben, ebenfalls zu berücksichtigen. Z. B. führt die Extraktion des Subjekts *Heinz* aus dem Text *der schöne Heinz* zu einem Informationsverlust, da die Beschreibung des Subjekts nicht mitbetrachtet wurde. Es ergibt aber Sinn, dass diese Information als Attribut der Entität zugeführt wird. Ein weiteres Feld in diesem Bereich wäre das Extrahieren von zusätzlichen Informationen, die z. B. durch den Bezug von anderen Informationsquellen gewonnen werden können. Hierunter fällt z. B. die *Opinion Extraction,* bei der Bewertungen über Entitäten, wie Hotels oder Restaurants, extrahiert und als Attribut mit abgelegt werden können [196]. Die Art, wie diese Attribute abgelegt werden, kann unterschiedlich vorgenommen werden. Einerseits kann dies durch Ergänzung in dem Datenobjekt Entität direkt gemacht werden oder man bildet wieder eine Beziehung und leitet dadurch weitere Entitäten ab. In unserem Beispiel wäre dies die Beziehung *hat positive Bewertungen* und die Entität *Anzahl Bewertung.*

**Strukturen wie Listen und Tabellen**

In vielen Texten werden auch Listen oder Tabellen mit aufgeführt, in denen weitere Informationen enthalten sind. Da diese Elemente nicht so atomar sind wie Triples (Subjekt, Prädikat, Objekt) werden sie von den meisten Verfahren nicht berücksichtigt. Sollen solche Informationen ebenfalls extrahiert werden und erhalten bleiben, wird auf andere Verfahren zurückgegriffen. Hierzu zählen Verfahren zur Identifikation von Tabellen und Listen in Texten mithilfe der Dokumentenstruktur-Analyse und deren Extraktion z. B. mit *Conditional Random Fields* [134, 156].

## 5.3    IE-Systeme und deren Entwicklungshistorie

Es gibt verschiedene Arten der Informationsextraktion. In diesem Buch unterscheiden wir zwischen *klassischer Informationsextraktion* und *Open Information Extraction (OpenIE).*

Bei der klassischen IE geht es darum, domänenspezifische, klar definierte Zusammenhänge zwischen Entitäten zu extrahieren. Das heißt, die Beziehungen der im Text befindlichen Entitäten sind im Vorfeld bekannt und dementsprechend beschränkt. Sie bilden eine zugrundeliegende Ontologie für die Extraktion. Bei diesem Verfahren ist es wichtig zu verstehen, dass, bevor das Verfahren angelernt oder implementiert werden kann, zunächst der Verwendungszweck (Business-Need) klar definiert sein muss, da abhängig von diesem definiert wird, welche Entitäten und welche Relationen extrahiert werden sollen.

Bei der OpenIE wird versucht, die Relationen offen zu gestalten, sodass das NLP-Verfahren abhängig von den vorhandenen Texten die Beziehungen selbstständig identifizieren und extrahieren und so diese Form der Extraktion allgemeingültig auf verschiedene Fälle angewandt werden kann [85]. In der Literatur wird der Begriff OpenIE auch dafür verwendet, dass der zugrundeliegende Dokumentenkorpus als offen, also unbeschränkt definiert wird. Vielfach wird dies dann gleichgesetzt mit dem Zugriff auf alle Dokumente des Internets [9].

Die ersten IE-Systeme basierten ausschließlich auf manuell definierten Regeln (Rule-Based-Approaches). Da aber die manuelle Definition von Regeln -wegen der Vielfältigkeit schon innerhalb einer Sprache und mehr noch in verschiedenen Sprachen – sehr mühsam ist, wurden nach und nach Algorithmen zum automatischen Lernen von Regeln anhand von Lernbeispielen entwickelt. Aber auch das genügte nicht, da sich die Texte durch die Nutzung von Internetdaten und Social Media stark unstrukturiert zeigten. Regelbasierte Systeme – ob manuell erstellt oder automatisiert ermittelt – sind zu starr, um die notwendigen Informationen abzubilden.

In der Folge entwickelten sich zwei verschiedene statistische Lernsysteme. Das erste basierte auf einem generativen Modellansatz mithilfe von *Hidden Markov Modellen* und der andere Strang fokussierte sich stärker auf *Conditional Models* basierend auf der maximalen Entropie. Sunita Sarawagi zeigte auf, dass beide Stränge von den Conditional Models abgelöst wurden, die vorwiegend aufgrund der Conditional Random Fields bekannt sind [156]. Dennoch ist es nicht so, dass keine regelbasierten Systeme mehr zur Anwendung kommen, nein, vielmehr ist es so, dass viele der entwickelten Systeme Bausteine in neueren Verfahren sind oder als hybride Verfahren eingesetzt werden.

In den letzten Jahren wurden die bisher verwendeten Verfahren um End-to-End-Modelle basierend auf neuronalen Netzen ergänzt. Deren Vorteil ist erstens ihre erhöhte Geschwindigkeit und zweitens die enorm reduzierten Schritte innerhalb der Extraktions-Pipeline (Siehe Abb. 5.5). Nachteil an diesen Verfahren ist der enorm hohe Bedarf an Trainingsdaten, die zunächst beschafft werden müssen [63]. Viele Verfahren basieren auf einer sogenannten Sequence-to-Sequence-Architektur, bei der zunächst ein Encoder die Repräsentation der Daten vornimmt und ein Decoder sie dann in das gewünschte Zielformat transferiert (Encoder-Decoder-Architekturen). Chronologisch sind hier vor allem die Recural Neural Networks wie Long-Short-Term-Networks und die neueren Architekturen wie Transformer zu nennen. Die hier genannten Architekturen sind aber nicht nur für die Informationsextraktion einsetzbar, sondern können auch für viele andere Downstream-Tasks wie Übersetzungen oder Question-Answering Anwendung finden [63].

In unserem Kontext der Knowledge Science fokussieren wir uns primär auf die Verfahren der Open Information Extraction, wenngleich die klassischen Verfahren trotzdem einen wichtigen Teil ausmachen und als Unterstützung für OpenIE-Wissensdatenbanken dienen können. Daher halten wir es für wichtig, an dieser Stelle einen Überblick über die wesentlichen Verfahren und Architekturen von 2007 bis 2022 zu geben. (Siehe Abb. 5.3)

Die Entwicklung lässt sich in mehrere Generationen unterteilen. Die erste Gerneration von OpenIE-Systemen waren im Jahr 2007 Textrunner, im Jahr 2010 WOE und im Jahr 2011 REVERB. Alle Systeme hatten gemeinsam, dass sie auf sprachliche Metainformationen mithilfe des POS-Taggings und der Erkennung von Substantiven oder Nomen (NP) zurückgreifen (siehe Abschn. 5.4). Diese Vorgehensweise wird in der Literatur auch als Shallow Syntactic Features bezeichnet. Die zweite Generation an OpenIE-Systemen kombiniert

| System | Type of System | Author |
|---|---|---|
| 2007  Text Runner | Shallow Syntactic Information | Banko, 2007 |
| 2010  SRL-IE | Semantic SRL | Christensen, 2010 |
| 2010  WOE^parse | Deep Dependency Information | Wu and Weld, 2010 |
| 2012  DepOE | Rule-based | Gamallo et. al., 2012 |
| 2014  KG & Text Embedding | Hierachical Information | Wang et. al., 2014 |
| 2019  BERT | Semantic-BERT | Devlin et. al., 2019 |
| 2021  OHRE | Hierarchical Information | Zhang et. al., 2021 |

**Abb. 5.3** Historische Entwicklung von OpenIE von 2007 bis 2022. (In Anlehnung an [106])

nun die aus der syntaktischen Ableitung gewonnenen Features mit den Features, die über Deep-Learning-Verfahren gewonnen werden konnten. Zu dieser Gruppe gehören Verfahren wie OLLIE [159], CLausIE [35], SRL-IE [28] und OpenIE4 [113]. Die dritte Generation ist stark dominiert von den neueren Verfahren der Attention Based Models, die sich ab dem Jahr 2017 mit der Veröffentlichung von *Attention is all you need* als Transformer-Model etabliert haben [177]. Diese Art von Encoder-Decoder-Modellen dominiert momentan die Welt des Natural Language Processing und auch der Informationsextraktion. Eines der bekanntesten Transformer-Modelle in diesem Kontext ist BERT aus dem Jahr 2019. Transformer-Modelle greifen in hohem Maße auf Pretraining[1] zurück.

Da es unterschiedliche Entwicklungen von OpenIE-Systemen gibt, ist es sinnvoll, diese nach bestimmten Kategorien einzuordnen. In der Literatur finden sich dazu unterschiedliche Vorgehensweisen, insbesondere bezogen auf die zeitlichen Veränderungen. Oft wird eine Kategorisierung in regelbasierte und datenbasierte Methoden gewählt. Dabei liegt also der Fokus auf Lernverfahren in Bezug auf Datenbeispiele oder auf der Ableitung der Regeln [50]. Hier sind auch Kombinationen oder hybride Verfahren möglich. Mit der Einführung von Transformer-basierten Verfahren zeigte sich aber, dass diese Einordnung nicht ausreicht. Eine erweiterte Klassifizierung, wie in Abb. 5.4 dargestellt, die zusätzlich zu den reinen Features und Methoden auch eine Aufgaben-orientierte Betrachtung der Verfahren vorsieht, bietet einen sehr guten Überblick [106].

In Abb. 5.4 sind drei verschiedene Tasks genannt, Open Relation Triple Extraction (ORTE), Open Relation Span Extraction (ORSE) und Open Relation Clustering (ORC), die ein Versuch sind, alle vorhandenen Modelle zu gruppieren. Sie unterscheiden sich vorrangig in der Art, welcher Input verwendet wird und welche Elemente der Triple wie extrahiert werden: [106].

---

[1] Beim Pretraining werden die Modelle mithilfe großer Datensätze generisch vortrainiert und später auf den speziellen Downstreamtask mit speziellen Daten ergänzend trainiert. (Finetuning)

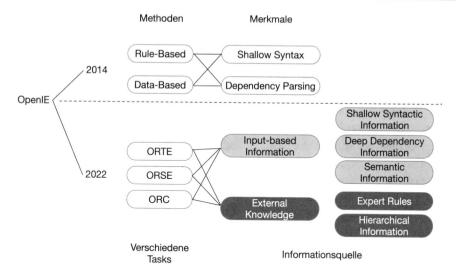

**Abb. 5.4** Kategorisierung von Open IE Verfahren. (In Anlehnung an [106])

**ORTE (Open Relational Triple Extraction)**   Verfahren, die den ORTE-Tasks zugeordnet sind, extrahieren das gesamte RDF-Triple aus einem gegebenen Inputtext. Ziel ist es also, aus einem unstrukturierten Text in einem Schritt oder auch in mehreren Schritten die RDF-Triples in der Form (entity$_1$, relation, entity$_2$) zu extrahieren. Zu den Verfahren, die in einem Zug sowohl die Entitäten als auch die Relationen extrahieren, gehören *SenseOIE, DetIE* und *OpenIE6*. Alle Verfahren dieser Kategorie sind fokussiert auf das Supervised Learning, also das Labeling von Daten, auch wenn wie bei SenseOIE versucht wird, Unsupervised Learning durch ein Vorverarbeiten der Daten mit anderen Verfahren in ein Supervised-Learning-Problem zu transferieren.

Es existieren aber auch Ansätze, die das Problem nicht als Labeling-Problem, sondern als *Sequence Generation Problem* betrachten. Hierbei werden Architekturen verwendet, die die Fähigkeit haben, eigene Wörter bzw. Elemente des Triples z. B. mithilfe einer Encoder-Decoder-Architektur zu erstellen [106]. Unter dieser Betrachtungsweise kann die Extraktion z. B. als Übersetzungsproblem Fließtext zu Triple definiert werden, sodass keine reine Extraktion stattfindet, sondern der Text in Triples transformiert wird. Die Verwendung von Sequence-Generation-Modellen hat dahin gehend den Vorteil, dass auch Elemente als Triples identifiziert werden können, die nicht direkt im Text vorhanden sind. Z. B. können aus dem Satz *„Barack Obama, ein früherer Präsident der USA, spielt gerne Golf"* auch die Triples *(Barack Obama, war, Präsident der USA)* extrahiert werden, auch wenn die Beziehung *war* nicht explizit im Text genannt wurde.

Neben solchen Ende-zu-Ende-Verfahren existieren in dieser Task-Kategorie auch Verfahren, die die Extraktion nicht in einem Schritt, sondern durch einen zweistufigen Prozess vornehmen. Z. B. können in einem ersten Schritt die Prädikate identifiziert werden und in einem weiteren Schritt z. B. durch das Sequence Labeling die zugehörigen Argumente, also Entitäten. Multi2OIE [143] z. B. ist ein solches Verfahren, das in einem ersten Schritt die Prädikate labelt oder identifiziert und in einem zweiten Schritt über alle identifizierten Prädikate iteriert, um die möglichen Verbindungen zu identifizieren [106].

**ORSE (Open Relation Span Extraction)** Im Gegensatz zu den ORTE-Verfahren liegt bei ORSE der Fokus auf der Extraktion der Satzstellen (Spans), in denen die Beziehungen stehen. Hierbei werden dem Modell sowohl die Entitäten als auch der gesamte Satz bzw. Text als Input zur Verfügung gestellt. Zu den Verfahren aus dieser Kategorie gehören z. B. das Framework QuORE, das einzelne oder mehrere passende Bereiche für die Beziehung erkennt, aber auch erkennen kann, wenn es keine Bezeichnung gibt [106].

**ORE (Open Relation Clustering)** Das Ziel des Open Relation Clustering ist, bei gegebenen Entitäten und gegebenen Sätzen die Relationen durch Clustering zu identifizieren, ohne explizit Bereiche (Spans) oder gelabelte Daten zu verwenden. Die hier vorgestellten Verfahren extrahieren keine Entitäten aus dem Text, sondern verwenden den gesamten Text und die Entitäteninformation, um ähnliche Relationen zu identifizieren und zu clustern und so die verschiedenen möglichen Kombinationen zu extrahieren [106].

## 5.4   Aufbau und Elemente einer IE-Pipeline

Im folgenden Abschnitt soll nun auf die einzelnen Komponenten einer Information Extraktions Pipeline eingegangen und anhand der generellen IE-Pipeline dargestellt werden, wie diese Elemente ineinander greifen.

Um einen Freitext nun in strukturierte Form zu bringen, sind mehrere Schritte notwendig (siehe Abb. 5.5).

Generell lässt sich die IE-Pipeline, wie viele andere Aufgaben im NLP-Bereich, in zwei Bereiche aufteilen: Das Preprocessing und die eigentliche Verarbeitung der Hauptaufgaben.

Im Preprocessing werden die vorhandenen Rohinformationen so aufbereitet, dass aus den unterschiedlichen unstrukturierten Dateiformaten, wie E-Mails oder Word- bzw. pdf-Dokumenten, der reine Text extrahiert und für den eigentlichen Task vorbereitet werden kann. Erster Schritt ist somit die Extraktion des Rohtextes, in einem weiteren Schritt werden die Rohtexte dann z. B. anhand ihrer Sätze getrennt (Segmentation), auch als *Sentence Tokenization* bekannt und jeder Satz wird einzeln weiterbearbeitet. Nach der Segmentierung folgt die Tokenisierung, auch *Word Tokenization* genannt. Ziel der Tokenisierung ist es, jeden Satz noch weiter in einzelne, kleine Fragmente, meist als Token bezeichnet, zu zerlegen. Beispielhaft kann der Text „NLP ist super." in die einzelnen Token („Wörter") unterteilt werden: „NLP", „ist", „super". Diese Vorgehensweise ist angelehnt an die Untersuchung formaler Sprachen, eine Domäne zwischen Linguistik und Informatik, die sprachlich eindeutige Strukturen untersucht. Historisch gesehen war das Ziel des Vorgehens die Zerlegung der Sprache in Token mit eindeutiger Bedeutung [133].

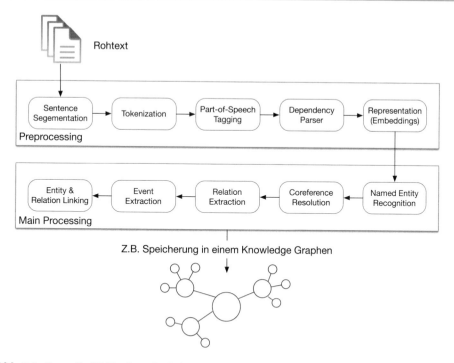

**Abb. 5.5** Generelle IE-Pipeline. (In Anlehnung an Costantino et al. [167])

Teil des Preprocessing ist es auch, ergänzende Informationen über den Satz in Form von Metadaten zu sammeln. Diese ergänzenden Informationen werden dann als Basis für die regelbasierten Ansätze und für die lernbasierten Ansätze als Merkmale (auch Features genannt) verwendet. Ein wichtiges Verfahren in diesem Bereich ist das *Part-of-Speech-Tagging (POS-Tagging),* bei dem die Wörter eines Satzes entsprechend der Definition des Wortes und dessen Kontext lexikalisch nach Kategorien (Nomen, Verb, Adjektiv) eingeordnet werden und so Rückschlüsse über deren Semantik gezogen werden können. Ergänzend zu den POS-Verfahren wird häufig auch *Dependency Parsing* verwendet, um Abhängigkeiten der Wortkategorien und damit deren grammatikalische Struktur in einem gegebenen Satz darzustellen und so auch wieder auf Metaebene Rückschlüsse auf den Inhalt des Textes liefern zu können [154].

Der letzte Schritt in der Vorverarbeitungspipeline ist die Umbildung der Wörter in ein maschinenlesbares Format. Da Maschinen nur Zahlen sinnvoll verarbeiten und rechnerisch verknüpfen können, werden die Wörter entsprechend umgewandelt. Hier greifen einfache Verfahren wie das Bag-of-Words-Verfahren, das jedem Wort eine Zahl zuordnet, oder komplexere Vorgehen wie word2Vec oder GlovE, bei denen Word-Embeddings erzeugt werden. Word-Embeddings repräsentieren die Wörter in Form von mathematischen Vektoren, die in einem mehrdimensionalen Koordinatensystem angeordnet sind und so mittels Entfernungsberechnungen Ähnlichkeiten von Wörtern abbilden können. Ähnliche Wörter werden im Raum nahe beieinander platziert [62].

Die so aufbereiteten Texte sind nun als Vektoren vorverarbeitet und können den einzelnen Verfahren der Hauptaufgaben übergeben werden, die in den folgenden Abschnitten zusammen mit gängigen Lösungsansätzen vorgestellt werden.

### 5.4.1  Named Entity Recognition

Named Entity Recognition (NER) ist eine Technik des IE zur Identifikation von Entitäten im Text. Es handelt sich um ein Verfahren, bei dem der Algorithmus eine Zeichenkette als Input nimmt und als Output die vorhandenen Substantive, in der Regel Personen, Orte oder Organisationen als solche kennzeichnet [58]. (Beispiel siehe Abb. 5.6)

Bei der Identifikation von Named Entities ergeben sich unterschiedliche Schwierigkeiten. Eine ist, wie die einzelnen Token bzw. Wörter eines Textes zusammengefasst oder ob sie isoliert betrachtet werden müssen. Z. B. kann die Entität „New York" als eine Entität erkannt werden, aber die beiden Wörter könnten auch als zwei Entitäten „New" und „York" identifiziert werden. Ein weiteres Problem ist die Mehrdeutigkeit eines Wortes und die damit verbundene Schwierigkeit, welche Entitätenklasse diesem Wort zugewiesen werden sollte. So wird es bei dem Wort „Washington" schwierig zu entscheiden, ob es eine Entität der Klassen *Ort (Location), Person,* z. B. ein Schauspieler oder eine politische Entität ist [59].

Die NER-Aufgabe kann mittels vier verschiedener Ansätze oder auch aus einer Kombination dieser Ansätze durchgeführt werden.

**Klassischer regelbasierter Ansatz**
Hier werden die Entitäten über eine semantische Regeldefinition identifiziert. Als Basis für die Regeln werden die ergänzenden Metainformationen aus der Preprocessing-Phase, wie das POS-Tagging oder das Dependency Parsing, herangezogen, um auf dieser Basis Regeln zur Identifikation der Entitäten zu definieren. Diese Regeln können dann mittels einer Suche auf den Text angewendet werden, um die Entitäten zu extrahieren.

Ein Beispiel für eine gut definierbare Regel ist z. B. die Entität „eMail". Eine E-Mail-Adresse lässt sich hervorragend mittels regulärer Expression definieren. Es handelt sich um eine Zeichenfolge, die nach einer beliebigen Anzahl an Zeichen das Symbol „@" gefolgt von einer beliebigen Anzahl an Zeichen besitzt, die wiederum mit klar bekannten Zeichen-

**Abb. 5.6**  Beispiel Named Entity Recognition

**Abb. 5.7** Extraktion von Named Entities mit Hilfe von regulären Ausdrücken. (Engl. *regular expressions* (RegEx))

ketten, nämlich der Top-Level-Domain-Kennung, endet. Die verschiedenen existierenden Domainkennungen können in einem Wörterbuch vorgehalten werden (siehe Abb. 5.7).

Die Anwendung des regelbasierten Ansatzes ist vorwiegend dann praktikabel, wenn sich Entitäten mittels Regeln genau beschreiben lassen oder wenn eine Liste der gewünschten Entitäten z. B. in Form eines Wörterbuches vorhanden sind, das eingebettet werden kann.

Ein anderes Beispiel wäre die Verwendung der Wortverbindungen und der POS-Tags. In Abb. 5.8 wird aufgezeigt, wie mittels der Regel „finde alle Pronomen eines Satzes" die einzelnen Wörter markiert und extrahiert werden können.

### Ansätze auf Basis des maschinellen Lernens

Auch hier werden wieder verschiedene Ansätze unterschieden. Einerseits lässt sich NER als Klassifikationsaufgabe mit mehreren Klassen auffassen und entsprechend mit überwachten Lernverfahren lösen. Die Trainingsdaten müssen so aufbereitet werden, dass die richtigen

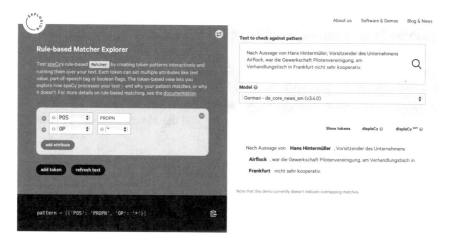

**Abb. 5.8** Extraktion von Named Entities mithilfe von POS-Tags

Textfragmente als Entitäten markiert, also gelabelt sind. Bei einer wortweisen Betrachtung muss allerdings berücksichtigt werden, dass sich der Name einer Entität aus mehreren Wörtern zusammensetzen kann. Ein gravierender Nachteil dieses einfachen Ansatzes ist allerdings, dass dabei der Kontext der Wörter, der häufig notwendig ist, um eine Entität zweifelsfrei zu klassifizieren, nicht berücksichtigt wird [58].

Eine andere Methode des maschinellen Lernens für NER ist die Verwendung von *Conditional Random Fields (CRF)*. Die CRF-Methode wird dabei als Wort-Labeler verwendet, der das aktuelle Wort auf Basis eines einzigen vorherigen Wortes vornimmt. Um dies zu erreichen, benötigt der Labeler verschiedene Features des jeweiligen Wortes. Hierunter fällt z. B. die Metainformation des POS-Taggings, aber auch die Repräsentation der Wörter mithilfe von Word Embeddings oder vordefinierte Wörterbücher liefern zusätzliche Features. Die so definierten Eigenschaften werden in einer Feature-Funktion so zusammengefasst, sodass sie im Ergebnis für jedes Wort entweder 0 für „ist keine Entität" oder 1 für eine spezifische Entität zurückgibt. So werden die einzelnen Wörter des Satzes „Apple ist cool" mit folgenden Labels [ORG 0 0] angereichert. Eine Feature-Funktion kann nun lauten, dass ein Wort immer dann, wenn es großgeschrieben ist, der Entität ORG zugeordnet und eine 1 zurückgeliefert werden soll, während alle anderen Wörter mit 0 bewertet werden. Im Verfahren der Conditional Random Fields berechnen wir nun die Wahrscheinlichkeit einer Labelkonstellation im Verhältnis zu allen möglichen Kombinationen von Labels. In dem aufgeführten Beispiel wird davon ausgegangen, dass verschiedene Named Entities definiert wurden, z. B. Personen [PER], Organisationen [ORG], Locations [LOC] usw. Um nun die Wahrscheinlichkeit einer Kombination zu ermitteln, wird für alle möglichen Kombinationen das Ergebnis der Feature-Funktionen berechnet. In unserem Beispiel für die Kombinationen [PER 0 0], [ORG 0 0], [PER, PER, PER] usw. und summiert diese auf, dies entspricht dem Nenner der Gl. 5.1. Für jede einzelne Kombination berechnen wir nun die Summe aller Feature-Funktionen als Zähler und berechnen aus beiden Elementen die Wahrscheinlichkeit P für diese Kombination. Die Kombination mit der höchsten Wahrscheinlichkeit ist dann der gelabelte Text. Damit das Verfahren der CRF überhaupt anhand Daten lernen kann, müssen Parameter vorhanden sein, wie z. B. der Gewichtungsfaktor. Dieser Faktor $w_j$ der auch in der Formel 5.1 zu sehen ist, ist der Part, mittels dem das Verfahren des maschinellen Lernens dann auch tatsächlich lernt. Anhand der Datenbeispiele werden während der Trainingsphase diese Gewichtungsfaktoren angepasst, sodass die Feature-Funktion, die am besten passt, auch ein höheres Gewicht bekommt und die Maschine somit aus Daten lernt [59].

$$p_\theta(y|x) = \frac{\exp\left(\sum_j w_j F_j(x, y)\right)}{\sum_{y'} \exp\left(\sum_j w_j F_j(x, y')\right)} \tag{5.1}$$

mit

$$F_j(x, y) = \sum_{i=1}^{L} f_j(y_{i-1}, y_i, x, i) \qquad (5.2)$$

**Deep-Learning-Ansätze**

Während bei den Ansätzen des maschinellen Lernens die Identifikation und der Aufbau von geeigneten Feature-Funktionen manuell vorgenommen wird, werden bei Deep-Learning-Verfahren die Features durch die verschiedenen Architekturen identifiziert. Zu den gängigsten Architekturen gehören bidirektionale LSTM-(Long-Short-Term-Memory)-Netze und Transformer-Architekturen. (Siehe Abb. 5.9)

Die Deep-Learning-Ansätze haben mehrere Vorteile gegenüber den vorher dargestellten Verfahren. Sie bieten die Möglichkeit, die Eingabedaten nicht linear auf das gewünschte Ergebnis abzubilden. Dies hilft, um komplexe Features zu identifizieren und zu lernen. Ein weiterer Vorteil ist die Ersparnis an Zeit und Ressourcen durch den Wegfall des manuellen Feature Engineering. Aber sie sind wesentlich komplexer und damit wesentlich zeitintensiver beim Trainieren und sie sind wesentlich weniger transparent [104].

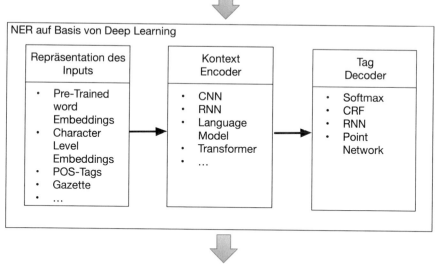

**Abb. 5.9** Deep Learning Ansätze für das NER. (In Anlehnung an [104])

## 5.4.2 Coreference Resolution

Wie schon erwähnt, betrachten wir bei der Extraktion von Informationen aus Texten häufig nur die individuellen Sätze. Im Preprocessing wird der Text in einzelne Sätze zerlegt (Siehe Abb. 5.5). Dies führt aber häufig zu Schwierigkeiten, da nicht in jedem Satz die Named Entities direkt benannt sind. Beispielhaft würde bei einer isolierten Betrachtung der einzelnen Sätze im folgenden Text – *Manfred Maller ist der Präsident der Hochschule. Er ist zusammen mit Tanja Meier ebenso Leiter des Forschungsclusters. Sie arbeitet an anderen Themen als er.* – die Information, wer er und sie ist, verloren gehen. Die Aufgabe des Task Coreference Resolution ist es nun, diese Pronomen bzw. die Umschreibungen zur Named Entity im gesamten Text aufzulösen. Der aufgelöste Text würde lauten:*Manfred Maller ist der Präsident der Hochschule. Manfred Maller ist zusammen mit Tanja Meier ebenso Leiter des Forschungsclusters. Tanja Meier arbeitet an anderen Themen als Manfred Maller.* Das Ergebnis kann nun in Sätze segmentiert werden, ohne dass Informationen verloren gehen.

Die Identifikation aller Pronomen im Text, die sich auf die Named Entity beziehen, wird meistens mittels Verfahren zugeordnet. Aber bevor die unterschiedlichen Nomen und Pronomen im Text geclustert werden können, müssen sie zunächst identifiziert werden. Mit den Verfahren der Mention Detection, das wiederum auf die Verfahren der Named Entity Recognition zurückgreift, ist es möglich, drei wesentliche Informationen im Satz zu identifizieren: die Entitäten, die Pronomen und substantivische Ausdrücke wie *ein, mit ihr* oder andere. Sobald alle relevanten Elemente eines Textes erkannt wurden, wird in einem zweiten Schritt mit dem Mention Clustering pro Named Entity ein Clusterverfahren angewandt, um so die passenden Pronomen und substantivischen Ausdrücke einer Entität zuzuordnen. In dem obigen gezeigten Beispiel würden die Wörter *Manfred Maller, Tanja Meier, er* und *sie,* im ersten Schritt identifiziert und im zweiten Schritt zwei Cluster gebildet werden, wobei der Cluster für die Named Entity *Manfred Maller* zusätzlich das Pronomen *er* und der zweite Cluster für die Entität *Tanja Meier* das Pronomen *sie* zugeordnet bekommen würde.

Um die *Coreference Resolution* anzuwenden, kommen verschiedene Modell-Typen zur Anwendung. Es wird in vier verschiedene Modelltypen unterschieden.

1. Regelbasierte Modelle
2. Mention-Pair Modelle
3. Mention-Ranking Modelle
4. Clusterbasierte Modelle

**Regelbasierte Modelle**
Eines der ersten regelbasierten Systeme, um Pronomen aufzulösen, wurde 1976 von Jerry Hobbs (heute unter dem Begriff Hobbs Algorithmus) entwickelt. Dieser Algorithmus basiert auf der syntaktischen Struktur eines Satzes, der auch in Form eines Baumes dargestellt werden kann. Die Idee, die Hobbs aufgebracht hat, war, Regeln zu definieren, um eine Auflösung

des Pronomens zu gewährleisten und diese dann mit einer Suchstrategie in den syntaktischen Satz-Bäumen abzubilden. Regeln waren z. B., dass das Bezug nehmende Nomen nicht rechts vom Pronomen und nicht zu viele Wörter weit links entfernt stehen konnte, sowie die Tatsache, dass Entitäten vom Typ Subjekt mit größerer Wahrscheinlichkeit das Bezug nehmende Element sind als Objekte in einem Satz. Eine andere Regel war, dass sobald es sich um ein nicht reflexives Pronomen handelt, der zugehörige Bezug nicht im gleichen Satzteil (Syntaktischer Baum) stehen kann. Alle Nomen, die nun in diesem Baum gefunden werden, werden sofort abgelehnt. Mittels solcher Regeln hat Hobbs ein Coreference-Resolution-System aufgebaut, das erstaunlich gut funktionierte und zeigte so die Vorgehensweise von regelbasierten Systemen auf [157].

**Mention-Pair-Modelle**

Ein Mention-Pair-Modell zählt zu den überwachten Ansätzen, da die Modelle mit Datensätzen trainiert werden, bei denen in den gegebenen Sätzen die Named Entities und ihre referenzierenden Pronomen gelabelt sind. Die Modelle basieren auf der Idee eines binären Klassifikators, der immer paarweise mögliche Kandidaten betrachtet und klassifiziert, ob diese koreferent sind oder nicht. Es ist somit eine Schwarz-Weiß-Betrachtung dieser Kandidaten. (Siehe Abb. 5.10)

Die Modelle haben einige Nachteile, wie z. B. den Umgang mit nicht ausgeglichenen Klassen. Da es wesentlich mehr Wortpaare in einem Satz bzw. Text gibt, die nicht koreferent als koreferent sind, ergibt sich ein gewisses Ungleichgewicht der beiden Klassen im Trainingsdatensatz. Des Weiteren ergibt sich das Problem, dass bei der Anwendung von Mention-Pair-Modellen eine mehrstufige Entscheidung, wann ein Wort zu einem anderen koreferent sein kann, nicht abgebildet werden kann und so Informationen, die gegebenenfalls zu einer besseren Entscheidung führen, im Modell nicht berücksichtigt werden [79].

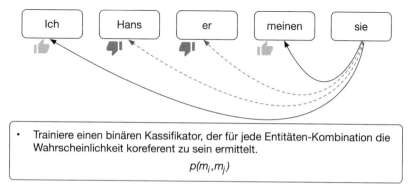

**Abb. 5.10** Funktionsweise eines Mentioned-Pair-Modells. (In Anlehnung an [67])

**Mention-Ranking-Modelle**

Ein weiterer Ansatz ist die Verwendung von Mention-Ranking-Modellen. Im Unterschied zu den Mention-Pair-Modellen werden hier alle zu betrachtenden Paare mit einem Wahrscheinlichkeitsscore versehen und das Modell wählt am Ende das Paar aus, das die höchste Wahrscheinlichkeit für zusammenhängende Entitäten hat. Die Ermittlung dieser Wahrscheinlichkeit kann nun wiederum mittels unterschiedlicher Verfahren erfolgen. Hierunter zählen z. B. einfache neuronale Netze, aber auch komplexere Modelle wie Bi-LSTM-Netze oder Transformer kommen hier zur Anwendung, meist bezeichnet als End-to-End-Modelle [67]. Bei End-to-End-Modellen ist die Idee, dass die Vorverarbeitung auf ein Minimum reduziert wird, hier z. B. wird auf das Parsen und Taggen des Textes verzichtet, da das Netzwerk anhand des Textes alle Schritte auf einmal identifizieren und durchführen kann. In einem Paper mit dem Titel *End-to-end Neural Coreference Resolution* von Lee et al. wurde ein derartiges Modell für die Coreference Resolution vorgeschlagen. In dieser Architektur basierend auf einem Bidirektionalen LSTM-Netz durchläuft der Text mehre Ebenen, um am Ende einen Wahrscheinlichkeitsscore für jeden Teil des Satzes zu erhalten, mittels dem die Koreferenz bewertet werden kann. Zu den Ebenen gehört die Repräsentation der einzelnen Worte oder Buchstabenkombinationen in Form von *Word* oder *Character Embeddings,* die Zusammenführung einzelner Wörter zu sogenannten Spans (also Wortbereichen) und die Mention Score. Aufbauend auf Mention Score und Antecedent Score wird dann der Coreference Score ermittelt [100]. (Siehe Abb. 5.11)

**Clustering-basierte Modelle**

Wie eingangs erwähnt, ist die Identifikation aller möglichen Beziehungen in einem Text ein Clusterproblem und kann dementsprechend auch mittels Clustering-basierter Modelle ermittelt werden. [30] Wenn einzelne Pronomen und Named Entities in einem ersten Schritt als sogenannte Singleton Cluster (ein Cluster mit nur einem Element) festgelegt werden, dann können in agglomerativer Weise immer die nächsten Cluster zusammengefasst werden. Für einen Algorithmus ist es leichter, Cluster-Paare als Mention-Paare zu bewerten.

## 5.4.3  Relation Extraction

Nachdem alle Entitäten im Text identifiziert und mittels Coreference Resolution aufgelöst wurden, kann nun die Verbindung zwischen den Entitäten betrachtet werden. Zu beachten ist aber, dass in der Regel die Beziehung zwischen Subjekt und Objekt nicht über mehrere Sätze hinweg betrachtet wird, sondern dass bei den meisten Verfahren die Verbindung in ein und demselben Satz identifiziert werden kann. Eine weitere Annahme, die hier getroffen wird, ist, dass zunächst der Spezialfall „binäre Beziehungen zwischen Entitäten" betrachtet wird. Unter dieser Annahme wird ein Großteil aller Relationen abgedeckt. Hierzu gehören die sozialen Beziehungen zwischen Personen, Beschreibungen, Tätigkeit oder andere. Diese Annahme erleichtert die Identifikation von Beziehungen [121].

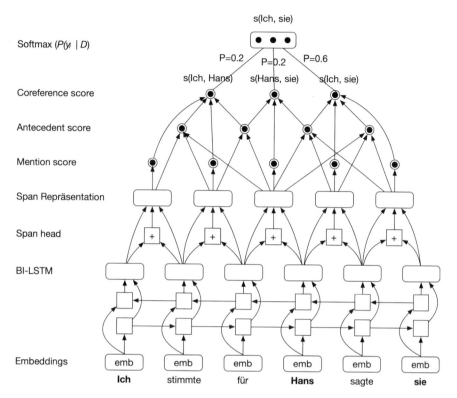

**Abb. 5.11** Funktionsweise des Bi-LSTM für Coreference Resolution. In Anlehnung an [67]. Aufgrund der Übersichtlichkeit wurden nicht alle Verbindungen eingezeichnet

Um nun die Relationen zu identifizieren, kann wieder – ähnlich wie bei den beiden Tasks zuvor – auf verschiedene Verfahren zurückgegriffen werden. In diesem Fall sind das regelbasierte Patterns, Supervised Learning und Semi-Supervised Learning.

**Regelbasierter Ansatz**

Unter Beachtung des regelbasierten Ansatzes könnten die beiden Sätze *Manfred lebt in Ansbach seit 2003* und *Manfred lebt seit 2003 in Ansbach* über einen Dependency Tree wie folgt dargestellt werden:

Anhand der Abb. 5.12 ist ersichtlich, dass der Pfad von „Manfred" und „Ansbach" über die Verbindungen „lebt in" hergestellt werden kann. Auf diese Weise könnte eine einfache Regel definiert werden, die (Entität$_1$, lebt in, Entität$_2$) lauten könnte. Auf diese Weise lassen sich viele Verbindungen, die analog aufgebaut sind, extrahieren. Abweichungen benötigen wieder eine eigene Regel. Es ist ersichtlich, dass ein regelbasiertes System den Nachteil hat, dass viele unterschiedliche Regeln aufwendig manuell identifiziert und erzeugt werden müssen [121].

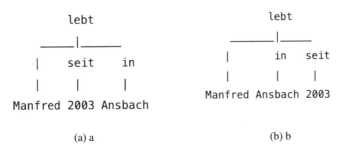

(a) a                                   (b) b

**Abb. 5.12** Dependency Tree für Beispielsätze. (In Anlehnung an [121])

**Überwachte Ansätze**

Da das Erstellen der Regeln ein sehr zeitaufwendiges Verfahren ist, können auch hier Verfahren des Supervised Learning zum Ansatz kommen. Hierfür ist es notwendig, einen Textkorpus so aufzubereiten, dass in den vorhandenen Sätzen sowohl die Named Entities als auch die Relationen als Label definiert sind. Damit Algorithmen die Chance haben, mögliche Regeln aus dem Text zu extrahieren, also zu lernen, ist es notwendig, mögliche Merkmale aus dem Text zu extrahieren. Merkmale können Part-of-Speach-Tags sein, aber auch Informationen aus dem Dependency Tree können als Inputdaten dem Lernalgorithmus zur Verfügung gestellt werden. Beispielhafte Verfahren, um einen Klassifizierungsalgorithmus zu lernen, können Support-Vector-Maschinen, Entscheidungsbäume oder andere Verfahren sein. Bei dieser Vorgehensweise wird die Extraktion der Beziehungen zueinander über mehrere Stufen abgeleitet. Zunächst werden die einzelnen Merkmale ermittelt und in einem weiteren Schritt die Relationen extrahiert. Auch hier setzen neuere Modelle des Deep-Learning und insbesondere die Transformermodelle an, dass die verschiedenen Schritte in einem einzelnen Modell End-to-End antrainiert werden können und so auch die Merkmalsfindung (Feature-Engineering) automatisiert werden kann. Nachteil der Anwendung von State-of-the-Art (SOTA) Deep-Learning-Modellen ist, dass diese eine viel größere Datenmenge an gelabelten Daten benötigen, um sinnvolle Ergebnisse liefern zu können.

**Semi-Supervised und Active Learning**

Ein großer Nachteil bei der Anwendung von Supervised Learning ist, dass eine große Menge von annotierten Daten vorhanden sein muss. Gerade im Bereich der Relation Extractions müssen die Subjekte, die Objekte und deren Beziehung manuell gelabelt werden. Und gerade die Verwendung von End-2-End-Deep-Learning-Modellen, die eine hohe Erkennungsrate aufzeigen, erfordern eine noch größere Anzahl an annotierten Daten. Das Annotieren solcher Daten ist einerseits ein sehr zeitaufwendiger Prozess, der auch sehr fehleranfällig ist, und andererseits ein großer Kostenfaktor. Um diesen Aufwand zu reduzieren und die nötige Menge an Daten für die Verfahren basierend auf Supervised Learning zu erzeugen, wird auf das Bootstraping, eine Methode des Semi-Supervsied Learning, zurückgegriffen (siehe Abschn. 3.2.3). Hierbei wird z. B. mittels eines regelbasierten Ansatzes zunächst ein großer

Textkorpus vorannotiert, um dann diesen so annotierten Textkörper als Basis für das Trainieren des eigentlichen Modells zur Informationsextraktion zu verwenden. Eine andere Möglichkeit, den Aufwand des Annotierens zu reduzieren, ist die Anwendung von Distant Supervision, bei dem neben dem gelabelten Textkorpus eine weitere Quelle, z. B. ein Wörterbuch oder Ähnliches, vorhanden ist, mittels der die Entitäten im Originaldokument gefunden werden können. Liegen zum Beispiel Texte einer Organisation und ein Verzeichnis aller Mitarbeiter vor, kann dieses Verzeichnis verwendet werden, um die Entitäten in den Texten zu markieren.

Einen Schritt weiter geht das Active Learning, das als Basis Daten mit einer geringen Anzahl an gekennzeichneten Instanzen nimmt und mittels eines Klassifikators definiert, welche gelabelten Daten im Text den höchsten Informationsgewinn für das Antrainieren des Zielmodells bringen, wenn diese gelabelt wären. Die so identifizierten Daten werden dann einer Expertin oder einem Experten zum Labeln vorgelegt. Dieser Prozess wird so lange wiederholt, bis die gewünschte Leistung des Zielmodells erreicht ist [121].

### 5.4.4 Event Extraction

Neben den klassischen Vorgehensweisen existieren noch weitere Extraktionsverfahren, die helfen, spezielle Informationen im Text zu identifizieren und zu extrahieren. Bei der *Temporal Information Extraction* geht es um die Extraktion von Zeitinformationen, also Datum und Uhrzeit oder andere Zeitangaben, wohingegen es sich bei der *Event Extraction* um das Sammeln von Wissen über regelmäßig auftretende Ereignisse in Texten handelt. Ziel des automatischen Sammelns dieses Wissens ist nicht nur die Identifikation des Ereignisses selbst, sondern auch die Ermittlung, *was* passiert ist und *wann* es passiert ist. Somit spielt Temporal Information Extraction auch bei Event Extraction eine Rolle. Aber auch die schon bekannten Verfahren wie die *Coreference Resolution* müssen hier als *Event Reference Resolution* zur Anwendung kommen, da häufig Informationen eines Events nicht nur in einem isolierten Satz zu finden sind.

Im Gegensatz zur *Relation Extraction,* bei der die Beziehungen zwischen den Entitäten binär und dementsprechend leicht zuweisbar sind, können Event-Beziehungen zwischen einer Vielzahl von Subjekten und Objekten auftreten. Eine weitere Besonderheit ist die Festlegung, ob ein Event sehr isoliert betrachtet oder ob von einem Event gesprochen wird, das mehrere Subevents beinhaltet. So besitzt ein Verkaufsevent verschiedene Unterereignisse, von der Produktauswahl, der Verhandlung bis zum Zahlungsprozess. Jede dieser Aktivitäten könnte als eigener Event modelliert werden, falls es notwendig ist auf diese Detailinformation zuzugreifen. Wird diese Information nicht benötigt, würde es ausreichen, nur den übergreifenden Event (den Verkauf) zu modellieren und hierfür die nötigen Daten einzusammeln. Die Struktur zusammengefasster Szenarien nennt man Szenarien-Template. Szenarien wiederum können als eine Hauptbeziehung mit vielen ergänzenden Argumenten, den Subevents, oder mittels eigener Beziehungen modelliert und extrahiert werden [121].

Auch in diesem Verfahren werden verschiedene Formen für die Umsetzung des Event Extractions verwendet. Events können mittels Expertenwissens auf Basis von Regelpatterns definiert werden, aber auch ein datenorientierter Ansatz mittels Machine Learning und Deep Learning kann zur Anwendung kommen und selbst mit der Kombination aus Regeln und datenorientierter Betrachtung kann durch das Semi-Supervised Learning die Performance verbessert und auch der Aufwand für die Datenbeschaffung reduziert werden. (Es sei auf das Abschn. 5.4.3 verwiesen.)

## 5.4.5   Named Entity und Relationship Linking

Wenn das Ziel ist, dass die extrahierten Informationen in einer Datenbank oder in einem Knowledge Graph als Wissensbasis abgelegt werden sollen, ist es wichtig, dass Entitäten und Relationen, die in mehreren Texten vorkommen, auch in der Datenbank den gleichen Entitäten zugeordnet werden. Für diesen Zweck werden die Verfahren des Entity- und Relationship-Linkings eingesetzt. Ziel dieser Verfahren ist es, die Entitäten und Beziehungen mit einer eindeutigen Identifikations-ID zu versehen und diese gemeinsam mit der Bezeichnung in der gewünschten Datenbank abzulegen [165]. Eine der bekanntesten offenen Wissensbasen, die gerne für das Entity Linking verwendet werden, ist DBPedia, eine auf Wikipedia basierende strukturierte Datenbasis. Auch dieses Verfahren ist nicht trivial, da die Entitäten oder Relationen in verschiedener Schreibweise existieren können und der sprachtypischen Mehrdeutigkeit unterliegen. Washington z. B. kann sowohl Stadt, Staat, Vorname als auch Nachname sein. Eine Entität *George Washington* sollte beim Entity Linking nun so mit einer ID versehen werden, dass in allen Dokumenten und Texten die beiden Wörter immer mit dieser ID versehen werden. Dieses Erstellen von IDs und auch die Recherche vorhandener IDs in bestehenden Datenbanken wie DBPedia ist Aufgabe des Entity Linkings.

Prozessual besteht ein Entity-Linking-System aus drei wesentlichen Prozessschritten: [165]

1. **Candidate Entity Generation** – In diesem Schritt versucht das System eine Anzahl an möglichen Kandidaten mit den zugehörigen IDs aus der Wissensbasis zu filtern, die für die Entität passen könnten.
2. **Candidate Entity Ranking** – In einem weiteren Schritt werden die gefilterten Kandidaten nun sortiert, sodass der Kandidat mit der höchsten Wahrscheinlichkeit für eine passende Zuordnung identifiziert werden kann.
3. **Unlinkable Mention Prediction** – Das letzte Modul nimmt nun den Kandidaten aus dem vorhergehenden Schritt und prüft, ob dieser wirklich zu der Entität passt. Wenn nicht, wird er verworfen. Dieses Modul soll sicherstellen, dass nicht immer sofort eine Verbindung hergestellt wird, sondern nur, wenn die Verbindung wirklich korrekt ist.

**Abb. 5.13** Unteraufgaben der Informationsextraktion. (In Anlehnung an [2])

## 5.5 Informationsextraktion aus anderen Quellen

Die in diesem Kapitel dargestellten Verfahren der Informationsextraktion fokussieren sich vorwiegend auf die Extraktion von Wissensfragmenten aus Texten. Dies ist aber nicht der einzige Bereich, in dem Informationsextraktion zur Anwendung kommt. In Abb. 5.13 ist zu sehen, dass Informationsextraktion sowohl bei Texten als auch bei Bildern, Videos und Audio verwendet wird [2] – dann allerdings mit anderen Ansätzen.

Eine Extraktion bei Bildern hat z. B. zum Ziel, Texte in den Bildern, visuelle Beziehungen oder Objekte zu erkennen. Ein Beispiel dafür ist die Gesichtserkennung. Für Videos gelten die gleichen Anwendungen wie für Bilder, allerdings ergänzt z. B. um die automatische Zusammenfassung des Videos. Im Audiobereich helfen Verfahren der Informationsextraktion, z. B. aus Audiodateien Texte zu generieren, also die automatische Spracherkennung. Aber auch die Identifikation von Ereignissen in Audio-Dateien, wie z. B. ein Signalwort zur Aktivierung eines Assistenten sind Anwendungen, die in den Bereich der automatisierten Informationsextraktion fallen. Die hier aufgeführten Verfahren liefern als Ergebnis meistens einen unstrukturierten Text, der wiederum durch die unter 5.4 beschriebene Pipeline geführt werden muss, um strukturiert ausgewertet werden zu können [2].

# Wissensrepräsentationen

**6**

**Zusammenfassung**

Ein wichtige Komponente bei der Entwicklung und Anwendung kognitiver Assistenzsysteme ist die Wissensrepräsentation. Sie dient dazu, Informationen und deren Verknüpfungen, die wir als Wissen bezeichnen, zu modellieren und auf diese Weise formal automatisierbar von Maschinen verwertbar zu machen. Dabei wird vor allem auf Ontologien in Kombination mit Wissensgraphen zurückgegriffen. Dieses Kapitel gibt daher einen Einblick in Bedeutung und Erstellung von Ontologien sowie Aufbau und Anwendungsmöglichkeiten von Wissensgraphen.

## 6.1 Ontologien

In diesem Kapitel wird auf Ontologien eingegangen. Zunächst soll die Frage geklärt werden, was eine Ontologie ist. Anschließend wird erläutert, wo und warum Ontologien eingesetzt werden sollten. Abschließend wird dargestellt, wie Ontologien modelliert werden können.

### 6.1.1 Was ist eine Ontologie?

Wird der Begriff Ontologie in seiner klassischen Bedeutung benutzt, handelt es sich um eine Disziplin aus der theoretischen Philosophie, die sich mit der Lehre vom Sein als solchem beschäftigt, auch allgemeine Metaphysik genannt. Dabei befasst sich die Ontologie mit der Strukturierung von Entitäten in Kategorien und wie diese Entitäten auf fundamentalen Ebenen existieren [20, 116].

Aus Sicht der Informationsverarbeitung bekamen Ontologien mit dem Aufstieg des World Wide Webs eine große Bedeutung, da viele Informationen in Kategorien strukturiert werden mussten. So sind die anfänglichen Webseitenverzeichnisse z. B. *Yahoo!,* die Webseiten zur

© Der/die Autor(en), exklusiv lizenziert an Springer Fachmedien Wiesbaden GmbH, ein Teil von Springer Nature 2023
C. Lanquillon und S. Schacht, *Knowledge Science – Grundlagen,*
https://doi.org/10.1007/978-3-658-41689-8_6

besseren Auffindung thematisch kategorisiert und strukturiert haben, aber auch Produkt-
verzeichnisse wie Amazon.com eine Art von Ontologien. 1999 wurde durch das WWW-
Consortium (W3C) das Resource Description Framework (RDF) entwickelt, das ermöglicht,
Informationen insbesondere von Webseiten strukturiert für Maschinen in Form von Triples
verarbeitbar zu machen [128]. Triples sind eine Möglichkeit, Entitäten mit ihrer Beziehung zueinander abzuspeichern (Subjekt, Beziehung, Objekt). Diese Triple sind dann auch
wesentlicher Teil der später dargestellten Wissensgraphen. Es handelt sich bei Ontologien
aus Sicht der Informationsverarbeitung um eine strukturierte Wissensrepräsentation.

Eine Ontologie ist eine beschreibende Sprache, die eine explizite formale Spezifika-
tion von *Konzepten,* auch *Klassen* genannt, und deren Beziehungen zueinander darstellt.
Ontologien sollen helfen, die Komplexität unstrukturierter Informationen zu reduzieren.
Bei der Beziehungsmodellierung erfolgt dies etwa durch Hierarchien und Taxonomien. Auf
diese Weise können domänenspezifische Ontologien von Experten für die standardisierte
Bereitstellung und auch einheitliche Erstellung von Informationen herangezogen werden.
So wurde schon 2001 von Michael Stearns, Kent Spackmann und Amy Wang ein großes,
standardisiertes medizinisches Vokabular (SNOMED) entwickelt [168, 172]. Eine Ontologie definiert dabei ein gemeinsames Vokabular für die Anwender, die sich in einer Domäne
austauschen müssen, oder reichert bestehende Informationsstrukturen mit Hintergrundwissen, wie die inhärente Beziehung zwischen Klassen, an. Wesentlicher Teil der Ontologie ist
die Möglichkeit, dass die abgelegten Definitionen für Entitäten und Beziehungen aufgrund
der beschreibenden Struktur durch die Ontologie selbst von Maschinen und Algorithmen
automatisiert ausgewertet werden können.

### 6.1.2   Warum sollten Ontologien verwendet werden?

Drei Gründe sprechen dafür, warum Ontologien entwickelt und verwendet werden sollten: [131]

1. *Um ein einheitliches Verständnis über die Struktur der abgelegten Informationen zu*
   *erlangen.* Wenn zum Beispiel mehrere Internetseiten ähnliche Informationen oder Services anbieten und wenn diese sich nun auf eine einheitliche Ontologie einigen würden,
   wäre es möglich, dass die Information von diesen Seiten mittels Software-Agenten aus-
   gelesen, aggregiert und zur automatisierten Entscheidungsfindung herangezogen werden
   könnten.
2. *Um Domänenwissen wiederverwenden zu können.* Eine gut strukturierte Ontologie macht
   es möglich, dass z. B. kleinere, noch spezifischere Ontologien in eine Informationswelt
   eingebettet und so mit dem schon vorhandenen allgemeineren Wissen verknüpft werden
   können. Die so definierten spezifischen Ontologie-Fragmente können zwischen Domä-

nen oder Anwendungen ausgetauscht werden, so dass nicht jeder das Rad neu erfinden muss. Ein Beispiel für ein solches Schema ist Schema.org[1].

3. *Und um eine Analyse von Domänenwissen zu ermöglichen.* Gerade in der Anwendung der Wissensverarbeitung und auch des Aufbaus von Wissensbasen (engl. *knowledge bases*) ist es wichtig, dass eine automatisierbare Auswertung ermöglicht wird und so die in der Ontologie abgelegten Informationen verwertet werden können. Ergänzend ermöglichen Ontologien nicht modelliertes Allerweltswissen zu verwenden, ohne dies explizit in der Wissensbasis gespeichert zu haben. Beispielhaft könnte in einer Datenbasis das Triple [Hans][vater_von][Tom] abgelegt sein. Eine Abfrage, die alle familiären Beziehungen zu Hans ausgeben soll, liefert diese Tripple aber nur dann, wenn die Hierarchie (Ontologie) Familie, beispielsweise mit den Unterklassen Vater und Tochter, hinterlegt ist und so eine Zuordnung des Triples zum Term „familiäre Beziehung" ermöglicht wird.

Die hier aufgeführten Informationen zeigen auch, dass es nicht das Ziel ist, eine Ontologie um der Ontologie willen zu definieren. Vielmehr besteht das Ziel darin, bestehende Daten und Informationen so zu strukturieren, dass diese wiederum für andere Programme, Personen, Software-Agenten, ergänzt um Metainformationen, wiederverwertbar gespeichert und ausgewertet werden können.

## 6.1.3   Wie können Ontologien modelliert werden?

Wir wissen inzwischen, dass Ontologien aus Konzepten oder Klassen einer Domäne bestehen. Jedes Konzept hat Eigenschaften, die als Attribute das Konzept beschreiben, und Restriktionen. Jede Klasse kann hierarchisch in Unterklassen aufgeteilt werden, ähnlich der objektorientierten Programmierung, und es ergibt sich dadurch eine vernetzte Struktur an Klassen. Ergänzend besitzt eine Ontologie eine Definition möglicher Beziehungen zwischen den Klassen. Insgesamt bildet die Ontologie die Metainformation, wie die Daten in einer Domäne zusammenhängen und wie sie beschrieben werden können. Informationen, die nun in Form einer Ontologie gespeichert werden, instanziieren jeweils ein Konzept oder eine Klasse.

Die so definierte Ontologie, also hierarchische Beschreibung möglicher Klassen und Unterklassen, sowie deren Ergänzung um Eigenschaften und Restriktionen, und die daraus gebildeten Instanzen ergeben zusammengefasst eine strukturierte Wissensbasis [128]. Sie sind ebenso eine Repräsentation der Wirklichkeit.

Beispielhaft kann eine Klasse *Wein* angelegt werden, die alle Weinarten repräsentiert. Es kann nun ein spezifischer Wein sein, etwa ein *Bordeaux-Wein,* der als Instanz der Klasse Wein angelegt wird. Aber es könnten auch Unterklassen Weißwein, Rotwein, Rosé u. a. gebildet werden, und der Wein auf Basis dieser Klassen instanziiert werden. Nun könnten noch weiter

---

[1] https://schema.org

Klassen wie das Weingut angelegt und eine Verbindung zwischen der Instanz *Bordeaux-Wein* und einem Weingut z. B. *Château Lafite Rothschild in Pauillac* mit der Bezeichnung *hergestellt von* definiert werden [128].

Wichtig zu verstehen ist, dass es keine eindeutig *korrekte* Weise gibt, eine Ontologie zu definieren. Vielmehr ist die Ontologie insbesondere abhängig von der Domäne, der Frage, die bearbeitet werden soll, und dem Anwendungszweck. Trotzdem bieten sich ein paar standardisierte Regeln oder Vorgehensweisen an, die bei der Erstellung von eigenen Ontologien immer wieder vor Augen geführt werden sollten [128]:

1. Es gibt nicht den einen richtigen Weg, eine Domäne zu modellieren – vielmehr existieren mehrere begründete Alternativen. Die beste Lösung hängt ganz stark vom Anwendungszweck ab.
2. Die Entwicklung von Ontologien ist kein einmaliger Prozess, vielmehr werden Ontologien in Form von iterativen Prozessen entwickelt.
3. Konzepte oder Klassen in Ontologien sollten sich auf physische und logische Objekte beziehen. Relationen sollten sich auf die Verbindung dieser Objekte konzentrieren. Meist sind Objekte die Nomen im Text, während die Relationen durch die Verben eines Satzes umrissen werden.

Der Prozess der Ontologieerstellung ist ein iterativer Prozess, der sich an dem Lebenszyklus einer Ontologie selbst orientiert:

**Schritt 1: Bestimmung der Domäne und ihres Anwendungszwecks**
Für den Aufbau einer Ontologie ist es wichtig, die Domäne, in der die Ontologie Anwendung finden soll, zu definieren und klar die Anwendungsziele, die erreicht werden sollen, herauszuarbeiten. Dabei kann auf vier einfache Fragen zurückgegriffen werden [128]:

- Für welche Domäne wird die Ontologie entwickelt?
- Wofür soll die Ontologie Anwendung finden?
- Welche Fragetypen sollen mit der Ontologie beantwortet werden?
- Wer ist Anwender der erstellten Ontologie?

Die hier aufgeführten Fragen zeigen auf, dass der Prozess der Ontologieerstellung ein Anwendungsfall bezogener Prozess ist und so für das gleiche Themengebiet aufgrund des Anwendungsbezugs unterschiedliche Ontologien definiert werden könnten. So kann eine Ontologie für einen Assistenten für Studierende, der das Ziel hat, über Studiengänge zu informieren, andere Klassen enthalten, als eine Ontologie, die für einen Assistenten zur Klausuranmeldung erstellt wurde. Auch der Umfang, also die Anzahl der Klassen und Attribute, und der Detaillierungsgrad sind von diesen Fragen abhängig.

Eine weitere Möglichkeit, den Anwendungszweck zu umreißen und daraus die nötigen Klassen abzuleiten, ist die Verwendung von *Kompetenzfragen*. Diese Methode ist von

Grunninger und Fox 1995 herausgearbeitet worden und greift die Idee auf, dass diese Kompetenzfragen als eine Anforderung gesehen werden können, die eine Ontologie beantworten muss [57, 173]. Mittels dieser Kompetenzfragen kann nun eine neue Ontologie aufgebaut oder eine bestehende auf Passgenauigkeit überprüft werden, also ob sie die Kompetenzfragen beantworten kann. Ein Beispiel hierfür wäre die Frage „Welche vegetarische Pizza gibt es, die keine Oliven hat?". Diese Frage impliziert, dass in der Ontologie das Wissen über unterschiedliche Toppings und deren mögliche Kombination vorhanden sein muss [173].

**Schritt 2: Wiederverwendung bestehender Ontologien**
Sobald die Domäne und die Anwendung klar definiert ist, ist es sinnvoll, zunächst einmal nach existierenden Ontologien zu schauen. Viele Ontologien werden in Form von wissenschaftlichen Papers oder frei veröffentlicht. Sie helfen einen Überblick über die Domäne zu liefern und können als Basis für die eigene Anpassung oder Erweiterung verwendet werden [128].

**Schritt 3: Herausarbeitung wichtiger Begriffe der Domäne**
Im dritten Schritt werden alle wichtigen Begriffe einer Domäne mit Bezug zum Anwendungsfall gesammelt. Dies kann in Form einer Mindmap oder mittels anderer kreativer Verfahren vorgenommen werden. Jeder Begriff wird um seine möglichen Attribute erweitert. In diesem Schritt ist es wichtig, zunächst die Begriffe zu sammeln und sich noch keine Gedanken über Struktur oder Überlappung von Begriffen zu machen. Diese Strukturierung würde dann im nächsten Schritt vorgenommen werden [128].

**Schritt 4: Festlegung der Klassen und Klassenhierarchie sowie deren Attribute**
Basierend auf der in Schritt 3 gesammelten Klassen und Attribute wird nun eine Hierarchie zur Strukturierung und zur Entfernung von Überlappungen vorgenommen. Dies kann mittels eines Top-Down Ansatzes, also ausgehend von den übergreifenden generellen Konzepten hin zu spezifischeren oder mittels eines Bottom-Up-Ansatzes, bei dem zunächst die spezifischen Konzepte herausgearbeitet und daraus die Gruppierungen, also generischen Konzepte erarbeitet werden. Am Ende steht unsere Rahmen-Ontologie und kann im Schritt 5 mit Instanzen gefüttert werden [128].

**Schritt 5: Befüllen der Ontologie mit Instanzen der Klassen**
Im letzten Schritt der Ontologieerstellung steht der beschreibende Rahmen durch die Ontologie und kann nun durch die Befüllung mit den *realen* Informationen zum Leben erweckt werden [128].

Die so aufgebaute Wissensbasis dient dann für viele Anwendungen, insbesondere für *Wissensgraphen* und auch KI-Anwendung als Informationslieferant. Gerade in der Anwendung von Lösung auf Basis von *Conversational AI* oder kognitiven Assistenzsystemen sind sie ein wesentlicher Bestandteil.

## 6.2    Wissensgraphen

### 6.2.1    Was ist ein Wissensgraph?

Ein Wissensgraph (engl. *knowledge graph*) ermöglicht es, Informationen in einer strukturierten Form abzulegen und damit eine Wissensbasis aufzubauen, die in weiteren Anwendungen als Basis herangezogen werden kann. Die Ablage der Information wird in Form
eines Graphen vorgenommen, indem die Entitäten, wie Personen, Ort oder Objekte als
Knoten abgebildet und die Beziehung zwischen diesen Entitäten als Kanten des Graphen
modelliert werden. Besondere Bedeutung und Aufmerksamkeit hat der Begriff „Knowledge
Graph" primär durch die Bestrebungen von Google im Jahr 2012 erlangt, einen eigenen
Wissensgraphen als Repräsentationen eines Weltmodells aufzubauen [43]. Die Grundidee
ist, ihre Suchmaschine um semantische Verknüpfungen zu erweitern, sodass Suchen nicht
mehr nur nach Schlüsselwörtern durchgeführt werden und auf der Bereitstellung einer Treffermenge basieren, sondern auch auf ergänzende Informationen zu „Dingen", um hierdurch
einen Mehrwert zu liefern. Der so implementierte Wissensgraph ermöglicht es, nach Personen, Marken, Berühmtheiten, Städten, Sportmannschaften, Gebäuden, geografischen Merkmalen, Filmen, Himmelsobjekten und vielen weiteren Objekten zu suchen und ergänzend
weitere Informationen über diese Objekte zu bekommen [4, 43].

Bei Suche z. B. nach der Stadt Ansbach auf Google wird eine Infobox rechts eingeblendet, die die im Wissensgraphen gespeicherten ergänzenden Informationen über die Stadt
Ansbach enthalten. Diese sind z. B. die Höhe, Bevölkerungsanzahl, Vorwahl, Ortszeit, Bürgermeister, Wasserqualität, aber auch kommende Veranstaltungen (siehe Abb. 6.1).

Damit eine vernetzte Auswertung verschiedener Objekte, z. B. die Vernetzung des Objektes Stadt Ansbach zu der Information, wer gerade Bürgermeister in Ansbach ist, ermöglicht
werden kann, müssen die Daten in der Form eines großen semantischen Netzes abgelegt
sein, wodurch die Beziehungen hergestellt werden können.

Aber nicht nur Google, sondern auch viele andere Firmen benutzen Wissensgraphen in
ihren Produkten und Services. So verwendet LinkedIn einen großen Wissensgraphen, um die
Beziehungen der User untereinander angereichert um die Fähigkeiten eines jeden abzulegen.

Wie in vielen Gebieten ist es nicht einfach, eine allgemeingültige Definition von Wissensgraphen zu erlangen. Nachstehend sind einige Definitionen aufgeführt:[2]

**Definition nach Paulheim.** *Ein Wissensgraph (i) beschreibt hauptsächlich Entitäten der
realen Welt und ihre Beziehungen zueinander, die in einem Graphen organisiert sind, (ii)
definiert mögliche Klassen und Beziehungen von Entitäten in einem Schema, (iii) erlaubt
es, beliebige Entitäten miteinander in Beziehung zu setzen und (iv) deckt verschiedene
thematische Bereiche ab.* [43, 132]

---

[2] Übersetzung aus dem Englischen durch die Autoren.

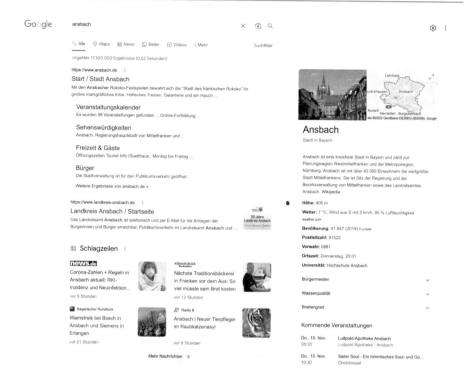

**Abb. 6.1** Infobox auf Basis eines Wissensgraphen zur Ergänzung der Suche bei Google

**Definition nach Journal of Web Semantics.** *Ein Wissensgraph ist ein großes Netzwerk bestehend aus Entitäten, ihren semantischen Typen, Eigenschaften und Beziehungen zwischen diesen Entitäten.* [43]

**Definition nach Semantic Web Company.** *Wissensgraphen kann man sich als ein Netzwerk aller Arten von Dingen vorstellen, die für einen bestimmten Bereich oder eine Organisation relevant sind. Sie sind nicht auf abstrakte Konzepte und Beziehungen beschränkt, sondern können auch Instanzen von Dingen wie Dokumente und Datensätze enthalten.* [31, 43]

**Definition nach Färber.** *Wir definieren einen Wissensgraphen als einen RDF-Graphen.*[3] *Ein RDF-Graph besteht aus einer Menge von RDF-Tripeln, wobei jedes RDF-Tripel $(s, p, o)$ eine geordnete Menge der folgenden RDF-Terme ist: Ein Subjekt $s \in U \cup B$, ein Prädikat $p \in U$ und ein Objekt $o \in U \cup B \cup L$. Ein RDF-Term ist entweder eine URI $u \in U$, ein leerer Knoten $b \in B$ oder eine Folge von Wörtern $l \in L$.* [43, 47]

**Definition nach Pujara.** *[...] es gibt Systeme, [...], die eine Vielzahl von Techniken verwenden, um neues Wissen in Form von Fakten aus dem Web zu extrahieren. Diese Fakten*

---

[3] RDF steht für *Resource Description Framework.*

*sind miteinander verknüpft, und daher wird dieses extrahierte Wissen neuerdings als*
*Wissensgraph bezeichnet.* [43, 136]

Während die ersten drei Definitionen sich primär auf die innere Struktur eines Graphen konzentrieren, bezieht sich die letzte Definition primär auf die Datenbeschaffung und schließt
dies implizit in die Definition mit ein [43]. Die Definition von Färber wiederum bezieht
sich schon sehr stark auf mögliche Implementierungsformen, die Verwendung des *Resource
Description Frameworks,* das oft als Basis für die Modellierung von Wissensgraphen herangezogen werden kann. Für unseren Zweck bietet es sich an, aus diesen Definitionen eine
für unseren Zweck relevante Definition zu bilden.

> Mittels eines Wissensgraphen wird Wissen inkl. dessen Beziehungen zueinander formalisiert
> abgelegt. Dabei werden die Wissensfragmente als Entitäten mit ihren semantischen Typen und
> Eigenschaften sowie deren Beziehungen zueinander in Form von Triples – nicht zwingend
> in der Form der RDF-Notation – in Form von Subjekt, Objekt, Prädikat modelliert. Wich-
> tiger Bestandteil eines Wissensgraphen ist nicht nur die Ablage der Wissensfragmente und
> der Beziehungen, sondern ebenso der Prozess der automatisierten Datenbeschaffung sowie
> Verwendung und damit Abfrage der Wissensfragmente.

Durch die Verwendung von Wissensgraphen wird das faktenbasierte Wissen in Form eines
Graphen abgelegt, mittels dem viel komplexere Abfragen vorgenommen werden können.
Ferner bildet es die Basis für KI-Systeme, aus der kontextspezifische Informationen heran-
gezogen werden können.

Mayank Kejriwal zeigt in seinem Buch ein Beispiel eines einfachen Wissensgraphen,
in dem Informationen über die Serie „Raumschiff Enterprise" abgelegt sind [86]. In dem
in Abb. 6.2 dargestellten Graphen sind verschiedene Klassen von Entitäten abgelegt, wie
die Klassen Android, Raumschiff, Mensch, Betazoid, die wiederum andere Entitäten durch
ihre Beziehung *ist_ein* beschreiben. So ist die Entität *Data* als *Android* gekennzeichnet
und nicht der englische Begriff Daten. Die Beziehungen werden als gerichtete Kanten eines
Graphen modelliert, sodass die Interpretation eindeutig ist. So ist Data nun mal ein Android,
aber jeder Android ist nicht Data. Eine Modellierung dieser Beziehung in beide Richtungen
wäre somit nicht sinnvoll. Eine Beziehung zwischen zwei Objekten wird auch als Triple
bezeichnet, bestehend aus Subjekt, Beziehung, Objekt. [Data][ist_ein][Android] wäre ein
solches Triple.

Aufgrund der klar strukturierten und klassifizierten Ablage der Informationen besteht
nun die Möglichkeit, natürliche Abfragen in Form von Graph-Patterns zu formulieren und
somit die Informationen aus dem Graphen zu extrahieren. Zwar liefert die Abfrage *Wer dient
auf der Enterprise?* zunächst nur die Antwort Data und das, obwohl aus unserer Sicht Picard
und auch Troi auf der Enterprise dienen, nur ist dies nicht explizit in dem Graphen abgelegt. Damit aber auch diese Information bei einer solchen Abfrage mit berücksichtigt wird,
wird zusätzlich auf die Modellierung der Klassentypen auf Ontologie-Hierarchien zurückgegriffen. Mittels der Ontologie wird nun definiert, dass *Berater_von* und *Kapitän_von* eine

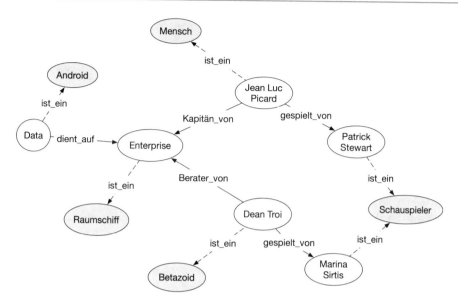

**Abb. 6.2** Auszug eines einfachen Wissensgraphen. (In Anlehnung an [86])

Subklasse von *dient_auf* ist. Eine Suche würde nun diese Information mit in Bezug nehmen und somit nicht nur das Wissen aus den explizit gespeicherten Elementen, sondern auch das modellierte Domänenwissen aus der Ontologie mit heranziehen [86]. Die so modellierten Ontologien müssen aber nicht immer eigenständig definiert werden, durch die Möglichkeit auf frei verfügbare Hierarchien zurückzugreifen, kann allgemeingültiges Wissen zügig mit in die Applikationen aufgenommen und so die Qualität von solchen Wissensbasen erhöht werden. Ein Beispiel für freie Wissensgraphen inkl. der notwendigen Ontologien ist *DBpedia,* die ein Abbild der Wikipedia in Form eines Wissensgraphen aufbauen.[4] Ein anderes Beispiel für die Erstellung allgemeingültiger Ontologien ist *Schema.org*, das sich zum Ziel gesetzt hat, allgemeingültige und freie Ontologien für unterschiedliche Daten zu erstellen und frei zur Verfügung zu stellen.[5]

Ein weiterer Vorteil von Wissensgraphen ist, dass viele Entitäten erst durch ihren verwendeten Kontext eindeutig interpretiert werden können und hier der Knowledge Graph seine Stärke ausspielt. Ob der Begriff *Washington* eine Stadt oder eine Person ist, geht meistens nur aus dem Kontext hervor. Bei der Extraktion und der Ablage der Information in einem Wissensgraphen würde hier ebenfalls eine Beziehung *ist_eine* z. B. auf die Entität *Stadt* angelegt werden. Ergänzend würde die Entität mit einer eindeutigen ID versehen werden, sodass später, z. B. durch die Verwendung des KI-Verfahren Entity Linking, Daten mit dem

---

[4] https://www.dbpedia.org/resources/knowledge-graphs
[5] https://schema.org

gleichen Begriff der gleichen Entität zugeordnet werden. Auf diese Weise ist der Kontext mit abgelegt worden und eine Auswertung kann eindeutig vorgenommen werden.

### 6.2.2  Erstellung von Wissensgraphen

Um Wissensgraphen aufbauen zu können, bestehen verschiedene Möglichkeiten. Sie können manuell definiert werden. Das heißt, zunächst werden die möglichen Entitäten und Beziehungen definiert und ergänzend die notwendige Ontologie-Hierarchie für die verwendeten Objekte erzeugt. Dies ist sicherlich ein qualitativer, aber auch zeitaufwendiger Weg. Ein anderer Weg ist der Versuch, Wissensgraphen automatisiert zu erstellen. Diese Vorgehensweise wird auch häufig Knowledge Graph Construction genannt.

**Knowledge Graph Construction**  Die automatisierte Erstellung ist kein einfaches Unterfangen. Meistens liegen die Rohdaten in Fließtext auf Basis von Dokumenten vor, die zunächst in die Form der Triple gebracht werden müssen. Als Basis für diesen Prozess dient die Informationsextraktion aus Kap. 5. Bevor aber die Daten entsprechend bearbeitet werden können, müssen sie zunächst beschafft werden. Hier greift man auf verschiedene Technologien zurück, wie das Scraping von Internetseiten, d.h. das systematische Folgen von Weblinks und automatisches Herunterladen ganzer Internetseiten. Liegen die Daten als Fließtext vor, können Entitäten mittels *Named Entity Extraction,* Beziehungen mittels *Relation Extraction* und die Verlinkung der Entitäten und Beziehungen zu den vorhandenen Entitäten mittels *Entity* und *Relation Linking* vorgenommen werden (siehe dazu im Detail Kap. 5). Das Ergebnis der Information-Extraction-Pipeline sind Triples in der Form Subjekt, Objekt, Prädikat, die mittels der eindeutig identifizierten URI im Wissensgraphen ergänzt werden können, sodass dieser über die Zeit hinweg wachsen kann.

Wissensgraphen werden technisch betrachtet häufig auf Basis von Graph-Datenbanken realisiert. Dies vereinfacht die Formulierung und Ausführung von Abfragen, das Erkennen von Logikbrüchen im Graphen sowie das Verknüpfen von bestehenden Entitäten auf Basis logischer Beziehungen. Gängige Datenbanksysteme, die hier zur Anwendung kommen, sind etwa NEO4J[6], ArangoDB[7] oder OrientDB[8].

---

[6] https://neo4j.com
[7] https://www.arangodb.com
[8] https://orientdb.org

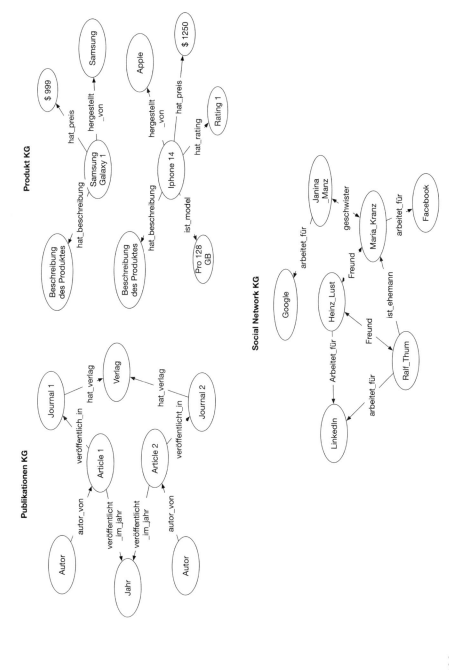

**Abb. 6.3** Beispielhafte Darstellung einzelner domänenspezifischer Wissensgraphen. (In Anlehnung an [86])

### 6.2.3  Anwendungsgebiete

Wissensgraphen finden Anwendung in unterschiedlichen KI-Systemen, wie anfangs erwähnt beispielsweise in Suchmaschinen. Amazon betreibt einen Wissensgraphen, um alle Produkte und ihre Beziehungen zueinander abzulegen und LinkedIn nützt Wissensgraphen, um die soziale Vernetzung abzulegen, und auswertbar zu machen. Etliche wissenschaftliche Datenbanken verwenden Wissensgraphen, um die Publikationen, insbesondere, wer zitiert wen, systematisch und vernetzt abzulegen. Abb. 6.3 zeigt die genannten Wissensgraphen als vereinfachtes Beispiel.

Für die in diesem Buch dargestellten kognitiven Assistenten spielen Wissensgraphen eine zentrale Rolle. Oft werden sie verwendet, um das Gedächtnis der KI zu simulieren oder um die notwendige Wissensbasis, auf die der Assistent zurückgreifen kann, zu liefern. So können *Question-Answering-Systeme,* die den Anwender bei der Beantwortung von Fragen in einer spezifischen Domäne unterstützen sollen, ohne eine solche Wissensbasis keine sinnvollen Ergebnisse liefern. Bei Empfehlungssystemen werden Informationen über die Produkte sowie Präferenzen von Kundengruppen vernetzt in einem Graphen abgelegt und bei Empfehlungen wieder herangezogen. Im Wissensmanagement auf Basis eines kognitiven Assistenten, der in Form eines Chatbots im Unternehmen integriert ist, ist es wichtig, dass faktenbasiertes, vernetztes Wissen systemtechnisch abrufbar ist, damit einerseits die notwendigen Informationen (Wissensfragmente) für eine Anfrage zügig gefunden werden können und aus diesen dann eine natürliche Antwort mittels des Natural Language Generation erzeugt werden kann.

Zusammenfassend ist hervorzuheben, dass Wissensgraphen oftmals das Fundament beim Aufbau kognitiver Assistenten darstellen, mit dem insbesondere sichergestellt werden kann, dass die Antworten korrekt sind.

# Literatur

1. Ackley, D.H., Hinton, G.E., Sejnowski, T.J.: A learning algorithm for Boltzmann machines. Cognit. Sci. **9**(1), 147–169 (1985). ISSN: 0364-0213. https://doi.org/10.1016/S0364-0213(85)80012-4. https://www.sciencedirect.com/science/article/pii/S0364021385800124

2. Adnan, K., Akbar, R.: An analytical study of information extraction from unstructured and multidimensional big data. J. Big Data **6**(1), 1–38 (2019)

3. Aggarwal, C.C.: Outlier Analysis, 2. Aufl. Springer Publishing Company, Incorporated (2016)

4. Amit, S.: Introducing the knowledge graph: things, not strings. https://blog.google/products/search/introducing-knowledge-graph-things-not/ (2012). Zugegriffen: 10. Nov. 2022

5. Ba, J.L., Kiros, J.R., Hinton, G.E.: Layer normalization. https://arxiv.org/abs/1607.06450 (2016). Zugegriffen: 14. Apr. 2023

6. Bahdanau, D., Cho, K., Bengio, Y.: Neural machine translation by jointly learning to align and translate. In: Bengio, Y., LeCun, Y. (Hrsg.) 3rd International Conference on Learning Representations, ICLR 2015, San Diego, CA, USA, May 7–9, 2015, Conference Track Proceedings (2015). http://arxiv.org/abs/1409.0473

7. Baldi, P., Hornik, K.: Neural networks and principal component analysis: learning from examples without local minima. Neural Netw. **2**(1), 53–58 (1989). ISSN: 0893-6080. https://doi.org/10.1016/0893-6080(89)90014-2. https://www.sciencedirect.com/science/article/pii/0893608089900142

8. Banko, M., Brill, E.: Scaling to very very large corpora for natural language disambiguation. In: Proceedings of the 39th Annual Meeting on Association for Computational Linguistics. ACL'01, S. 26–33. Association for Computational Linguistics, Toulouse (2001). https://doi.org/10.3115/1073012.1073017

9. Banko, M., Etzioni, O.: The tradeoffs between open and traditional relation extraction. In: Proceedings of ACL-08: HLT, S. 28–36 (2008)

10. Bengio, Y., Simard, P.Y., Frasconi, P.: Learning long-term dependencies with gradient descent is difficult. IEEE Trans. Neural Netw. **5**(2), 157–166 (1994)

11. Bengio, Y., et al.: Greedy layer-wise training of deep networks. In: Schölkopf, B., Platt, J., Hoffman, T. (Hrsg.) Advances in Neural Information Processing Systems, Bd. 19. MIT Press (2006). https://proceedings.neurips.cc/paper_files/paper/2006/file/5da713a690c067105aeb2fae32403405-Paper.pdf

12. Bertoin, D., et al.: Numerical influence of ReLU'(0) on backpropagation. In: Beygelzimer, A., et al. (Hrsg.) Advances in Neural Information Processing Systems (2021). https://openreview. net/forum?id=urrcVI-_jRm

13. Billard, A., Grollman, D.: Imitation learning in robots. In: Seel, N.M. (Hrsg.) Encyclopedia of the Sciences of Learning, S. 1494–1496. Springer US, Boston (2012). ISBN: 978-1-4419-1428-6. https://doi.org/10.1007/978-1-4419-1428-6_758

14. Bloem, P.: Transformers from scratch. https://peterbloem.nl/blog/transformers (2019). Zugegriffen: 14. Apr. 2023

15. Boser, B.E., Guyon, I.M., Vapnik, V.N.: A training algorithm for optimal margin classifiers. In: Proceedings of the Fifth Annual Workshop on Computational Learning Theory. COLT '92, S. 144–152. ACM, Pittsburgh (1992). ISBN: 0-89791-497-X. https://doi.org/10.1145/130385. 130401. Zugegriffen: 10. Mai 2019

16. Breiman, L., et al.: Classification and Regression Trees. Wadsworth and Brooks, Monterey (1984)

17. Breiman, L.: Random forests. Mach. Learn. **45**(1), 5–32 (2001). ISSN: 0885-6125. https://doi. org/10.1023/A:1010933404324

18. Brown, T.B., et al.: Language models are few-shot learners. https://arxiv.org/abs/2005.14165 (2020). Zugegriffen: 14. Apr. 2023

19. Cai, F., Yuan, Y.: Who invented backpropagation? Hinton says he didn't, but his work made it popular. https://medium.com/syncedreview/who-invented-backpropagation-hinton-says-he-didnt-but-his-work-made-it-popular-e0854504d6d1 (2020). Zugegriffen: 2. Aug. 2022

20. Capurro, R.: Einführung in die digitale Ontologie. Technik und Kultur 217 (2010)

21. Chapelle, O., Schölkopf, B., Zien, A., Hrsg.: Semi-Supervised Learning. MIT Press (2006). ISBN: 9780262033589. https://doi.org/10.7551/mitpress/9780262033589.001.0001

22. Chapman, P., et al.: CRISP-DM 1.0 step-by-step data mining guide. Tech. rep. The CRISP-DM consortium. http://www.the-modeling-agency.com/crisp-dm.pdf (2000). Zugegriffen: 5. März 2019

23. Chen, T., Guestrin, C.: XGBoost: a scalable tree boosting system. In: Proceedings of the 22nd ACM SIGKDD International Conference on Knowledge Discovery and Data Mining. ACM (2016). https://doi.org/10.1145/2939672.2939785

24. Chiu, J.P.C., Nichols, E.: Named entity recognition with bidirectional LSTM-CNNs. Trans. Assoc. Comput. Linguist. **4**, 357–370 (2016). https://doi.org/10.1162/tacl_a_00104. https:// aclanthology.org/Q16-1026

25. Cho, K., et al.: Learning phrase representations using RNN encoder-decoder for statistical machine translation. In: Proceedings of the 2014 Conference on Empirical Methods in Natural Language Processing (EMNLP), S. 1724–1734. Association for Computational Linguistics, Doha (2014). https://doi.org/10.3115/v1/D14-1179. https://aclanthology.org/D14-1179

26. Chollet, F.: Tweet: time for something new. https://twitter.com/fchollet/status/1039176548719312896?lang=de (2018). Zugegriffen: 8. Aug. 2022

27. Chowdhery, A., et al.: PaLM: scaling language modeling with pathways (2022). https://doi.org/ 10.48550/ARXIV.2204.02311. https://arxiv.org/abs/2204.02311

28. Christensen, J., Soderland, S., Etzioni, O., et al.: Semantic role labeling for open information extraction. In: Proceedings of the NAACL HLT 2010 First International Workshop on Formalisms and Methodology for Learning by Reading, S. 52–60 (2010)

29. Chung, Y.-A., et al.: Audio Word2Vec: unsupervised learning of audio segment representations using sequence-to-sequence autoencoder. In: Proceedings of Interspeech 2016, S. 765–769 (2016). https://doi.org/10.21437/Interspeech.2016-82

30. Clark, K., Manning, C.D.: Improving coreference resolution by learning entity-level distributed representations. In: Proceedings of the 54th Annual Meeting of the Association for Computational Linguistics (Volume 1: Long Papers), S. 643–653. Association for Computational Linguistics, Berlin (2016). https://doi.org/10.18653/v1/P16-1061. https://aclanthology.org/P16-1061

31. Semantic Web Company: From taxonomies over ontologies to knowledge graphs. https://semantic-web.com/from-taxonomies-over-ontologies-toknowledge-graphs/ (2014). Zugegriffen: 11. Nov. 2022

32. Cover, T., Hart, P.: Nearest neighbor pattern classification. IEEE Trans. Inf. Theory **13**(1), 21–27 (1967). ISSN: 0018-9448. https://doi.org/10.1109/TIT.1967.1053964

33. Nikolić, D.: Großartige künstliche Intelligenz erschaffen. In: Papp, S., et al. (Hrsg.) Handbuch Data Science und KI, 2. Aufl., S. 262–298. Carl Hanser Verlag GmbH & Co. KG, München (2022). https://doi.org/10.3139/9783446472457. eprint: https://www.hanser-elibrary.com/doi/pdf/10.3139/9783446472457. https://www.hanser-elibrary.com/doi/abs/10.3139/9783446472457

34. History of Data Science: AI winter: the highs and lows of artificial intelligence. https://www.historyofdatascience.com/ai-winter-thehighs-and-lows-of-artificial-intelligence (2021). Zugegriffen: 5. Aug. 2022

35. Del Corro, L., Gemulla, R.: Clausie: clause-based open information extraction. In: Proceedings of the 22nd International Conference on World Wide Web, S. 355–366 (2013)

36. Devlin, J., et al.: BERT: pre-training of deep bidirectional transformers for language understanding. In: Proceedings of the 2019 Conference of the North American Chapter of the Association for Computational Linguistics: Human Language Technologies, Bd. 1, S. 4171–4186. Association for Computational Linguistics, Minneapolis (2019). https://doi.org/10.18653/v1/N19-1423. https://aclanthology.org/N19-1423

37. Dietterich, T.G.: Ensemble methods in machine learning. In: Proceedings of the First International Workshop on Multiple Classifier Systems. MCS'00, S. 1–15. Springer, London (2000). ISBN: 3-540-67704-6

38. Domingos, P.: A few useful things to know about machine learning. Commun. ACM **55**(10), 78–87 (2012). ISSN: 0001-0782. https://doi.org/10.1145/2347736.2347755

39. Domingos, Pedro: The Master Algorithm: How the Quest for the Ultimate Learning Machine Will Remake Our World. Basic Books Inc., New York (2015)

40. Dosovitskiy, A., et al.: An image is worth 16x16 words: transformers for image recognition at scale. In: International Conference on Learning Representations (ICLR 2021) (2021). https://openreview.net/forum?id=YicbFdNTTy

41. Dreyfus, H.L., Dreyfus, S.E.: Making a mind versus modelling the brain: artificial intelligence back at the branchpoint. In: Negrotti, M. (Hrsg.) Understanding the Artificial: On the Future Shape of Artificial Intelligence, S. 33–54. Springer, London (1991). ISBN: 978-1-4471-1776-6. https://doi.org/10.1007/978-1-4471-1776-6_3

42. Dumoulin, V., Visin, F.: A guide to convolution arithmetic for deep learning (2016). https://doi.org/10.48550/ARXIV.1603.07285. https://arxiv.org/abs/1603.07285

43. Ehrlinger, L., Wöß, W.: Towards a definition of knowledge graphs. SEMANTiCS (Posters, Demos, SuCCESS) **48**(1–4), 2 (2016)

44. Elman, J.L.: Finding structure in time. Cognit. Sci. **14**(2), 179–211 (1990). https://doi.org/10.1207/s15516709cog1402_1. https://onlinelibrary.wiley.com/doi/abs/10.1207/s15516709cog1402_1

45. Ester, M., et al.: A density-based algorithm for discovering clusters a density-based algorithm for discovering clusters in large spatial databases with noise. In: Proceedings of the Second

International Conference on Knowledge Discovery and Data Mining. KDD'96, S. 226–231. AAAI Press, Portland (1996)

46. Europäische Kommission: Vorschlag für einen Rechtsrahmen für künstliche Intelligenz. https://digital-strategy.ec.europa.eu/de/policies/regulatory-framework-ai (2022). Zugegriffen: 22. Sept. 2022

47. Färber, M., et al.: Linked data quality of dbpedia, freebase, opencyc, wikidata, and yago. Semant. Web 9(1), 77–129 (2018)

48. Ferrer, X., et al.: Bias and discrimination in AI: a cross-disciplinary perspective. IEEE Technol. Soc. Mag. 40(2), 72–80 (2021). https://doi.org/10.1109/MTS.2021.3056293

49. Fukushima, K., Miyake, S.: Neocognitron: a self-organizing neural network model for a mechanism of visual pattern recognition. In: Amari, S., Arbib, M.A. (Hrsg.) Competition and Cooperation in Neural Nets, S. 267–285. Springer, Berlin (1982). ISBN: 978-3-642-46466-9

50. Gamallo, P., Garcia, M.: Multilingual open information extraction. 711–722 (2015). ISBN: 978-3-319-23484-7. https://doi.org/10.1007/978-3-319-23485-4_72

51. Gehring, J., et al.: Convolutional sequence to sequence learning. In: Precup, D., Teh, Y.W. (Hrsg.) Proceedings of the 34th International Conference on Machine Learning. Vol. 70. Proceedings of Machine Learning Research. PMLR, S. 1243–1252 (2017). http://proceedings.mlr.press/v70/gehring17a/gehring17a.pdf

52. Gondara, L.: Medical image denoising using convolutional denoising autoencoders. In: 2016 IEEE 16th International Conference on Data Mining Workshops (ICDMW), S. 241–246 (2016)

53. Goodfellow, I., Bengio, Y., Courville, A.: Deep Learning. MIT Press (2016). http://www.deeplearningbook.org

54. Graves, A.: Generating sequences with recurrent neural networks (2013). https://doi.org/10.48550/ARXIV.1308.0850. https://arxiv.org/abs/1308.0850

55. Graves, A., Fernández, S., Schmidhuber, J.: Bidirectional LSTM networks for improved phoneme classification and recognition. In: Duch, W., et al. (Hrsg.) Artificial Neural Networks: Formal Models and Their Applications – ICANN 2005, S. 799–804. Springer, Berlin (2005). ISBN: 978-3-540-28756-8

56. Greff, K., et al.: LSTM: a search space odyssey. IEEE Trans. Neural Netw. Learn. Syst. 28(10), 2222–2232 (2017). https://doi.org/10.1109/TNNLS.2016.2582924

57. Grüninger, M., Fox, M.S.: Methodology for the design and evaluation of ontologies (1995)

58. Gunturi, U.: Everything you need to know about Named Entity Recognition! https://umagunturi789.medium.com/everything-you-need-to-know-about-namedentity-recognition-2a136f38c08f (2021). Zugegriffen: 8. Sept. 2022

59. Gupta, M.: Named entity recognition(NER) using conditional random fields (CRFs) in NLP. https://medium.com/data-science-in-your-pocket/namedentity-recognition-ner-using-conditional-random-fields-in-nlp-3660df22e95c (2020). Zugegriffen: 12. Sept. 2022

60. Hackernoon: AI in medicine: a beginner's guide. https://hackernoon.com/ai-in-medicine-a-beginners-guide-a3b34b1dd5d7 (2018). Zugegriffen: 5. Aug. 2022

61. Halevy, A., Norvig, P., Pereira, F.: The Unreasonable Effectiveness of Data. IEEE Intell. Syst. 24, 8–12 (2009). http://goo.gl/q6LaZ8. Zugegriffen: 7. Apr. 2019

62. Hamdy, E.: Neural models for offensive language detection. arXiv preprint arXiv: 2106.14609 (2021)

63. Han, J., Wang, H.: Improving open information extraction with distant supervision learning. Neural Process. Lett. 53, 3287–3306 (2021)

64. Hand, D.J.: Classifier technology and the illusion of progress. Stat. Sci. 21(1) (2006). https://doi.org/10.1214/088342306000000060

65. Hawkins, D.M.: Identification of Outliers. Chapman and Hall (1980)

66. He, K., et al.: Deep residual learning for image recognition. In: Proceedings of the IEEE Conference on Computer Vision and Pattern Recognition, S. 770–778 (2016)

67. Hever, G.: Coreference resolution models. https://galhever.medium.com/areview-to-coreference-resolution-models-f44b4360a00 (2020). Zugegriffen: 14. Sept. 2022

68. High-Level Expert Group on Artificial Intelligence: A definition of artificial intelligence: main capabilities and scientific disciplines. Tech. rep. European Commission (2019). https://digitalstrategy.ec.europa.eu/en/library/definition-artificialintelligence-main-capabilities-and-scientific-disciplines. Zugegriffen: 9. Sept. 2022

69. Hinton, G.E., Salakhutdinov, R.R.: Reducing the dimensionality of data with neural networks. Science **313**(5786), 504–507 (2006). https://doi.org/10.1126/science.1127647. https://www.science.org/doi/abs/10.1126/science.1127647

70. Hinton, G.E.: Connectionist learning procedures. Artif. Intell. **40**(1), 185–234 (1989). ISSN: 0004-3702. https://doi.org/10.1016/0004-3702(89)90049-0. https://www.sciencedirect.com/science/article/pii/0004370289900490

71. Hochreiter, J.: Untersuchungen zu dynamischen neuronalen Netzen. Diplomarbeit. Technische Universität München, Institut für Informatik (1991)

72. Hochreiter, J., Schmidhuber, J.: Long short-term memory. Neural Comput. **9**(8), 1735–1780 (1997). ISSN: 0899-7667. https://doi.org/10.1162/neco.1997.9.8.1735

73. Hochreiter, J., et al.: Gradient flow in recurrent nets: the difficulty of learning long-termdependencies. In: Kremer, S.C., Kolen, J.F. (Hrsg.) A Field Guide to Dynamical Recurrent Neural Networks. IEEE Press (2001)

74. Honavar, V.G.: Artificial intelligence: an overview. https://faculty.ist.psu.edu/vhonavar/Courses/ai/handout1.pdf (2016). Zugegriffen: 27. Juli 2022

75. Hornik, K., Stinchcombe, M., White, H.: Multilayer feedforward networks are universal approximators. Neural Netw. **2**(5), 359–366 (1989)

76. Huang, Z., Xu, W., Yu, K.: Bidirectional LSTM-CRF models for sequence tagging (2015). https://doi.org/10.48550/ARXIV.1508.01991. https://arxiv.org/abs/1508.01991

77. Jain, A.K., Dubes, R.C.: Algorithms for Clustering Data. Prentice-Hall Inc, Upper Saddle River (1988). ISBN 0-13-022278-X

78. James, G., et al.: An Introduction to Statistical Learning, 2. Aufl. Springer (2021). https://doi.org/10.1007/978-1-0716-1418-1_2. https://hastie.su.domains/ISLR2/ISLRv2_website.pdf

79. Jin, L.: Deep into end-to-end neural coreference model. https://towardsdatascience.com/deepinto-end-to-end-neural-coreference-model-58c317cfdb83 (2019). Zugegriffen: 14. Sept. 2022

80. Jordan, M.I.: Serial Order: A Parallel Distributed Processing Approach. Tech. rep. ICS Report 8604. Institute for Cognitive Science, University of California, San Diego (1986)

81. Józefowicz, R., Zaremba, W., Sutskever, I.: An empirical exploration of recurrent network architectures. In: International Conference on Machine Learning (2015)

82. Jurafsky, D., Martin, J.: Speech and language processing 3rd draft edition. https://web.stanford.edu/jurafsky/slp3/ (2021). Zugegriffen: 1. Sept. 2022

83. Kågebäck, M., Salomonsson, H.: Word Sense Disambiguation using a Bidirectional LSTM. In: Proceedings of the 5th Workshop on Cognitive Aspects of the Lexicon (CogALex – V), S. 51–56. The COLING 2016 Organizing Committee, Osaka (2016). https://aclanthology.org/W16-5307

84. Karpathy, A.: The unreasonable effectiveness of recurrent neural networks. http://karpathy.github.io/2015/05/21/rnn-effectiveness (2015). Zugegriffen: 23. Nov. 2022

85. Kejriwal, M.: Domain-Specific Knowledge Graph Construction, 1. Aufl. Springer Publishing Company, Incorporated (2019). ISBN: 303012374X

86. Kejriwal, M.: Introduction to knowledge graphs. In: Knowledge Graphs, S. 3–21. MIT Press (2021)

87. Kelley, H.J.: Gradient theory of optimal flight paths. Ars J. **30**(10), 947–954 (1960)

88. Kingma, D.P., Ba, J.: Adam: a method for stochastic optimization (2014). https://doi.org/10.48550/ARXIV.1412.6980. https://arxiv.org/abs/1412.6980

89. Kingma, D.P., Welling, M.: Auto-encoding variational Bayes. In: Bengio, Y., LeCun, Y. (Hrsg.) 2nd International Conference on Learning Representations, ICLR 2014, Banff, AB, Canada, April 14–16, 2014, Conference Track Proceedings (2014). http://arxiv.org/abs/1312.6114

90. Klösgen, W.: Explora: a multipattern and multistrategy discovery assistant. In: Advances in Knowledge Discovery and Data Mining, S. 249–271 (1996)

91. Krizhevsky, A., Sutskever, I., Hinton, G.E.: Imagenet classification with deep convolutional neural networks. Adv. Neural Inf. Process. Syst. **25** (2012)

92. Kruse, R., et al.: Computational Intelligence: Eine methodische Einführung in Künstliche Neuronale Netze, Evolutionäre Algorithmen, Fuzzy-Systeme und Bayes-Netze, 2. Aufl. Springer Vieweg (2015). ISBN: 978-3-658-10903-5

93. Lanquillon, C.: Enhancing text classification to improve information filtering. Dissertation, Otto-von-Guericke-Universität Magdeburg (2001). https://doi.org/10.25673/4635

94. Lanquillon, C.: Grundzüge des maschinellen Lernens. In: Schacht, S., Lanquillon, C. (Hrsg.) Blockchain und maschinelles Lernen: Wie das maschinelle Lernen und die Distributed-Ledger-Technologie voneinander profitieren, S. 89–142. Springer Vieweg, Berlin (2019). ISBN: 978-3-662-60408-3. https://doi.org/10.1007/978-3-662-60408-3_3

95. Lavrac, N., et al.: Subgroup discovery with CN2-SD. J. Mach. Learn. Res. **5**(2), 153–188 (2004)

96. Le, Q.V., Jaitly, N., Hinton, G.E.: A simple way to initialize recurrent networks of rectified linear units (2015). https://doi.org/10.48550/ARXIV.1504.00941. https://arxiv.org/abs/1504.00941

97. LeCun, Y., et al.: Backpropagation applied to handwritten zip code recognition. Neural Comput. **1**(4), 541–551 (1989). https://doi.org/10.1162/neco.1989.1.4.541

98. Lecun, Y:. Generalization and network design strategies. In: Pfeifer, R., et al. (Hrsg.) Connectionism in Perspective. Elsevier (1989)

99. LeCun, Y., Bengio, Y., Hinton, G.: Deep learning. Nature **521**(7553), 436–444 (2015)

100. Lee, K., et al.: End-to-end neural coreference resolution. In: Proceedings of the 2017 Conference on Empirical Methods in Natural Language Processing, S. 188–197. Association for Computational Linguistics, Copenhagen (2017). https://doi.org/10.18653/v1/D17-1018. https://aclanthology.org/D17-1018

101. Leek, J.: The Elements of Data Analytic Style. Leanpub. https://leanpub.com/datastyle (2015). Zugegriffen: 16. Okt. 2022

102. Lewis, D.D., Catlett, J.: Heterogeneous Uncertainty Sampling for Supervised Learning. In: Cohen, W.W., Hirsh, H. (Hrsg.) Proceedings of the Eleventh International Conference on Machine Learning, S. 148–156. Morgan Kaufmann (1994). https://doi.org/10.1016/b978-1-55860-335-6.50026-x

103. Li, B., et al.: Acoustic modeling for Google home. In: Proc. Interspeech 2017, S. 399–403 (2017). https://doi.org/10.21437/Interspeech.2017-234. http://www.cs.cmu.edu/~chanwook/MyPapers/b_li_interspeech_2017.pdf

104. Li, J., et al.: A Survey on Deep Learning for Named Entity Recognition. In: CoRR abs/1812.09449 (2020). arXiv: 1812.09449. http://arxiv.org/abs/1812.09449

105. Linnainmaa, S.: Taylor expansion of the accumulated rounding error. English. BIT Numer. Math. **16**(2), 146–160 (1976)

106. Liu, P., et al.: Open information extraction from 2007 to 2022 – a survey (2022). https://arxiv.org/abs/2208.08690. https://doi.org/10.48550/ARXIV.2208.08690

107. Liu, P., et al.: Pre-train, prompt, and predict: a systematic survey of prompting methods in natural language processing. https://arxiv.org/abs/2107.13586 (2021). Zugegriffen: 14. Apr. 2023

108. Liu, Y., et al.: Multilingual Denoising Pre-training for Neural Machine Translation. Trans. Assoc. Comput.Linguist. **8**, 726–742 (2020). https://doi.org/10.1162/tacl_a_00343. https://aclanthology.org/2020.tacl-1.47

109. Lu, X., et al.: Speech enhancement based on deep denoising autoencoder. In: Interspeech (2013)

110. Lu, X., et al.: Speech restoration based on deep learning autoencoder with layer-wised pretraining. In: Interspeech (2012)

111. MacQueen, J.: Some methods for classification and analysis of multivariate observations. In: Proceedings of the Fifth Berkeley Symposium on Mathematical Statistics and Probability, Volume 1: Statistics, S. 281–297. University of California Press, Berkeley (1967)

112. Markoff, J.: Behind Artificial Intelligence, a Squadron of Bright Real People. In: New York Times (National Edition). Section C, 3. %5Curl%7Bhttps://www.nytimes.com/2005/10/14/technology/behind-artificial-intelligence-asquadron-of-bright-real-people.html%7D (2006). Zugegriffen: 28. Okt. 2022

113. Mausam, M.: Open information extraction systems and downstream applications. In: Proceedings of the Twenty-Fifth International Joint Conference on Artificial Intelligence, S. 4074–4077 (2016)

114. McCarthy, J., et al.: A proposal for the Dartmouth summer research project on artificial intelligence. http://www-formal.stanford.edu/jmc/history/dartmouth/dartmouth.html (1956). Zugegriffen: 31. Juli 2022

115. Mcculloch, W., Pitts, W.: A logical calculus of ideas immanent in nervous activity. Bull. Math. Biophys. **5**, 127–147 (1943)

116. Metaphysik. https://philo-wiki.de/ontologie. Zugegriffen: 11. Nov. 2022

117. Minsky, M., Papert, S.: Perceptrons: An Introduction to Computational Geometry. MIT Press, Cambridge (1969)

118. Minsky, M., Papert, S.: Perceptrons: An Introduction to Computational Geometry, 2. Aufl. (erweitert). MIT Press, Cambridge (1988)

119. Mitchell, M.: Artificial Intelligence: A Guide for Thinking Humans. Macmillan (2019). ISBN: 978-0-3742-5783-5

120. Mitchell, T.M.: Machine Learning, 1. Aufl. McGraw-Hill Inc, New York (1997)

121. Mitkov, R.: The Oxford Handbook of Computational Linguistics. Oxford University Press (2022). ISBN: 9780199573691. https://doi.org/10.1093/oxfordhb/9780199573691.001.0001

122. Mohri, M., Rostamizadeh, A., Talwalkar, A.: Foundations of machine learning. In: Adaptive Computation and Machine Learning, 2. Aufl. MIT Press, Cambridge (2018). ISBN: 0262039400

123. Monarch, R.: Human-in-the-Loop Machine Learning: Active Learning and Annotation for Human-centered AI. Manning (2021). ISBN: 9781617296741. https://books.google.de/books?id=LCh0zQEACAAJ

124. Moravec, H.: Mind Children: The Future of Robot and Human Intelligence. Harvard University Press, Cambridge (1988). ISBN: 0-674-57616-0

125. Mutchler, A.: Voice assistant timeline: a short history of the voice revolution. https://voicebot.ai/2017/07/14/timeline-voiceassistants-short-history-voice-revolution/ (2017). Zugegriffen: 8. Aug. 2022

126. Narang, S., Chowdhery, A.: Pathways language model (PaLM): scaling to 540 billion parameters for breakthrough performance. https://ai.googleblog.com/2022/04/pathways-languagemodel-palm-scaling-to.html (2022). Zugegriffen: 27. Juli 2022

127. Nelson, G.S.: The Analytics Lifecycle Toolkit: A Practical Guide for an Effective Analytics Capability. Wiley & SAS business series. Wiley, Incorporated (2018). ISBN: 9781119425083

128. Noy, N.F., McGuinness, D.L., et al.: Ontology development 101: a guide to creating your first ontology (2001)

129. OpenAI. GPT-4 technical report. https://arxiv.org/abs/2303.08774 (2023). Zugegriffen: 14. Apr. 2023

130. OpenAI. OpenAI – GPT-3 playground. https://beta.openai.com/playground (2022). Zugegriffen: 11. Aug. 2022

131. Palar, S.: Ontologies: an overview. https://medium.com/analytics-vidhya/ontologiesan-overview-b23ccc7e976. Zugegriffen: 11. Nov. 2022

132. Paulheim, H.: Knowledge graph refinement: a survey of approaches and evaluation methods. Semant. Web **8**(3), 489–508 (2017)

133. Perry, T.: What is tokenization in natural language processing (NLP)? https://www.machinelearningplus.com/nlp/what-is-tokenization-in-natural-languageprocessing (2021). Zugegriffen: 28. Aug. 2022

134. Pinto, D., et al.: Table extraction using conditional random fields. In: Proceedings of the 26th Annual International ACM SIGIR Conference on Research and Development in Information Retrieval, S. 235–242 (2003)

135. Portmann, E.: Rudolf Seising: Es denkt nicht: die vergessenen Geschichten der KI. Inform. Spektrum **44**(4), 297–298 (2021). ISSN: 1432-122X. https://doi.org/10.1007/s00287-021-01384-6

136. Pujara, J., et al.: Knowledge graph identification. In: International Semantic Web Conference, S. 542–557. Springer (2013)

137. Quinlan, J.R.: Induction of decision trees. Mach. Learn. **1**(1), 81–106 (1986). ISSN: 1573-0565. https://doi.org/10.1007/BF00116251

138. Quinlan, J.R.: C4.5: Programs for Machine Learning. Morgan Kaufmann Publishers Inc., San Francisco (1993). ISBN: 1-55860-240-2

139. Radford, A., et al.: Improving language understanding by generative pretraining (2018)

140. Radford, A., et al.: Language models are unsupervised multitask learners (2019)

141. Ranzato, M.A., et al.: Efficient learning of sparse representations with an energy-based model. In: Schölkopf, B., Platt, J., Hoffman, T. (Hrsg.) Advances in Neural Information Processing Systems, Bd. 19. MIT Press (2006). https://proceedings.neurips.cc/paper_files/paper/2006/file/87f4d79e36d68c3031ccf6c55e9bbd39-Paper.pdf

142. Rich, E., Knight, K., Nair, S.B.: Artificial Intelligence, 3. Aufl. McGraw-Hill (2009)

143. Ro, Y., Lee, Y., Kang, P.: Multi$^2$ OIE: multilingual open information extraction based on multi-head attention with BERT. In: arXiv preprint arXiv: 2009.08128 (2020)

144. Rojas, R.: Neural Networks: A Systematic Introduction. Springer, Berlin (1996). ISBN: 3-540-56353-9. https://page.mi.fu-berlin.de/rojas/neural/neuron.pdf

145. Rosenblatt, F.: Principles of Neurodynamics: Perceptrons and the Theory of Brain Mechanisms. Cornell Aeronautical Laboratory. Report No. VG-1196-G-8. Spartan Books (1962)

146. Rosenblatt, F.: On the Convergence of Reinforcement Procedures in Simple Perceptrons. Report VG-1196-G-4. Cornell Aeronautical Laboratory, Ithaca (1960)

147. Rosenblatt, F.: The Perceptron – A Perceiving and Recognizing Automaton. Tech. rep. 85-460-1. Cornell Aeronautical Laboratory, Ithaca (1957)

148. Rosenblatt, F.: The perceptron: a probabilistic model for information storage and organization in the brain. Psychol. Rev. **65**(6), 386–408 (1958). ISSN: 0033-295X. https://doi.org/10.1037/h0042519

149. Ruder, S.: An overview of gradient descent optimization algorithms (2016). https://doi.org/10.48550/ARXIV.1609.04747. https://arxiv.org/abs/1609.04747

150. Rumelhart, D.E., Hinton, G.E., Williams, R.J.: Learning internal representations by error propagation. In: Collins, A., Smith, E.E. (Hrsg.) Readings in Cognitive Science, S. 399–421. Morgan

Kaufmann (1988). ISBN: 978-1-4832-1446-7. https://doi.org/10.1016/B978-1-4832-1446-7. 50035-2. https://www.sciencedirect.com/science/article/pii/B9781483214467500352

151. Rumelhart, D.E., Hinton, G.E., Williams, R.J.: Learning representations by back-propagating errors. Nature **323**(6088), 533–536 (1986). https://doi.org/10.1038/323533a0

152. Rumelhart, D.E., Hinton, G.E., Williams, R.J.: Learning representations by back-propagating errors. Nature **323**(6088), 533–536 (1986). https://doi.org/10.1038/323533a0

153. Russell, S., Norvig, P.: Artificial Intelligence: A Modern Approach, 4. Aufl. Pearson Series in Artificial Intelligence. Pearson (2021)

154. Russell, S.J.: Artificial Intelligence a Modern Approach, 4. Aufl. Pearson Education, Inc. (2022)

155. Samuel, A.L. Some Studies in Machine Learning Using the Game of Checkers. IBM J. Res. Dev. **3**(3), 210–229 (1959). ISSN: 0018-8646. https://doi.org/10.1147/rd.33.0210

156. Sarawagi, S.: Information extraction. Found. Trends Databases **1**(3), 261–377 (2008). ISSN: 1931-7883. https://doi.org/10.1561/1900000003

157. Sawant, M.: Hobbs algorithm – pronoun resolution. https://medium.com/analyticsvidhya/hobbs-algorithm-pronoun-resolution-7620aa1af538 (2021). Zugegriffen: 13. Sept. 2022

158. Schmidhuber, J.: Deep learning in neural networks: an overview. Neural Netw. **61**, 85–117 (2015). ISSN: 0893-6080. https://doi.org/10.1016/j.neunet.2014.09.003. https://www.sciencedirect.com/science/article/pii/S0893608014002135

159. Schmitz, M., et al.: Open language learning for information extraction. In: Proceedings of the 2012 Joint Conference on Empirical Methods in Natural Language Processing and Computational Natural Language Learning, S. 523–534 (2012)

160. Schölkopf, B., Smola, A.J.: Learning with Kernels: Support Vector Machines, Regularization, Optimization, and Beyond. MIT Press, Cambridge (2001). ISBN: 0262194759

161. Schuchmann, S.: Analyzing the Prospect of an Approaching AI Winter. Bachelorarbeit. Hochschule Darmstadt (2019). https://doi.org/10.13140/RG.2.2.10932.91524

162. Schulz, M., et al.: DASC-PM v1.1 – Ein Vorgehensmodell für Data-Science-Projekte (2022). https://doi.org/10.25673/85296

163. Shaw, P., Uszkoreit, J., Vaswani, A.: Self-attention with relative position representations. In: Proceedings of the 2018 Conference of the North American Chapter of the Association for Computational Linguistics: Human Language Technologies, Volume 2 (Short Papers), S. 464–468. Association for Computational Linguistics, New Orleans (2018). https://doi.org/10.18653/v1/N18-2074. https://aclanthology.org/N18-2074

164. Shearer, C.: The CRISP-DM model: the new blueprint for data mining. J. Data Warehous. **5**(4) (2000)

165. Shen, W., Wang, J., Han, J.: Entity linking with a knowledge base: issues, techniques, and solutions. IEEE Trans. Knowl. Data Eng. **27**(2), 443–460 (2014)

166. Shen, Z., et al.: Efficient attention: attention with linear complexities. https://arxiv.org/abs/1812.01243 (2020). Zugegriffen: 14. Apr. 2023

167. Singh, S.: Natural language processing for information extraction. In: CoRR abs/1807.02383 (2018). http://arxiv.org/abs/1807.02383

168. Snomed CT. Mapping Snomed to RDF schema. http://snomed.sparklingideas.co.uk/home/mappingsnomed-to-rdf-schema (2022). Zugegriffen: 11. Nov. 2022

169. Srivastava, A., et al.:. Beyond the imitation game: quantifying and extrapolating the capabilities of language models (2022). https://arxiv.org/abs/2206.04615. https://doi.org/10.48550/ARXIV.2206.04615

170. Srivastava, N., et al.: Dropout: a simple way to prevent neural networks from overfitting. J. Mach. Learn. Res. **15**(56), 1929–1958 (2014). http://jmlr.org/papers/v15/srivastava14a.html

171. Statista. Artificial intelligence (AI) startup funding world wide from 2011 to 2021. https://www.statista.com/statistics/943151/ai-funding-worldwide-by-quarter/ (2021). Zugegriffen: 8. Aug. 2022

172. Stearns, M.Q., et al.: SNOMED clinical terms: overview of the development process and project status. In: Proceedings of the AMIA Symposium, S. 662. American Medical Informatics Association (2001)

173. Stevens, R.: Competency questions for ontologies. https://studentnet.cs.manchester.ac.uk/pgt/2014/COMP60421/CQ.pdf. Zugegriffen: 11. Nov. 2022

174. Sutskever, I., Vinyals, O., Le, Q.V.: Sequence to sequence learning with neural networks. In: Proceedings of the 27th International Conference on Neural Information Processing Systems. NIPS'14, Bd. 2, S. 3104–3112. MIT Press, Montreal (2014)

175. ThinkML. The growing timeline of AI milestones. https://achievements.ai (2021). Zugegriffen: 2. Aug. 2022

176. Turing, A.M.: Computing machinery and intelligence. Mind LIX **236**, 433–460 (1950). ISSN: 0026-4423. https://doi.org/10.1093/mind/LIX.236.433. https://academic.oup.com/mind/article-pdf/LIX/236/433/30123314/lix-236-433.pdf

177. Vaswani, A., et al.: Attention is all you need. Adv. Neural Inf. Process. Syst. **30** (2017)

178. Vincent, P., et al.: Extracting and composing robust features with denoising autoencoders. In: Proceedings of the 25th International Conference on Machine Learning. ICML'08, S. 1096–1103. Association for Computing Machinery, Helsinki (2008). ISBN: 9781605582054. https://doi.org/10.1145/1390156.1390294. https://doi.org/10.1145/1390156.1390294

179. Vincent, P., et al.: Stacked denoising autoencoders: learning useful representations in a deep network with a local denoising criterion. J. Mach. Learn. Res. **11**(110), 3371–3408 (2010). http://jmlr.org/papers/v11/vincent10a.html

180. Wang, S., et al.: Linformer: self-attention with linear complexity. https://arxiv.org/abs/2006.04768 (2020). Zugegriffen: 14. Apr. 2023

181. Ward, J.H.: Hierarchical grouping to optimize an objective function. J. Am. Stat. Assoc. **58**(301), 236–244 (1963). https://doi.org/10.1080/01621459.1963.10500845

182. Weizenbaum, J.: ELIZA – A Computer Program for the Study of Natural Language Communication between Man and Machine. Commun. ACM **9**(1), 36–45 (1966). ISSN: 0001-0782. https://doi.org/10.1145/365153.365168

183. Weng, L.: The transformer family. In: lilianweng.github.io. https://lilianweng.github.io/posts/2020-04-07-the-transformer-family/ (2020). Zugegriffen: 14. Apr. 2023

184. Weng, L.: The transformer family version 2.0. In: lilianweng.github.io. https://lilianweng.github.io/posts/2023-01-27-the-transformer-family-v2/ (2023). Zugegriffen: 14. Apr. 2023

185. Werbos, P.J.: Applications of advances in nonlinear sensitivity analysis. In: Drenick, R.F., Kozin, F. (Hrsg.) System Modeling and Optimization, S. 762–770. Springer, Berlin (1982). ISBN: 978-3-540-39459-4

186. Werbos, P.J.: Beyond regression: new tools for prediction and analysis in the behavorial sciences. PhD thesis. Harvard University (1974)

187. WhosOn. Chatbot history: key bot characters through the ages. https://www.whoson.com/chatbots-ai/chatbot-history-a-countdownthrough-the-ages (2022). Zugegriffen: 2. Aug. 2022

188. Widrow, B., Hoff, M.E.: Adaptive switching circuits. In: 1960 IRE WESCON Convention Record, Part 4, S. 96–104. Institute of Radio Engineers, New York (1960). http://www-isl.stanford.edu/~widrow/papers/c1960adaptiveswitching.pdf

189. Wikipedia. Joseph Weizenbaum. https://de.wikipedia.org/wiki/Joseph_Weizenbaum (2022). Zugegriffen: 2. Aug. 2022

190. Williams, R.J., Zipser, D.: A learning algorithm for continually running fully recurrent neural networks. Neural Comput. **1**(2), 270–280 (1989). ISSN: 0899-7667. https://doi.org/10.1162/neco.1989.1.2.270. https://doi.org/10.1162/neco.1989.1.2.270

191. Winston, P.H.: Artificial Intelligence, 3. Aufl. Addison-Wesley, Boston (1992)

192. Wolpert, D.H.: The lack of a priori distinctions between learning algorithms. Neural Comput. **8**(7), 1341–1390 (1996). ISSN: 0899-7667. https://doi.org/10.1162/neco.1996.8.7.1341

193. Wu, Y., et al.: Google's neural machine translation system: bridging the gap between human and machine translation (2016). https://doi.org/10.48550/ARXIV.1609.08144. https://arxiv.org/abs/1609.08144

194. Zhang, G., et al.: Three mechanisms of weight decay regularization. In: 7th International Conference on Learning Representations, ICLR 2019. OpenReview.net, New Orleans (2019). https://openreview.net/forum?id=B1lz-3Rct7

195. Zhang, J., et al.: Why gradient clipping accelerates training: a theoretical justification for adaptivity. In: International Conference on Learning Representations (2020). https://openreview.net/forum?id=BJgnXpVYwS

196. Zhang, L., Liu, B.: Aspect and entity extraction for opinion mining. In: Data Mining and Knowledge Discovery for Big Data, S. 1–40. Springer (2014)

197. Zhou, C., Paffenroth, R.C.: Anomaly detection with robust deep autoencoders. In: Proceedings of the 23rd ACM SIGKDD International Conference on Knowledge Discovery and Data Mining. KDD'17, S. 665–674. Association for Computing Machinery, Halifax (2017). ISBN: 9781450348874. https://doi.org/10.1145/3097983.3098052

198. Zhou, Z.-H.: A brief introduction to weakly supervised learning. Natl. Sci. Rev. **5**(1), 44–53 (2017). ISSN: 2095-5138. https://doi.org/10.1093/nsr/nwx106. https://academic.oup.com/nsr/article-pdf/5/1/44/31567770/nwx106.pdf

Printed in the United States
by Baker & Taylor Publisher Services